Creatividad en Ingeniería

Más Allá
de la Solución Convencional

Creatividad en Ingeniería

Más Allá
de la Solución Convencional

Andrea E. Cryan Villar

Héctor J. Zarzosa González

DEXTRA

Consulte la página www.dextraeditorial.com

© Dextra Editorial S. L.
c/ Arroyo de Fontarrón, 271, 28030 Madrid
Teléfono: 91 773 37 10
info@dextraeditorial.com

ISBN: 978-84-10026-45-2
Depósito Legal: M-26558-2025

Impreso en España-*Printed in Spain*

A mis padres Steve y Elena,
y a mis sobrinos Mateo y Guille

Andrea

Si hubiera preguntado a la
gente qué quería, me habría
dicho 'caballos más rápidos'

Atribuido a Henry Ford

Índice

Prólogo 13

Capítulo 1
Introducción a la Creatividad en Ingeniería 15

1.1. ¿Qué es la creatividad en contextos técnicos?.................................... 17
1.2. Dimensiones de la creatividad técnica.. 22
1.3. Mitos sobre la creatividad en ingeniería 31
    1.3.1. Mito 1: "La creatividad es solo para genios
    o superinteligentes"... 32
    1.3.2. Mito 2: "La ingeniería es rígida y matemática, no creativa" .. 34
    1.3.3. Mito 3: "Las personas creativas idean, pero no ejecutan" 35
    1.3.4. Mito 4: "La creatividad es rápida y ocurre en talleres
    de brainstorming".. 39
    1.3.5. Mito 5: "Los ingenieros están atrapados en una trayectoria
    profesional fija"... 41
1.4. Pensamiento convergente *vs.* divergente 43
    1.4.1. Pensamiento divergente... 43
    1.4.2. Pensamiento convergente 44
    1.4.3. Integración en el proceso de resolución de problemas 45
    1.4.4. El verdadero secreto de la resolución creativa de problemas... 48
1.5. La urgencia de pensar diferente en el siglo XXI 48
    1.5.1. El contexto de la Cuarta Revolución Industrial 50
    1.5.2. La necesidad de soluciones sostenibles e inclusivas 51
    1.5.3. Formación en creatividad 53
1.6. El ingeniero creativo del siglo XXI.. 55
    1.6.1. Arquitecto de soluciones... 55
    1.6.2. Adaptable en permanente aprendizaje 56
    1.6.3. Colaborativo y planificador de sinergias.............................. 57

Creatividad en Ingeniería

Capítulo 2
Fundamentos del Pensamiento Creativo 59

2.1. Tipos de pensamiento creativo.. 61
    2.1.1. Pensamiento lateral (Lateral Thinking) 61
    2.1.2. Pensamiento divergente y convergente 62
    2.1.3. Pensamiento sistémico (Systems Thinking)...................... 63
    2.1.4. Pensamiento analógico 64
2.2. Habilidades cognitivas clave... 64
    2.2.1. Abstracción 65
    2.2.2. Razonamiento analógico.. 65
    2.2.3. Pensamiento visual-espacial 66
    2.2.4. Reformulación de problemas (Problem Framing) 71
2.3. Barreras mentales y cómo superarlas 72
    2.3.1. El pensamiento funcional fijo 72
    2.3.2. Miedo al fracaso.. 73
    2.3.3. Autocrítica excesiva 74
    2.3.4. Presión del tiempo... 75
    2.3.5. Paradigmas profesionales 76
    2.3.6. Cultura organizacional restrictiva 77
    2.3.7. Falta de recursos cognitivos 78
    2.3.8. Creencias limitantes 78
    2.3.9. Estrategias generales para superar barreras 79
2.4. Ejercicios de activación creativa 83
    2.4.1. SCAMPER aplicado paso a paso.. 83
    2.4.2. Analogías forzadas paso a paso.. 84
    2.4.3. Pensamiento inverso paso a paso...................................... 84
    2.4.4. Dibujo espontáneo paso a paso... 85
    2.4.5. Cadena de ideas paso a paso 86
    2.4.6. Reformulación de creencias paso a paso.......................... 86
    2.4.7. Prototipado rápido paso a paso.. 87
    2.4.8. Mapas mentales técnicos paso a paso 87

Capítulo 3
Metodologías para la Innovación 89

3.1. Introducción comparativa a las metodologías para la innovación.... 91
3.2. SCAMPER: Técnicas de modificación creativa................................. 92
    3.2.1. Sustituir: La Ingeniería de materiales y componentes.
    Caso 1 92

3.2.2. *Combinar. La sinergia de sistemas. Caso 2* 98
3.2.3. *Adaptar: La Importación de soluciones desde dominios lejanos* 102
3.2.4. *Modificar: La Escala como variable de diseño* 106
3.2.5. *Probar: La Recontextualización funcional* 110
3.2.6. *Eliminar: La Simplificación* 114
3.2.7. *Revertir/Reordenar: La subversión del orden establecido* 119
3.2.8. *SCAMPER como disciplina de pensamiento para el ingeniero* .. 123
3.3. La Teoría para resolver problemas inventivos. El TRIZ 123
3.3.1. *La contradicción del TRIZ* 124
3.3.2. *Las 40 Principios inventivos* 124
3.3.3. *La Matriz de contradicciones* 131
3.3.4. *Leyes de evolución de los sistemas técnicos* 132
3.3.5. *Metodología paso a paso para aplicar TRIZ* 132
3.3.6. *Casos de resolución de contradicciones* 136
3.3.7. *Conclusión: ventajas y limitaciones de TRIZ* 140
3.4. Design Thinking: empatía, ideación y prototipado 142
3.4.1. *La empatía en el Design Thinking* 143
3.4.2. *Psicología de la ideación efectiva* 144
3.4.3. *Enfoque Sistémico. Empatía y prototipado urbano* 147
3.4.4. *Rediseño urbano aplicando Design Thinking* 148
3.5. Inspiración en la naturaleza. La biomimética 153
3.5.1. *Metodología de aplicación en ingeniería e infraestructura* 154
3.5.2. *Marco metodológico para proyectos de biomimética* 155
3.5.3. *Casos de aplicación de la biomimética en Infraestructuras* 156
3.5.4. *La Biomimética como paradigma de sostenibilidad real* 161
3.6. Creatividad computacional: IA y algoritmos generativos 162
3.6.1. *Diseño generativo* 163
3.6.2. *Simulación inteligente: IA para modelar la realidad en ingeniería* 164
3.6.3. *IA Creativa en infraestructura y sistemas: Innovación algorítmica para la ingeniería del futuro* 166
3.6.4. *Herramientas y tecnologías clave en IA creativa para ingeniería* 167
3.6.5. *Aplicabilidad generativa en proyectos de ingeniería* 169

Capítulo 4
Herramientas y técnicas prácticas 175

4.1. Mapas mentales *(Mind Maps)* 177
4.2. Mapas conceptuales *(Concept Maps)* 178

4.3. Mapas mentales *vs.* mapas conceptuales.. 179
4.4. *Brainstorming* estructurado, *Brainwriting,* 6 sombreros
    y *Trystorming* 180
    4.4.1. Brainstorming *estructurado*.. 182
    4.4.2. Brainwriting. *La Sinergia del pensamiento escrito*.................... 186
    4.4.3. Los Seis Sombreros para pensar 192
    4.4.4. Trystorming *o* Thought Storming.. 197
    4.4.5. Comparativa entre técnicas... 199
4.5. Técnicas de visualización creativa.. 199
    4.5.1. Técnicas específicas de visualización creativa 200

Capítulo 5
Habilidades del ingeniero creativo 205

5.1. *Soft skills* en un ingeniero creativo.. 207
    5.1.1. Tolerancia a la Ambigüedad y la Incertidumbre........................ 208
    5.1.2. Pensamiento centrado en el humano.. 209
    5.1.3. Gestión de la frustración.. 210
5.2. Liderazgo creativo en un entorno innovador 211
    5.2.1. Capacidad inspiradora 211
    5.2.2. Cultivar la seguridad psicológica 212
    5.2.3. Empowerment y gestión de restricciones.................................... 215
    5.2.4. La curiosidad como herramienta de dirección 216
5.3. Trabajo en equipo interdisciplinario.. 217
    5.3.1. La Disolución de los Silos de Conocimiento 218
    5.3.2. La creación de un lenguaje común 219
    5.3.3. La gestión constructiva del conflicto cognitivo......................... 220
5.4. Comunicación de ideas innovadoras... 223
    5.4.1. La construcción del contexto y la urgencia 223
    5.4.2. La Adaptación lingüística 224
    5.4.3. El poder de la narrativa y la analogía.. 227
    5.4.4. El Principio de "Menos es Más".. 228
    5.4.5. El prototipo como el mensaje definitivo 230

Capítulo 6
Tips para fomentar la creatividad en ingeniería 231

6.1. Rutinas diarias para pensar diferente 233
    6.1.1. La Práctica del "Pensamiento de primer principio" 233

6.1.2. El "Diario de fallos y curiosidades" 234
6.1.3. Aprovechando el pensamiento no lineal 234
6.1.4. Cambio de rol forzado 235
6.2. Ambientes que estimulan la innovación 236
6.2.1. Diagrama de flujo para el espacio 236
6.2.2. El Entorno psicológico 237
6.2.3. El Entorno digital 238
6.3. Cultivar la curiosidad técnica 239
6.3.1. El desensamblaje mental 239
6.3.2. The Five Whys para la comprensión profunda 240
6.3.3. El Principio de la "Polinización Cruzada" 241
6.3.4. Una serie de preguntas "Tontas" y el "Y si..." 242
6.3.5. La Curiosidad como herramienta de diagnóstico 243
6.4. Práctica para equipos de ingeniería 244
6.4.1. Design Sprint 245
6.4.2. El TRIZ nuevamente 246
6.4.3. Hackathons 247
6.4.4. Análisis de Escenarios Imposibles 248
6.4.5. La Sesión de "Pre-Mortem" Creativo 250

Capítulo 7
Educación para la creatividad 253

7.1. Cómo enseñar creatividad en carreras técnicas 255
7.1.1. La Cimentación psicológica 255
7.1.2. La Evaluación como motor 256
7.2. Proyectos formativos con enfoque divergente 258
7.2.1. La Necesidad de un Nuevo Paradigma Educativo 259
7.2.2. Estrategias curriculares para fomentar el pensamiento
divergente 260
7.2.3. Metodologías de enseñanza-Práctica para la divergencia 261
7.2.4. Creación de un entorno que favorezca la divergencia 263
7.2.5. Aplicación en diferentes ingenierías 263
7.3. Evaluación de la creatividad en el aula 268
7.3.1. Dimensiones de la creatividad a evaluar 268
7.3.2. Herramientas y métodos de evaluación 272
7.3.3. Estrategias para Integrar la Evaluación Creativa 277
7.3.4. Casos de Estudio 278
7.3.5. Superando barreras a la Evaluación de la Creatividad 280

7.4. Rol del docente creativo 281
    7.4.1. Del learning experience designer *al facilitador* 281
    7.4.2. El cultivador de seguridad psicológica 282
7.5. Las competencias del docente creativo 283

Capítulo 8
El futuro de la ingeniería creativa 287

8.1. Tendencias emergentes 289
    8.1.1. La confluencia de tecnologías exponenciales 290
    8.1.2. Personalización y adaptación como paradigmas
        dominantes 291
8.2. Inteligencia artificial y creatividad humana 291
    8.2.1. Patrones de colaboración humano-IA en Ingeniería 292
    8.2.2. Limitaciones éticas y técnicas de la creatividad artificial 293
8.3. Ingeniería regenerativa y ética de la innovación 294
    8.3.1. Fundamentos de la ingeniería regenerativa 294
    8.3.2. Escalando los principios regenerativos a otros dominios 294
    8.3.3. Dimensiones éticas de la innovación regenerativa 295
8.4. El Ingeniero como agente de cambio 296
    8.4.1. Reinvención profesional 297
    8.4.2. Liderazgo ético en la actualidad 297
8.5. ¿Cómo aplicarás lo aprendido? 298

Índice de figuras 303

Fuentes y bibliografía 305

Prólogo

A menudo, en el fragor de los debates contemporáneos sobre el desarrollo y la soberanía tecnológica de nuestras naciones, perdemos de vista un elemento fundamental: la capacidad creativa del individuo. Este libro, *Creatividad en la Ingeniería: Más Allá de la Solución Convencional*, de Andrea Cryan y Héctor Zarzosa, llega en un momento esencial, no como un mero compendio de técnicas, sino como una exploración profunda de una de las facultades más subestimadas en el quehacer técnico y científico.

Desde mi experiencia, tanto en la investigación histórica como en el análisis de los movimientos políticos y sociales que han moldeado Iberoamérica, he comprobado que las soluciones perdurables nunca surgen del dogma o la aplicación rígida de fórmulas. Por el contrario, emergen de la capacidad de pensar de manera diferente, de desafiar los paradigmas establecidos y de tejer conexiones donde otros solo ven barreras. Los autores captan esta esencia con notable perspicacia.

El texto que el lector tiene en sus manos realiza un aporte tan necesario como valioso: desmontar metódicamente los mitos que encasillan a la ingeniería en un ámbito puramente racional y estéril. Al diseccionar mitos como el de la "rigidez" de la disciplina o la falsa dicotomía entre idear y ejecutar, Cryan y Zarzosa no solo liberan potencial humano, sino que contribuyen a fomentar un tipo de pensamiento más amplio y con menos barreras, intelectuales y técnicas.

La estructura del libro es a la vez ambiciosa y metódica, pues no se conforma con definir la creatividad; la desglosa en dimensiones, explica los procesos de pensamiento que la activan y, lo que es más importante, ofrece un arsenal de metodologías —desde el TRIZ hasta la biomimética— para cultivarla de manera sistemática. Este enfoque recuerda la minuciosidad con la que se debe abordar cualquier investigación de valor.

En sus páginas, se percibe un hilo conductor que va más allá de la ingeniería. Al enfatizar la urgencia de pensar diferente en el siglo XXI, la necesidad de soluciones sostenibles y el perfil de un ingeniero como "arquitecto de soluciones" y agente de cambio, los autores conectan el día a día su actividad con la ética y la responsabilidad social. Es aquí donde el libro trasciende su propia esencia y se inserta en un debate mayor sobre el tipo de progreso al que aspiramos, afectado por las soluciones, los miedos y las dudas que integran las nuevas tecnologías, así como su uso "correcto", como estamos percibiendo con la inteligencia artificial.

Esta obra es en esencia, una invitación. Una invitación a la audacia intelectual, a la reinvención profesional y a entender que la verdadera innovación no es un lujo, sino una condición indispensable para navegar en las complejidades de nuestro tiempo. Andrea y Héctor han logrado un trabajo de síntesis notable, y me complace recomendar esta obra a todo aquel que crea que el futuro no se predice, sino que se construye con ideas.

Raúl Vallarino
Escritor y Periodista

Capítulo 1

Introducción a la Creatividad en Ingeniería

1.1. ¿Qué es la creatividad en contextos técnicos?

La creatividad en ingeniería no es un adorno ni una habilidad secundaria: es el motor que impulsa la innovación, la eficiencia y la transformación.

En contextos técnicos, la creatividad se manifiesta como la capacidad de ver más allá de lo evidente, de reformular problemas complejos y de proponer soluciones que no solo funcionen, sino que sorprendan por su elegancia, simplicidad o impacto.

Aunque la ingeniería se apoya en principios matemáticos, físicos y computacionales, su verdadero poder reside en la combinación con la imaginación estructurada. La creatividad técnica no es improvisación caótica, sino una forma de pensamiento que integra lógica, intuición, experiencia y exploración. Es el arte de desarmar un problema, entender sus componentes, y luego reconstruirlo desde una perspectiva nueva, muchas veces inesperada.

No se trata de inventar desde cero, sino de reinterpretar lo existente con una mirada fresca, crítica y abierta.

"La creatividad es ver lo mismo que los demás y pensar de forma diferente". A. Einstein.

En entornos técnicos, la creatividad no es un lujo ni una opción estética. Es una necesidad estructural. Los desafíos actuales —como el cambio climático, la escasez de recursos, la urbanización acelerada o la automatización— requieren soluciones que no pueden surgir de enfoques tradicionales. La ingeniería creativa permite optimizar recursos, reducir impactos negativos y generar valor añadido.

Por ejemplo, en el diseño de infraestructuras resilientes, los ingenieros deben pensar en cómo adaptar estructuras al entorno cambiante, anticipar riesgos y crear sistemas flexibles. Esto exige una mentalidad creativa que combine conocimientos técnicos con pensamiento anticipatorio, diseño inclusivo y visión sistémica.

Los ingenieros creativos son aquellos que trascienden su especialidad. Como señalaban Vidal Santiago Martínez y Facundo Matoff (Tech Directors en Globant), la creatividad técnica florece cuando se nutre de otras disciplinas: la física cuántica puede inspirar algoritmos de optimización; la historia puede revelar patrones de resiliencia urbana; la filosofía puede ayudar a formular preguntas más profundas sobre el propósito de una solución.

Esta apertura interdisciplinaria permite que el ingeniero se convierta en un explorador de ideas, capaz de conectar puntos aparentemente inconexos. La creatividad técnica, entonces, no solo resuelve problemas: los redefine. Ejemplos reales de creatividad técnica son los siguientes:

- **Biomimética** en edificaciones: estructuras inspiradas en huesos o alas de aves para lograr resistencia con menor peso.

  El Museo de Arte de Milwaukee, especialmente el Pabellón Quadracci diseñado por Santiago Calatrava, es un ejemplo de biomimética aplicada a la arquitectura. Su estructura más emblemática, una gran ala móvil que se abre y cierra como las de un ave, no solo aporta belleza, sino que regula la luz y mejora la eficiencia energética. Inspirado también en la anatomía ósea, Calatrava creó elementos resistentes pero ligeros, optimizando materiales sin perder estabilidad. Más allá de la forma, el edificio se comporta como un organismo vivo, adaptándose al entorno, al clima y al movimiento de las personas que lo habitan.

Milwaukee Art Museum. EE.UU.

- **SCAMPER** en diseño industrial supone la modificación de componentes para mejorar la ergonomía sin aumentar costos. La técnica SCAMPER es una herramienta creativa que permite mejorar productos existentes mediante siete acciones: Sustituir, Combinar, Adaptar, Modificar, Poner en otro uso, Eliminar y Reordenar. En diseño industrial, se aplica para optimizar la funcionalidad sin elevar los costos, especialmente en aspectos como la ergonomía.

  Uno de los casos más ilustrativos es el rediseño del ratón de ordenador. Originalmente concebido como un dispositivo rígido y plano, su forma fue modificada (fase *Modificar* de SCAMPER) para adaptarse mejor a la curvatura natural de la mano. Empresas como Logitech aplicaron esta mejora sin cambiar los materiales base, manteniendo el plástico moldeado pero ajustando su geometría. El resultado fue un ratón más cómodo, que reduce la fatiga muscular y mejora la precisión, todo sin encarecer el producto. Este rediseño ergonómico se convirtió en estándar en la industria.

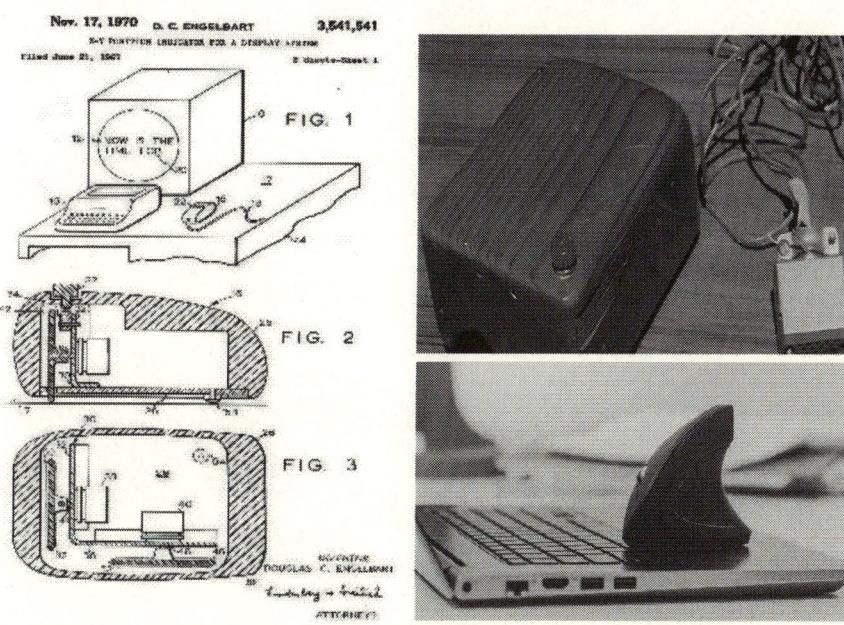

Desde el primer diseño de ratón de Engelbart (1964) hasta la actualidad.

- **TRIZ** en ingeniería mecánica supone la resolución de contradicciones técnicas sin comprometer funcionalidad.

  Un ejemplo real y aplicable del uso de TRIZ en ingeniería mecánica es el desarrollo de fuselajes para aviones comerciales. Durante décadas, el aluminio fue el material principal por su bajo peso, pero no ofrecía la resistencia estructural ideal. Aquí surge una contradicción técnica: mejorar la resistencia sin aumentar el peso, ya que hacerlo implicaría mayor consumo de combustible y menor eficiencia.

La metodología TRIZ permitió resolver esta contradicción sin comprometer la funcionalidad del avión. En lugar de reforzar con más aluminio (lo que aumentaría el peso), se aplicó el principio inventivo de "Uso de materiales compuestos", como la fibra de carbono. Este material ofrece alta resistencia con menor peso, lo que mejora el rendimiento sin sacrificar seguridad ni eficiencia.

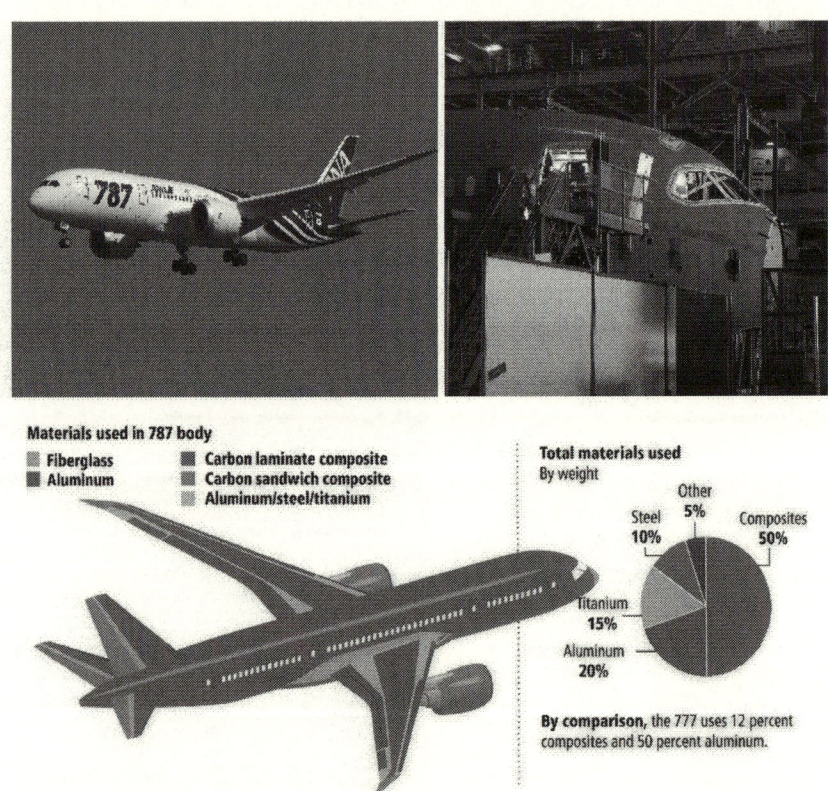

Uso de metodología TRIZ en el diseño del fuselaje del Boeing 787

- **Design Thinking** en urbanismo supone el diseño de espacios públicos centrados en la experiencia del usuario.

Un caso real que ejemplifica el uso de Design Thinking en urbanismo es el proyecto de rediseño de espacios públicos en Viña del Mar, Chile, desarrollado por el Magíster en Diseño de Ciudades Integradas de la Universidad Viña del Mar. En este proyecto, los diseñadores aplicaron las fases de empatía, ideación y prototipado para comprender cómo los ciudadanos vivían y percibían su entorno urbano.

A través de entrevistas, observación directa y talleres participativos, se identificaron necesidades como la falta de sombra, accesibilidad limitada y escasa interacción social en ciertas plazas. En lugar de imponer soluciones técnicas, se co-crearon propuestas con los usuarios, como mobiliario adaptable, zonas verdes más inclusivas y recorridos peatonales intuitivos. El resultado fue un diseño más humano, flexible y conectado con el uso real del espacio.

El enfoque de Design Thinking aplicado al diseño urbano se presenta como una herramienta metodológica eficaz para abordar desafíos complejos de manera contextualizada y creativa, promoviendo el aprendizaje reflexivo durante el proceso. Esta perspectiva fue explorada por diseñadores y académicos que implementaron la metodología bajo la hipótesis de que representa una innovación en tres dimensiones clave: empatización, iteración y escalabilidad. La investigación, de carácter cualitativo y fenomenológico, se basó en entrevistas grupales que permitieron analizar experiencias compartidas y divergentes entre los profesionales.

El análisis de los datos se realizó mediante técnicas de codificación propias de la teoría fundamentada (Grounded Theory), lo que permitió identificar nueve dimensiones de innovación relevantes. Entre ellas destacan el énfasis en el proceso por sobre el resultado final, el aprendizaje continuo a través de la iteración, y la capacidad de generar formas de gobernanza local adaptadas a contextos específicos, integrando múltiples perspectivas experienciales en la resolución de problemas urbanos.

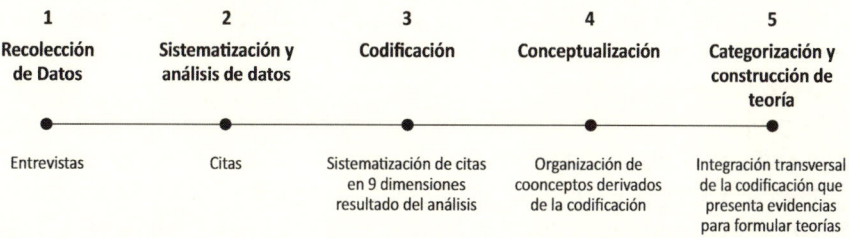

1	2	3	4	5
Recolección de Datos	Sistematización y análisis de datos	Codificación	Conceptualización	Categorización y construcción de teoría
Entrevistas	Citas	Sistematización de citas en 9 dimensiones resultado del análisis	Organización de coonceptos derivados de la codificación	Integración transversal de la codificación que presenta evidencias para formular teorías

Introducción a la Creatividad en Ingeniería

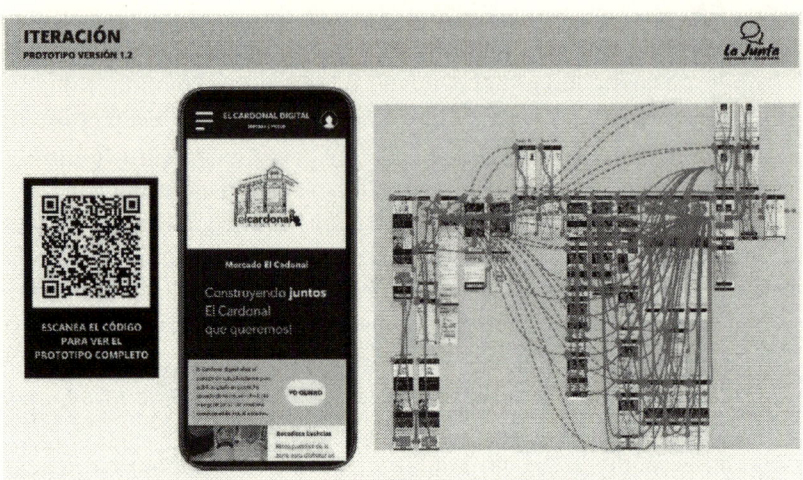

Proceso de análisis basado en Grounded Theory y Propuesta de prototipo.

Estos ejemplos muestran cómo la creatividad técnica transforma limitaciones en oportunidades, y cómo la aplicación de metodologías estructuradas puede generar soluciones que antes parecían imposibles.

Finalmente, es importante destacar que la creatividad en ingeniería no es un don innato, sino una habilidad entrenable. Se cultiva mediante la práctica, la reflexión, el error y la curiosidad. Requiere entornos que fomenten la exploración, el pensamiento crítico y la colaboración. Y sobre todo, requiere una actitud abierta al cambio, al aprendizaje continuo y a la posibilidad de equivocarse para descubrir algo nuevo.

1.2. Dimensiones de la creatividad técnica

La creatividad técnica no es un fenómeno espontáneo ni un acto aislado de genialidad. Es el resultado de la interacción entre conocimiento profundo, habilidades creativas y motivación interna. Según Teresa Amabile (Harvard), este proceso se sostiene sobre tres pilares fundamentales que, al integrarse, permiten que la creatividad florezca en entornos técnicos exigentes como la ingeniería.

La primera dimensión es el **dominio técnico.** No se puede ser creativamente eficaz en ingeniería sin una comprensión sólida de los principios, herramientas y lenguajes propios del campo. Esto incluye desde la mecánica de materiales hasta la programación, desde la termodinámica hasta la gestión de proyectos.

Pero el conocimiento técnico no es solo acumulación de datos: es la capacidad de aplicar, adaptar y combinar conceptos para enfrentar nuevos desafíos. Un ingeniero estructural, por ejemplo, puede diseñar un puente innovador solo si entiende profundamente las cargas, los materiales y las normativas. La creatividad técnica se apoya en este conocimiento para explorar los límites de lo posible.

El uso de materiales compuestos en aeronáutica no fue fruto del azar, sino el resultado de décadas de investigación en resistencia de materiales y de la necesidad imperiosa de reducir peso sin comprometer la seguridad estructural. Esta búsqueda llevó a los ingenieros a explorar soluciones creativas que transformaron el diseño aeronáutico. Un ejemplo emblemático es el Airbus A350, cuya estructura incorpora más del 50% de materiales compuestos, especialmente en el fuselaje y las alas, logrando vuelos más eficientes y silenciosos. En el ámbito militar, aviones como el F-22 Raptor y el F-35 Lightning II utilizan compuestos avanzados que resisten altas temperaturas y esfuerzos extremos, permitiendo maniobras supersónicas sin sacrificar integridad. Incluso en el espacio, el transbordador de la NASA empleó fibras de carbono y materiales cerámicos en sus paneles térmicos para soportar el reingreso atmosférico.

Por otro lado, aeronaves regionales como el Bombardier CSeries (hoy Airbus A220) y helicópteros como el Sikorsky S-92 han adoptado palas y estructuras de compuestos para mejorar la maniobrabilidad, reducir el desgaste y facilitar el mantenimiento. En todos estos casos, la ingeniería creativa ha sido clave para convertir limitaciones físicas en oportunidades de innovación, aprovechando las propiedades anisotrópicas de los compuestos para diseñar estructuras más ligeras, resistentes y adaptadas a las exigencias del vuelo moderno.

La segunda dimensión es la **habilidad para generar ideas novedosas y útiles.** Aquí entra en juego el *pensamiento divergente,* la capacidad de hacer conexiones inusuales, de imaginar alternativas, de reformular problemas. Estas destrezas incluyen:

- El **pensamiento lateral** rompe patrones de pensamiento habituales mediante provocaciones, cambios de perspectiva y reencuadres. Se trata de una técnica para saltar de rutas lógicas previsibles a soluciones inesperadas, introduciendo interrupciones intencionales al razonamiento lineal. Y ahora veamos cómo se aplica:

  - **Provocación**: formular ideas "ilógicas" para abrir caminos.
  - **Inversión**: cambiar causas/efectos o recursos/funciones.
  - **Fraccionamiento**: dividir el problema en partes inusuales.

Ejemplo: En un diseño de un sistema de refrigeración de data center en clima árido, aplicando el pensamiento o enfoque lateral, en vez de más *chillers* (enfriadores de agua), invertir la lógica: "usar calor para enfriar", se exploran ciclos de absorción con calor residual de servidores para accionar enfriamiento por absorción; se reduce demanda eléctrica y se integra con *free-cooling* nocturno.

- Las **analogías** y **metáforas técnicas** trasladan principios de un dominio a otro; las metáforas, al enfatizar semejanzas, ayudan a imaginar soluciones estructurales o funcionales. Se trata de mapear relaciones funcionales (flujo, resistencia, realimentación) entre sistemas distintos. Y ahora veamos cómo se aplica:

  - La **analogía funcional** consiste en identificar similitudes estructurales o de comportamiento entre sistemas distintos, para transferir soluciones de uno a otro. En este caso, se compara el **flujo eléctrico** con el **flujo hidráulico**, porque ambos comparten principios similares:

Concepto eléctrico	Equivalente hidráulico
Corriente (amperios)	Caudal (litros/segundo)
Voltaje (diferencia de potencial)	Presión (bar o pascal)
Resistencia (ohmios)	Fricción o estrechamiento de tubería
Capacitancia	Tanques de almacenamiento

Ejemplo: En el diseño de redes de distribución de agua en una ciudad, los ingenieros pueden usar modelos eléctricos para simular el comportamiento del sistema hidráulico. Por ejemplo, si se quiere saber cómo se redistribuye el caudal cuando se cierra una válvula, se puede modelar como si fuera un circuito eléctrico donde se interrumpe una resistencia. Esto permite usar herramientas de simulación eléctrica (como SPICE) para prever el comportamiento hidráulico, ahorrando tiempo y recursos.

– La **bioinspiración** es una forma de analogía que toma soluciones desarrolladas por la naturaleza —a lo largo de millones de años de evolución— y las adapta a problemas técnicos. No se copia literalmente, sino que se mapean principios funcionales.

Ejemplo: El diseño de superficies que repelen el agua, como en los parabrisas o paneles solares, se ha inspirado en las hojas de loto, que tienen microtexturas que impiden que el agua se adhiera. Este principio se ha replicado en materiales hidrofóbicos mediante nanotecnología.

• Mediante la **visualización de escenarios** se proyectan futuros posibles para evaluar decisiones hoy. No predice, explora "qué pasaría si" bajo supuestos claros. Se trata por tanto, de la construcción de narrativas técnicas con datos (demanda, cargas, normativa, clima) para probar el desempeño de conceptos. Y ahora veamos cómo se aplica:

– **Ejes de incertidumbre:** elegir variables críticas (p. ej., coste de energía *vs.* demandas de pico).
– **Escenarios contrastados:** conservador, ambicioso, disruptivo.
– **Prototipos rápidos + simulación:** validar desempeño en cada escenario.

Ejemplo: En el contexto del diseño estratégico de infraestructura para buses eléctricos urbanos, el pensamiento creativo y la visualización de escenarios permiten tomar decisiones informadas frente a futuros inciertos. Imaginemos una planificación a 10 años, donde el objetivo es implementar una red de carga eficiente, escalable y económicamente viable. Para ello, se construyen dos escenarios contrastados que ayudan a explorar las implicaciones técnicas y financieras de distintas trayectorias de adopción.

El **Escenario A**, de carácter conservador, proyecta un crecimiento lento de la flota eléctrica —alrededor del 3% anual—, lo que implica que la mayoría de los buses seguirán siendo diésel durante varios años. En este caso, se prioriza la carga nocturna en depósitos centrales, donde los vehículos se estacionan durante horas, permitiendo una carga lenta y estable sin necesidad de infraestructura distribuida. Este enfoque requiere menos inversión inicial, pero limita la flexibilidad operativa y la capacidad de respuesta ante aumentos súbitos en la demanda.

Por otro lado, el **Escenario B** plantea una visión ambiciosa: alcanzar el 50% de electrificación de la flota en solo cinco años. Esto exige una infraestructura más dinámica, con carga de oportunidad en terminales y puntos estratégicos de la ciudad, donde los buses pueden recargar parcialmente durante las pausas operativas. Este modelo requiere una red más extensa, con mayor potencia instalada y gestión inteligente de la energía para evitar sobrecargas y optimizar el uso de recursos.

Ante estos dos escenarios, la decisión más eficiente desde el punto de vista técnico y económico es modularizar las estaciones de carga, utilizando transformadores escalables que puedan adaptarse al crecimiento progresivo de la demanda. Además, se incorpora software de gestión de carga inteligente, capaz de priorizar vehículos según rutas, horarios y niveles de batería, maximizando la eficiencia energética. Esta estrategia permite fasear la inversión, es decir, construir la infraestructura en etapas, evitando el sobredimensionamiento inicial que podría resultar costoso e innecesario si el crecimiento no se materializa como se espera. Así, se logra un equilibrio entre preparación para el futuro y prudencia financiera, todo guiado por una visión creativa y flexible del diseño urbano sostenible.

- **Exploración de contradicciones**, como en TRIZ, que propone resolver conflictos técnicos sin comprometer funciones clave, usando principios inventivos y separación de requisitos. Se trata de identificar una contradicción ("quiero X pero también Y, y X contradice Y") y aplicar principios de solución (separación en tiempo, espacio, escala; 40 principios inventivos). Y ahora veamos cómo se aplica:

  - **Definir parámetros en conflicto**: p. ej., "fuerza" *vs.* "peso".
  - **Seleccionar principios relevantes**: materiales compuestos, dinamismo, porosidad, acciones preliminares, etc.
  - **Prototipar y validar**: comprobar que la función no se sacrifica.

Ejemplo: En el ámbito de la ingeniería, uno de los desafíos creativos más comunes es resolver contradicciones técnicas sin sacrificar funcionalidad. Un ejemplo claro lo encontramos en el diseño de una pinza industrial destinada a manipular componentes frágiles —como placas electrónicas, piezas de cerámica o elementos ópticos— que requieren una sujeción firme para evitar desplazamientos, pero al mismo tiempo una delicadeza extrema para no dañarlos. Esta situación plantea una contradicción fundamental: se necesita alta fuerza de agarre para asegurar la pieza, pero esa misma fuerza puede provocar roturas o deformaciones.

Pinza industrial en funcionamiento

Aquí es donde entra en juego la metodología TRIZ, que permite abordar este tipo de conflictos mediante principios inventivos. En este caso, se aplicaron tres de ellos de forma complementaria:

1. **Dinamismo**: Se rediseñaron las puntas de la pinza para que tuvieran rigidez variable. Esto se logró mediante una estructura compuesta: un núcleo rígido que proporciona estabilidad y precisión, recubierto por una capa elastomérica flexible que amortigua el contacto con la pieza. Esta solución permite que la pinza mantenga su capacidad de posicionamiento exacto, mientras que el recubrimiento absorbe microimpactos y distribuye la presión de forma más uniforme, evitando daños.

2. **Separación en tiempo**: La fuerza de sujeción no se aplica de forma constante. Durante la fase de posicionamiento inicial, la pinza ejerce una fuerza elevada para asegurar que la pieza quede correctamente alineada. Una vez colocada, el sistema reduce automáticamente la presión mediante un control de par y una retroalimentación háptica, que ajusta la fuerza en tiempo real según la resistencia detectada. Este enfoque permite que la fuerza máxima se utilice solo cuando es estrictamente necesaria, minimizando el riesgo de daño durante el resto del proceso.

Introducción a la Creatividad en Ingeniería

3. **Acción preliminar**: Para mejorar la eficiencia del agarre sin aumentar la fuerza total, se incorporó un texturizado microgeométrico en la superficie de contacto de la pinza. Estas microestructuras aumentan la fricción superficial, lo que permite sujetar la pieza con menor presión. Es una solución inspirada en la biomecánica —similar a cómo las patas de ciertos insectos se adhieren a superficies sin ejercer fuerza excesiva— y que demuestra cómo pequeños cambios en la superficie pueden tener grandes efectos en el rendimiento.

Gracias a la aplicación combinada de estos principios TRIZ, se logró una pinza capaz de mantener la misma precisión de agarre, pero con una reducción significativa en la tasa de roturas. Además, el diseño no implicó un aumento en el coste del ciclo de producción, ya que se utilizaron materiales accesibles y tecnologías de fabricación estándar. Este caso ejemplifica cómo la resolución creativa de contradicciones técnicas puede transformar un problema complejo en una oportunidad de innovación funcional y económica.

Estas habilidades no son exclusivas de artistas o diseñadores: los ingenieros también las necesitan para innovar. La creatividad técnica implica ver patrones donde otros ven caos, y proponer soluciones que integren eficiencia, funcionalidad y originalidad.

Ejemplo: El diseño de turbinas eólicas inspiradas en las aletas de ballena (biomimética) es fruto de la habilidad de pensar fuera del marco convencional de aerodinámica.

Morfología de la aleta de ballena y las palas de un aerogenerador.

Las ballenas jorobadas (*Megaptera novaeangliae*) poseen aletas pectorales con tubérculos —protuberancias nodulares en el borde de ataque— que les permiten una maniobrabilidad excepcional a pesar de su enorme tamaño (hasta 36 toneladas).

Estos tubérculos generan vórtices controlados que retrasan la separación de la capa límite del agua, aumentando la sustentación y reduciendo la resistencia hidrodinámica. Este principio, conocido como biomimética, fue adaptado a la ingeniería de turbinas eólicas para optimizar el flujo de aire en las palas, mejorando la eficiencia en condiciones de viento variable.

El diseño de las palas tuberculadas se basa en ecuaciones de dinámica de fluidos, particularmente las ecuaciones de Navier-Stokes, que describen el comportamiento del flujo de aire. Los tubérculos alteran el perfil aerodinámico, modificando los coeficientes de sustentación (C_L) y resistencia (C_D). Para perfiles con tubérculos, se observa:

- Incremento del C_L hasta un 40% en ángulos de ataque altos ($\geq 15°$).
- Reducción del C_D en un 32% con respecto a las palas lisas.

El número de Reynolds (Re) es clave para caracterizar el flujo:

$$Re = \frac{\rho \cdot \upsilon \cdot L}{\mu}$$

donde ρ es la densidad del aire (≈ 1.225 kg/m^3), υ la velocidad del viento, L la longitud característica (cuerda de la pala), y μ la viscosidad dinámica del aire ($\approx 1.8 \times 10^{-5}$ Pa·s). Los tubérculos optimizan el flujo incluso en regímenes de Re moderados (10^5 - 10^6).

Se emplean modelos de turbulencia k-ω SST (Shear Stress Transport) para simular los vórtices generados por los tubérculos. Estudios en túneles de viento confirman que los tubérculos:

- Reducen la separación de la capa límite en un 30%.
- Aumentan el ángulo de ataque crítico hasta 31°, retrasando el *stall* (pérdida abrupta de sustentación) .

Los tubérculos se dimensionan en función de la cuerda de la pala:

- Altura del tubérculo: 2.5-3.5% de la cuerda.
- Separación entre tubérculos: 0.2-0.3 veces la cuerda.
- Número de tubérculos por pala: 10-15 (dependiendo del tamaño).

La potencia de una turbina eólica se calcula como:

$$P = \frac{1}{2} \cdot C_P \cdot \rho \cdot A \cdot v^3$$

donde C_p es el coeficiente de potencia. Para palas con tubérculos, C_p alcanza 0.50-0.55, acercándose notablemente al límite teórico de Betz (0.593) en términos prácticos y permitiendo una ganancia de eficiencia del 20% en vientos ligeros (≤8 m/s).

Parámetro	Valor típico	Impacto técnico
Incremento de eficiencia	20% en vientos ≤8 m/s	Mayor producción energética en condiciones subópticas
Reducción de ruido	Hasta 50% (2 dB menos)	Permite instalación cerca de zonas urbanas
Reducción de fatiga estructural	6-8%	Extiende la vida útil de componentes en un 25%

En WhalePower Corporation implementaron prototipos de turbinas con lo que demostraron arranque a 3.5 m/s (vs. 4.5 m/s en turbinas convencionales), puesta en servicio de ventiladores industriales licenciados para aplicaciones en HVAC, con un 20% de ahorro energético y 25% más flujo de aire.

El Centro Aeroespacial Alemán (DLR) confirmó en túneles de viento una reducción de ruido de 2 dB y una disminución del 6-8% en cargas de fatiga.

La tercera dimensión es quizás la más poderosa: **la motivación interna.** Es la pasión por resolver problemas, la curiosidad por entender cómo funcionan las cosas, el deseo de mejorar el mundo a través de soluciones técnicas. Esta motivación no depende de recompensas externas, sino de una conexión personal con el desafío.

Los ingenieros creativos suelen ser aquellos que disfrutan del proceso de exploración, que se sienten impulsados por preguntas difíciles y que encuentran satisfacción en el acto de crear algo útil y bello. Esta motivación es lo que les permite persistir ante la complejidad, tolerar la ambigüedad y aprender del error.

Ejemplo: Muchos avances en ingeniería de software han surgido de desarrolladores apasionados que, fuera de su horario laboral experimentaron. Kubernetes, el sistema de orquestación de contenedores, que es estándar hoy, nació del "20% time" de Google, donde ingenieros experimentaron con ideas propias. Lo liberaron como código abierto, y esa pasión personal por resolver un problema complejo revolucionó la arquitectura de software global.

Estas tres dimensiones no actúan de forma aislada. La creatividad técnica emerge cuando:

- El conocimiento técnico permite identificar oportunidades reales.
- Las habilidades creativas permiten generar soluciones originales.
- La motivación intrínseca impulsa la perseverancia y la exploración.

Un ingeniero que domina su campo pero carece de motivación, puede ser competente pero no innovador. Uno que tiene ideas pero no entiende los fundamentos técnicos, puede ser creativo pero no eficaz. Y uno que tiene pasión pero no desarrolla sus habilidades creativas, puede quedarse en la intención sin llegar a la solución.

Para fomentar estas dimensiones en contextos educativos y profesionales, es clave:

- Diseñar proyectos que desafíen el conocimiento técnico y promuevan la exploración.
- Enseñar técnicas de creatividad estructurada (TRIZ, SCAMPER, Design Thinking).
- Crear entornos que valoren la motivación interna, la autonomía y el propósito.

1.3. Mitos sobre la creatividad en ingeniería

Pese a su importancia fundamental en el desarrollo tecnológico, la creatividad en ingeniería permanece rodeada de percepciones erróneas que con frecuencia limitan su potencial y sofocan el interés en este campo. Estos mitos, arraigados en estereotipos culturales y educativos, no solo subestiman la naturaleza colaborativa y metódica de la innovación técnica, sino que también perpetúan la idea de que la ingeniería es un dominio puramente racional y algorítmico, desprovisto de intuición o imaginación. Nada más lejos de la realidad: la historia de la ingeniería está repleta de ejemplos donde la creatividad —entendida como la capacidad de reformular problemas, conectar dominios aparentemente inconexos y generar soluciones novedosas y eficientes— ha sido el motor de avances trascendentales. A continuación, desmontaremos algunos de estos mitos, comenzando por uno particularmente persistente.

1.3.1. Mito 1: "La creatividad es solo para genios o superinteligentes"

Uno de los mitos más persistentes y limitantes en el ámbito técnico es la creencia de que la creatividad está reservada para mentes excepcionales, individuos con un talento innato, casi místico, que los distingue del resto. Esta idea, aunque popular, es profundamente errónea y contraproducente, especialmente en ingeniería, donde la creatividad es una habilidad funcional, entrenable y colaborativa, no un privilegio de unos pocos.

La cultura popular ha alimentado durante siglos la imagen del "genio solitario" —Leonardo da Vinci, Nikola Tesla, Steve Jobs— como el arquetipo de la creatividad. Sin embargo, esta narrativa ignora que la mayoría de las innovaciones técnicas surgen de procesos colectivos, iterativos y multidisciplinarios, más que de momentos de iluminación individual.

Como refleja con claridad la idea darwiniana: *"Cualquiera con el suficiente tiempo, diligencia y paciencia" puede lograr contribuciones significativas*. Esta afirmación desmonta la idea de que la creatividad depende de una inteligencia superior, y la sitúa en el terreno del esfuerzo sostenido, la curiosidad y la perseverancia.

En ingeniería, la creatividad no se manifiesta únicamente en grandes inventos o descubrimientos. También aparece en:

- La optimización de un proceso industrial.
- El rediseño de una estructura para reducir costes.
- La mejora de la experiencia de usuario en un sistema técnico.
- La adaptación de una solución existente a un nuevo contexto.

Estas acciones no requieren genialidad, sino habilidades prácticas, pensamiento crítico y disposición para explorar alternativas. La creatividad técnica es, en esencia, resolver problemas de forma eficiente y original, algo que cualquier profesional puede desarrollar con las herramientas adecuadas.

Otro aspecto que este mito ignora es que la creatividad en ingeniería se potencia en equipo. La diversidad de perspectivas —disciplinarias, culturales, cognitivas— enriquece el proceso creativo. Un ingeniero mecánico puede encontrar inspiración en la biología; un especialista en software puede aprender de la psicología cognitiva; un urbanista puede integrar conceptos de sociología.

La creatividad técnica se nutre de la interacción entre saberes, y no de la genialidad aislada. En este sentido, los equipos diversos y bien gestionados son más creativos que los individuos excepcionales, porque combinan conocimientos, experiencias y formas de pensar distintas.

> *Ejemplo*: El desarrollo de vehículos autónomos no fue obra de un solo genio, sino de equipos multidisciplinares. Involucra una amplia gama de ingenieros eléctricos que diseñan los sistemas de propulsión y sensores; expertos en inteligencia artificial y ciencia de datos que desarrollan algoritmos de conducción autónoma; diseñadores industriales que configuran la experiencia del usuario; especialistas en ética y derecho que definen marcos normativos y decisiones críticas; urbanistas que adaptan infraestructuras; y empresas tecnológicas y automotrices que colaboran en la fabricación y comercialización.

Este mito tiene consecuencias negativas en la educación técnica. Muchos estudiantes creen que "no son creativos" porque no tienen ideas brillantes de inmediato, lo que genera inseguridad y bloqueo. Sin embargo, la creatividad puede enseñarse y entrenarse mediante:

- Técnicas de pensamiento divergente.
- Ejercicios de resolución de problemas abiertos.
- Proyectos colaborativos con enfoque interdisciplinario.
- Espacios seguros para el error y la exploración.

Romper este mito en el aula es clave para empoderar a los futuros ingenieros y mostrarles que la creatividad es parte de su formación, no una excepción.

Finalmente, lo que realmente distingue a los ingenieros creativos no es su coeficiente intelectual, sino su actitud: curiosidad constante, apertura al cambio, disposición a aprender, y resiliencia ante el fracaso. Estas cualidades son accesibles para todos, y son las que permiten que la creatividad técnica se convierta en una herramienta cotidiana. Un valor que tener muy en cuenta es el de la inteligencia emocional (IE) y su estrecha vinculación con el coeficiente intelectual, permitiendo gestionar de forma más eficiente situaciones, conflictos y problemas.

1.3.2. Mito 2: "La ingeniería es rígida y matemática, no creativa"

Existe una imagen ampliamente difundida —y profundamente incompleta— de la ingeniería como una disciplina fría, rígida y puramente matemática. Se la asocia con cálculos interminables, planos técnicos y oficinas llenas de fórmulas. Esta visión, aunque parcialmente cierta, ignora la esencia creativa y transformadora de la ingeniería, que es, en realidad, una de las profesiones más fértiles para la innovación aplicada.

La ingeniería es, en su núcleo, una forma de creación. Es el arte de transformar ideas en soluciones tangibles, de convertir necesidades humanas en estructuras, sistemas y tecnologías que mejoran la vida. Como afirma la psicóloga Manuela Romo, *"la creatividad es una forma de pensar cuyo resultado tiene una forma novedosa y de valor"*. Esta definición encaja perfectamente con la práctica ingenieril: crear valor a través de soluciones nuevas, útiles y funcionales.

La creatividad en ingeniería no es un añadido decorativo, sino una condición inherente al proceso de diseño, análisis y resolución de problemas. Cada puente, cada algoritmo, cada sistema hidráulico o cada dispositivo médico es el resultado de decisiones creativas tomadas bajo restricciones técnicas, económicas y sociales.

Lejos de limitarse a escritorios y pizarras, la ingeniería ofrece múltiples oportunidades para experimentar, construir, probar y rediseñar. Es una disciplina profundamente práctica, donde la creatividad se manifiesta en la interacción directa con materiales, entornos y personas.

Algunos ejemplos ilustrativos:

- Diseñar montañas rusas implica combinar física, psicología del usuario, estética y seguridad para crear experiencias únicas.
- Desarrollar sistemas de agua potable en comunidades rurales requiere creatividad para adaptar soluciones a contextos con recursos limitados, condiciones climáticas adversas y necesidades culturales específicas.
- Trabajar en inteligencia artificial exige imaginar nuevas formas de aprendizaje automático, interacción humano-máquina y toma de decisiones autónoma.

Estos casos muestran que la ingeniería no solo resuelve problemas: los reimagina. Y lo hace desde una lógica creativa que combina análisis riguroso con intuición, empatía y visión de futuro.

El proceso creativo en ingeniería suele seguir un ciclo que va desde la abstracción conceptual hasta la implementación concreta:

1. *Identificación del problema:* ¿Qué necesidad existe?
2. *Exploración de soluciones:* ¿Qué alternativas son posibles?
3. *Diseño y prototipado:* ¿Cómo se puede materializar la idea?
4. *Prueba y error:* ¿Qué funciona y qué no?
5. *Iteración y mejora:* ¿Cómo se puede optimizar?

Este ciclo es profundamente creativo, porque exige pensar en múltiples niveles, integrar conocimientos diversos y adaptarse a condiciones cambiantes. No es un proceso lineal, sino dinámico, exploratorio y abierto a la sorpresa.

En última instancia, el ingeniero no es solo un solucionador de problemas, sino un creador de futuros posibles. Su trabajo tiene un impacto directo en cómo vivimos, nos movemos, nos comunicamos y nos relacionamos con el entorno. Esta responsabilidad requiere una mentalidad creativa, ética y visionaria, capaz de anticipar consecuencias, imaginar escenarios alternativos y diseñar con propósito.

1.3.3. Mito 3: "Las personas creativas idean, pero no ejecutan"

La imagen romántica del genio creativo es persistente y seductora: una mente atormentada, que espera en la penumbra la llegada del éxtasis de la inspiración, produciendo obras de una perfección sublime pero con una lentitud exasperante. Es la figura del artista que sufre, del inventor excéntrico y desorganizado. Esta narrativa, sin embargo, es una de las falacias más perjudiciales para la comprensión de la verdadera innovación. La Historia, cuando se examina sin el filtro del mito, nos revela una realidad muy diferente: los más grandes creadores no fueron soñadores distraídos, sino ingenieros de la creatividad, maestros en el arte de la productividad ejecutiva.

A) Leonardo da Vinci: El prototipista incansable

Leonardo no era un hombre de una docena de obras maestras. Era un torrente de output creativo. Sus cuadernos, que suman más de 13.000 páginas que sobreviven hoy (y se estima que eran muchas más), son el testimonio de una productividad feroz.

Helicóptero diseñado por Leonardo. ~1480

No eran meros garabatos o ideas sueltas; eran el laboratorio de un ingeniero. En ellos, se ejecutaba el proceso de creación: descomponía problemas complejos —el vuelo de un pájaro, el flujo de agua, la sonrisa de una mujer— en miles de componentes más pequeños, cada uno estudiado, sketcheado y analizado.

Cada página es un prototipo en papel. El helicóptero (tornillo aéreo), el carro de combate, la ciudad ideal; eran diseños iterativos. Da Vinci entendía que la idea, por sí sola, es una semilla. Su valor radica en la implementación: los cálculos, las perspectivas, los materiales probados. Su prolificidad no era caótica; era sistemática. Era un método de investigación y desarrollo en el que la ejecución constante —el acto de dibujar, calcular y escribir— era el combustible del descubrimiento. La *Mona Lisa* no surgió de un único momento de inspiración, sino de décadas de ejecución disciplinada en el estudio de la luz, la anatomía y la emoción humana.

B) Miguel Ángel: El escultor de metas y plazos

Si Da Vinci era el maestro del prototipo, Miguel Ángel era el director de proyecto supremo. La Capilla Sixtina, a menudo presentada como la epopeya solitaria de un genio, fue en realidad un proyecto colosal de gestión de recursos, tiempo y mano de obra.

Miguel Ángel no pasó cuatro años acostado contemplando el techo; dirigió un taller, diseñó andamios innovadores que optimizaban el movimiento y el acceso, experimentó con la química de los frescos para lograr durabilidad y color, y ejecutó metódicamente una superficie de más de 500 metros cuadrados.

Cada día era una meta de productividad. Se cuenta que dormía poco, a menudo vestido y con sus botas puestas, para maximizar sus horas de trabajo.

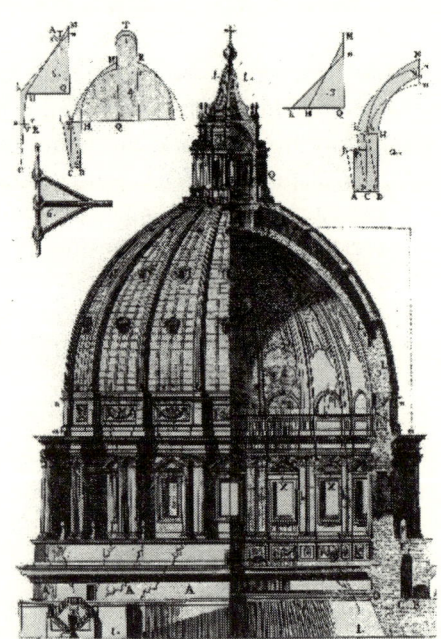

Cúpula de San Pedro del Vaticano. Construida entre 1546 y 1612.

Su correspondencia está llena de demandas de materiales, quejas sobre pagos y una obsesión por el progreso medible. *La Pietà*, el *David*, la cúpula de San Pedro; cada obra fue un hito entregado, un sistema complejo desglosado en tareas ejecutables. Su genialidad estaba inextricablemente ligada a su capacidad de *hacer*, de materializar la visión a una escala y velocidad sobrehumanas.

C) Steve Jobs: El iterador obsesivo

Steve Jobs encarnó el principio de "prototipado ágil y de alta fidelidad" mencionado en el texto. Su genialidad no radicó en ser un soñador solitario, sino en ser un ejecutor implacable de un proceso iterativo.

Al igual que los cuadernos de Da Vinci, el proceso de desarrollo de productos en Apple bajo Jobs era un torrente de creación y descarte. No se conformaban con una idea; la materializaban una y otra vez. El desarrollo del primer iPhone, por ejemplo, involucró numerosos prototipos físicos y de software. Se sabe que hubo un prototipo completo con cuerpo de aluminio que fue descartado por comple-

Steve Jobs con el Macintosh 128K. 1984.

to meses antes del lanzamiento porque no se sentía bien en la mano, para pasar al diseño de vidrio y aluminio que conocemos. Esto es "fallar rápido, aprender más rápido, iterar de inmediato".

Jobs y su equipo descomponían la experiencia del usuario en miles de componentes más pequeños (la animación de un scroll, el sonido de un teclado, el tacto de un clic) que eran prototipados, probados y perfeccionados individualmente. La obsesión por los detalles materiales y la usabilidad es la versión moderna del estudio de Da Vinci sobre la luz o la anatomía.

La narrativa del texto sobre pasar del "¿Qué pasaría si...?" al "He aquí cómo lo hicimos" define perfectamente a Jobs. Su famosa habilidad para "oír" las necesidades del mercado antes de que existieran era inútil sin su feroz ejecución, plazos y perfección en la implementación. No era un artista que sufre; era un director de proyecto obsesionado con la calidad, similar a Miguel Ángel.

D) Bill Gates: El resolutor de sistemas

Bill Gates es el arquetipo moderno de la fase "Automatización y Escalabilidad" y "Resolución de Problemas Sistémicos". En sus inicios, el prototipo por excelencia para Gates era el código. La creación del software BASIC para el Altair 8800 fue un acto de pura ejecución productiva: él y Paul Allen escribieron el prototipo del intérprete en unas semanas, sin tener el hardware real, simulándolo en una computadora mainframe. Fue un ejercicio de ingeniería pura para materializar una idea rápidamente. La famosa *"think week"* de Gates, donde se retiraba a leer cien-

Bill Gates desarrollando para el Altair 8800 un intérprete de BASIC, primer producto de Microsoft.

tos de propuestas y prototipos de proyectos internos en Microsoft, era un ritual de productividad sistemática. No era un momento de inspiración etérea, sino una sesión de trabajo intensiva para procesar información, iterar sobre ideas existentes y tomar decisiones ejecutivas. Es la versión moderna de los cuadernos de Da Vinci usados como herramienta de análisis.

Gates no solo quería escribir código (prototipar), quería que su código se ejecutara en todas las computadoras del planeta. Su gran creación no fue un programa específico, sino el sistema (MS-DOS, Windows) que permitió escalar la plataforma de software de manera eficiente. Esto es exactamente "¿puedo hacer que mil se construyan de manera eficiente?" y "diseñar el sistema de fabricación... es tan creativo como el producto mismo".

Luego, en su etapa filantrópica, aplicó el mismo enfoque a macroproblemas: descomponer la erradicación de una enfermedad (como la polio) en módulos resolubles (vacunación, logística, financiación) e implementar soluciones tangibles a escala global.

E) El Puente hacia la ingeniería moderna: De la visión a la implementación

Este principio —que la creatividad de mayor impacto es inherentemente productiva— no se quedó en el Renacimiento. Se transmutó en el ADN de la ingeniería moderna. Hoy, el ingeniero creativo no es el que tiene una idea en una ducha y la guarda en un cajón. Es el que posee la capacidad de trazar la línea que va desde el "¿Qué pasaría si...?" hasta el "He aquí cómo lo hicimos".

Esta travesía se manifiesta en varias fases de implementación:

1. **Prototipado ágil y de alta fidelidad:** La era del diseño en un sobre ha terminado. El ingeniero creativo utiliza impresión 3D, simulacio-

nes por computadora (FEA/CFD) y entornos de desarrollo integrados (IDEs) para crear prototipos funcionales a una velocidad que hubiera dejado boquiabierto a Da Vinci. Cada prototipo no es un fin, sino un paso en un ciclo de feedback iterativo: fallar rápido, aprender más rápido, iterar de inmediato. Es la materialización moderna de los cuadernos de Leonardo.

2. **Automatización y escalabilidad:** La verdadera creatividad en ingeniería moderna no solo se pregunta «¿puedo construirlo?», sino «¿puedo hacer que se construya solo?» o «¿puedo hacer que mil se construyan de manera eficiente?». Diseñar el sistema de fabricación, los flujos de trabajo automatizados y la logística de cadena de suministro es tan creativo como el producto mismo. Es la evolución del andamio de Miguel Ángel: crear las herramientas y los procesos que permiten levantar catedrales digitales y físicas.

3. **Resolución de problemas sistémicos:** Los desafíos modernos —la crisis climática, la logística global, la ciberseguridad— son sistemas de sistemas. El ingeniero creativo aplica su prolificidad mental para descomponer estos macroproblemas en módulos resolubles. Implementa una solución piloto en una red eléctrica, escala un algoritmo de captura de carbono, o despliega una arquitectura de software resiliente. Su productividad se mide en la capacidad de implementar soluciones tangibles a problemas abstractos y complejos.

1.3.4. Mito 4: "La creatividad es rápida y ocurre en talleres de brainstorming"

En la imaginación colectiva, la creatividad es un relámpago. Una bombilla que se enciende sobre una cabeza en una sala de juntas llena de pizarras blancas, pizzas frías y rotuladores de colores. La cultura corporativa ha canonizado el *brainstorming* como el sacramento de la innovación, el ritual donde, por el mero acto de congregarse y lanzar ideas al aire, la genialidad debe manifestarse, rápida y democráticamente.

Este es quizás uno de los mitos más seductores y, a la vez, más tóxicos para el progreso real. Porque vende una mentira peligrosa: que el valor de una idea es inversamente proporcional al tiempo invertido en concebirla. La verdad, respaldada por la historia de la innovación tangible, es radicalmente opuesta. La creatividad de impacto no es un esprint; es un maratón de fondo, a menudo por un terreno irregular y sin señales claras. Requiere un periodo fundamental y subestimado: la incubación.

A) El caso del Post-it: Una década de "fracaso" persistente

La historia del Post-it no es la de una sesión de *brainstorming* brillante. Es la historia de una solución en busca de un problema, un viaje de casi dos décadas de persistencia.

Todo comenzó en 1968, cuando el Dr. Spencer Silver, un químico de 3M, intentaba desarrollar un adhesivo superfuerte. En su lugar, accidentalmente creó uno débil, reusable y que no dejaba residuos. Una "solución" sin un problema. Un "fracaso".

Durante años, Silver evangelizó su adhesivo dentro de 3M, acudiendo a talleres y sesiones internas, sin encontrar una aplicación práctica. La idea estaba ahí, pero estaba cruda, incompleta. Entró en un largo periodo de incubación.

La chispa final no surgió en una sala de juntas programada. Ocurrió en 1974, cuando Art Fry, otro ingeniero de 3M y colega de Silver, se frustraba porque los marcadores de papel de su himnario se caían constantemente durante los ensayos del coro. En un momento de insight personal, fruto de la exposición prolongada al problema y a la solución de Silver, conectó ambos cabos: necesitaba un marcador que se pegara sin dañar las páginas, que fuera reusable... justo como aquel adhesivo "fracasado".

Aun así, el camino no fue directo. La creación del papel adecuado, la máquina para aplicarlo y, por supuesto, la identificación de su verdadero mercado (oficinas, no himnarios) llevó años más. Hasta 1980, el Post-it no fue lanzado al mercado. 12 años después de su «invención» inicial.

Este caso es un arquetipo: la idea (adhesivo débil) necesitó un periodo de incubación extenso para madurar, combinarse con otra necesidad no relacionada (marcadores de himnario) y evolucionar hacia una propuesta de valor viable (comunicación en oficinas).

B) La Ingeniería de la incubación: Más allá del Brainstorming

En la ingeniería moderna, este proceso de incubación no es pasivo. No es esperar a que llegue la musa. Es una disciplina activa y estructurada que se traduce en metodologías específicas:

1. **Abordaje multidimensional del problema:** Un *brainstorming* tradicional suele buscar una respuesta directa a una pregunta estrecha («¿Cómo hacemos que la batería dure más?»). La incubación creativa implica desmontar el problema y observarlo desde ángulos inusuales. Un ingeniero creativo estudiará no solo la electroquímica, sino

también la termodinámica, el comportamiento del usuario, la ergonomía, la economía de materiales e incluso la psicología de la percepción (¿cómo hacer *sentir* al usuario que la batería dura más?). Es un proceso de inmersión profunda, no de escaneo superficial.

2. **Experimentación y prototipado continuo:** La incubación se alimenta de hacer. Cada experimento fallido, cada prototipo que se rompe, cada simulación que arroja un resultado inesperado no es un callejón sin salida. Es un dato invaluable que redefine el problema y enriquece el "suelo mental" donde la solución final echará raíces. James Dyson creó 5.127 prototipos a lo largo de 5 años para perfeccionar su aspiradora sin bolsa. Cada uno de esos prototipos fue un día más de incubación, una iteración que acercaba la solución.

3. **Validación con usuarios reales:** La incubación no ocurre en un vacío. La interacción temprana y constante con los usuarios finales es el antídoto contra la idea genial pero inútil. Sus *feedbacks,* a menudo contradictorios e impredecibles, son los que realmente dan forma a la creatividad aplicada. Revelan la verdadera necesidad, que suele estar oculta detrás de la necesidad expresada. Metodologías como el Design Thinking institucionalizan esta fase, dedicando todo un espacio a la "empatía" y el "testeo", entendiendo que la creatividad es un diálogo, no un monólogo.

1.3.5. Mito 5: "Los ingenieros están atrapados en una trayectoria profesional fija"

Existe una percepción profundamente arraigada, tanto dentro como fuera de la profesión, de que la trayectoria de un ingeniero es un viaje en un tren de alta velocidad sobre una vía única. Se elige una especialidad —mecánica, civil, eléctrica— en la universidad, y a partir de ahí, el destino profesional parece quedar fijado de manera irrevocable. El ingeniero mecánico diseña piezas, el civil calcula estructuras, el eléctrico traza circuitos. Cualquier desvío se percibe como un riesgo, un paso atrás o, peor aún, una traición a la especialización.

Este mito del "carril único" es una reliquia de una era industrial estática. La ingeniería moderna, en cambio, se parece mucho más a una red de metro multimodal e interconectada, donde los transbordos entre líneas no solo son posibles, sino que son la norma para quienes desean llegar a los destinos más innovadores. La movilidad entre especialidades es hoy una realidad impulsada por la propia evolución tecnológica y por una revolución en la educación continua.

A) Microespecialidades y la "Muerte del Silo"

La frontera de la innovación ya no se encuentra en el núcleo duro de las disciplinas tradicionales, sino en sus intersecciones. Los problemas más apasionantes —desarrollar un coche autónomo, crear un gemelo digital de una ciudad, o diseñar un exoesqueleto médico— no pueden ser resueltos desde una única torre de marfil ingenieril.

Estos desafíos han dado a luz a microespecialidades emergentes, campos híbridos que funcionan como puentes entre las disciplinas clásicas:

- **Robótica:** Una fusión tangible de mecánica (cinemática, dinámica), eléctrica (actuadores, sensores) e informática (visión por computador, IA para toma de decisiones).
- **Internet de las Cosas (IoT):** Donde la ingeniería electrónica (diseño de sensores de bajo consumo) se casa con la ciencia de los datos (análisis de flujos de información en tiempo real) y la ciberseguridad.
- **Bioingeniería:** El punto donde la biología y la medicina convergen con la mecánica de materiales (prótesis), la óptica (imagen médica) y el *machine learning* (análisis de genomas).

Estas microespecialidades no son islas; son archipiélagos interconectados. Un ingeniero civil con pasión por la sostenibilidad puede transitar hacia la ingeniería ambiental, especializándose en modelado de sistemas para la gestión de aguas residuales. Un ingeniero industrial fascinado por la optimización puede migrar hacia la ciencia de datos, aplicando sus conocimientos de procesos y estadística para predecir fallos en la cadena de suministro.

B) Planes de estudio modulares y aprendizaje permanente

La educación en la ingeniería está sufriendo una transformación radical para afrontar esta nueva realidad. Las universidades más vanguardistas están desmantelando los rígidos planes de estudio del siglo xx para construir currículos modulares y flexibles.

1. **Microcredenciales y nanogrados:** Ya no es necesario realizar una segunda carrera de cuatro años para reciclarse. Instituciones de todo el mundo ofrecen programas concentrados —MicroMasters, certificados de especialización, bootcamps intensivos— en áreas específicas como Machine Learning, Computer Vision o Computación en la Nube. Estas credenciales actúan como "llaves" que permiten a un ingeniero

abrir la puerta a un nuevo campo, demostrando competencia específica sin tener que reinventar toda su identidad profesional desde cero.

2. **El aprendizaje como servicio (LaaS - *Learning as a Service*):** El modelo mental ha cambiado. La formación ya no es una fase que precede a la carrera, sino un servicio al que se suscribe de por vida. Plataformas como Coursera, edX, o Udacity son la "nube del conocimiento", donde un ingeniero puede, en cualquier momento de su carrera, "descargar" las habilidades necesarias para su próxima movilidad. Un ingeniero químico puede, mientras trabaja, tomar una secuencia de cursos sobre Python para Análisis de Datos y luego especializarse en Simulación Molecular Computacional, un campo que ni siquiera existía cuando se graduó.

3. **Proyectos integradores:** Los nuevos planes de estudio fomentan desde el primer día la resolución de problemas multidisciplinares. Se forman equipos con estudiantes de software, electrónica y diseño industrial para construir un dron o una smart city a escala. Esta experiencia no solo enseña tecnología, sino el lenguaje y la metodología de trabajo de otras especialidades, normalizando la colaboración y allanando el camino para futuras transiciones profesionales.

1.4. Pensamiento convergente *vs.* divergente

En el núcleo de todo acto creativo en ingeniería yace una paradoja aparente: la necesidad de soñar sin límites y la disciplina de actuar con precisión mortífera. Es la dualidad entre generar un universo de posibilidades y seleccionar, de entre todas ellas, la única que debe materializarse. Esta tensión fundamental no es un defecto del proceso; es su misma esencia. Para entenderla, debemos acudir a la elegante distinción propuesta por el psicólogo J.P. Guilford en 1956: el pensamiento divergente y el pensamiento convergente.

Guilford, en su búsqueda por cartografiar la inteligencia humana, identificó que la creatividad no era un talento unitario y mágico, sino una función de dos operaciones mentales complementarias y distintas. El ingeniero creativo no es el que posee una de ellas, sino el que demuestra la maestría de orquestar ambas en una sinfonía de innovación.

1.4.1. Pensamiento divergente

El pensamiento divergente es el motor de la generación de ideas. Es exploratorio, asociativo, y se nutre de la abundancia. Su objetivo no es la respuesta correcta, sino la multiplicidad de opciones. Opera bajo el principio de que para encontrar una idea genial, primero es necesario generar una cantidad masiva de ideas, sin importar lo absurdas, imprácticas o extravagantes que puedan parecer en un primer momento.

- **Características Clave:**

  - **Fluidez:** Producir un gran número de ideas e hipótesis en un tiempo limitado.
  - **Flexibilidad:** Cambiar de perspectiva con facilidad, abordar el problema desde ángulos radicalmente diferentes (técnico, humano, económico, lúdico).
  - **Originalidad:** Generar ideas que son estadísticamente raras, novedosas y únicas.
  - **Elaboración:** Añadir detalles, profundizar y construir sobre ideas iniciales.

- **En la Ingeniería:** Este es el momento del «¿Qué pasaría si...?». Es la fase de lluvia de ideas *sin filtro*, de la investigación básica sin una aplicación inmediata, del estudio de la naturaleza en busca de analogías (biomimética). Es cuando un equipo, ante el desafío de reducir el arrastre aerodinámico en un vehículo, considera no solo perfiles alares, sino también la piel del tiburón, las semillas de arce, o incluso conceptos de flujo magnetohidrodinámico. Aquí, la cantidad alimenta a la calidad.

En ingeniería, el pensamiento divergente se manifiesta al explorar posibles causas de un problema (ej: por qué se excede el presupuesto en proyectos) o al *brainstorm* de soluciones innovadoras, como diseñar un robot inspirado en la biomimética.

1.4.2. *Pensamiento convergente*

Si el pensamiento divergente abre la caja de Pandora de la posibilidad, el pensamiento convergente es el proceso de seleccionar, con criterio despiadado, qué idea merece salir de ella. Es analítico, crítico, y se rige por el principio de la **evaluación** y **selección**. Su objetivo no es generar más opciones, sino reducir el conjunto de ideas a la(s) más viable(s), aplicando criterios lógicos, restrictivos y prácticos.

- **Características Clave:**

  - **Análisis:** Evaluar las ideas en función de criterios predefinidos (costo, viabilidad técnica, tiempo de desarrollo, impacto en el usuario).
  - **Síntesis:** Consolidar lo mejor de varias ideas en una sola propuesta robusta.
  - **Juicio:** Tomar decisiones críticas y descartar ideas, por muy atractivas que sean, que no cumplan con los requisitos fundamentales.
  - **Foco:** Dirigir toda la energía y los recursos hacia la implementación de la solución seleccionada.

- **En la Ingeniería:** Este es el momento del «¿Funcionará?». Es la fase de los análisis de factibilidad, los modelos financieros, las pruebas de estrés, los protocolos de validación y las revisiones de diseño. Es el proceso que toma las cien ideas inspiradas en la naturaleza y, tras aplicar las leyes de la física y las restricciones presupuestarias, concluye que el patrón de la piel de tiburón es la solución más prometedora para recubrir las alas de un avión y ahorrar fuel.

1.4.3. Integración en el proceso de resolución de problemas

Comprender la dualidad de los pensamientos divergente y convergente es el primer paso. El verdadero arte —y la esencia de la ingeniería creativa— radica en integrarlos en una secuencia deliberada y eficaz. No se trata de dos fuerzas en pugna, sino de dos socios en una coreografía, donde cada uno toma la oportunidad en el momento preciso. Un *framework* poderoso y probado para orquestar esta danza es el siguiente: Descubrir, Definir, Deducir, Determinar.

Paso 1: Descubrir (Modo Divergente) - La Exploración sin límites

El objetivo aquí es expandir el panorama del problema, no contraerlo. Ante un fallo, una ineficiencia o un desafío, la tentación natural es apresurarse a encontrar *la* causa. El pensador creativo resiste esta tentación. En su lugar, emprende una exploración amplia y sin prejuicios.

- **¿Cómo se hace?:** Utilizando técnicas como los *Diagramas de Espina de Pescado (Ishikawa)* o los *5 Porqués* de forma generativa, no restrictiva. Se reúne a un equipo multidisciplinar y se anima a todos a proponer cualquier causa potencial, por remota o descabellada que parezca.

> **Ejemplo**; Ante el fallo estructural en un puente el equipo en lugar de asumir se plantea: ¿Fue un error de cálculo? ¿Un material defectuoso? ¿Una base erosionada por el agua? ¿Vibraciones resonantes no previstas? ¿Un diseño que no consideró el aumento extremo del tráfico? ¿Corrosión por contaminantes ambientales? ¿Un impacto no documentado? La lista es larga y deliberadamente caótica. La fluidez y la flexibilidad son las claves en esta fase.

Paso 2: Definir (Modo Convergente) - El Punto de Impacto

Con un mapa extenso de causas potenciales, es hora de cambiar de marcha. El modo convergente se activa para analizar, filtrar y seleccionar. La multitud de posibilidades debe ser reducida a la causa raíz más probable, o al núcleo fundamental del problema.

- **¿Cómo se hace?:** Aplicando criterios rigurosos de evaluación: datos, evidencia, viabilidad de investigación. Se recogen muestras, se revisan los logs de diseño, se analizan los datos de sensores, se realizan pruebas no destructivas. Las causas se confrontan con la evidencia empírica hasta que una emerge como la más sólida.
  Siguiendo con el ejemplo anterior:

> **Ejemplo:** Tras analizar los datos, el equipo descarta el error de cálculo (los planos son correctos) y el aumento de tráfico (está dentro de los márgenes). La evidencia apunta a una corrosión acelerada en los tirantes de acero, específicamente en un punto donde se acumula agua de escorrentía con alto contenido de sal (por el deshielo en la carretera superior). El problema ya no es "el puente falla"; es "la corrosión por picadura inducida por sal en los tirantes principales". El problema está definido con precisión quirúrgica.

Paso 3: Deducir (Modo Divergente) - El Torrente de soluciones

Con el problema definido con exactitud, la mente diverge de nuevo, pero ahora con un foco mucho más nítido. El objetivo ya no es encontrar causas, sino generar el abanico más amplio posible de soluciones para el problema específico que se ha definido.

- **¿Cómo se hace?:** *Brainstorming, benchmarking* de soluciones en otras industrias (¿cómo protege la marina los metales de la sal?), SCAMPER (Sustituir, Combinar, Adaptar, Modificar, Proponer otros usos, Eliminar, Revertir), y pensamiento analógico.

> *Ejemplo*: ¿Cómo solucionamos la corrosión en los tirantes? Las ideas fluyen: 1) Reemplazar los tirantes con acero inoxidable (caro). 2) Aplicar una pintura anticorrosiva más resistente. 3) Instalar un sistema de protección catódica. 4) Rediseñar el sistema de drenaje para que el agua salada no alcance los tirantes. 5) Desviar el flujo de tráfico que lleva sal. 6) Desarrollar una cubierta protectora rellena de gel inhibidor de corrosión. 7) Usar composites de fibra de carbono en lugar de acero. Ninguna idea es descartada en esta etapa.

Paso 4: Determinar (Modo Convergente) - La Implementación decisiva

La fase final es de convergencia pura y dura. De la lluvia de ideas, se debe **seleccionar e implementar la solución óptima**. La que ofrece el mejor balance entre eficacia, costo, durabilidad, tiempo de implementación y mínimo impacto en la operación existente.

- **¿Cómo se hace?:** Usando matrices de decisión que ponderan diferentes criterios, realizando análisis de costo-beneficio, construyendo prototipos a escala o ejecutando simulaciones para validar las mejores opciones.

> *Ejemplo*: El equipo evalúa las ideas. El acero inoxidable y los composites son demasiado caros. La protección catódica es compleja de instalar.
>
> La opción más robusta y elegante resulta ser una combinación: rediseñar el sistema de drenaje (solución a largo plazo) y, para los tirantes existentes, aplicar una nueva pintura de alta resistencia e instalar cubiertas de protección con gel inhibidor (solución inmediata y de mantenimiento).
>
> Se toma la decisión. Se elaboran los planos, se asignan recursos y se ejecuta.

Si en el Paso 4 (Determinar) se descubre que la solución elegida no es viable durante la implementación (por ejemplo, el rediseño del drenaje es inviable estéticamente), el proceso no se detiene. Se vuelve al Paso 3 (Deducir) para generar nuevas soluciones, o incluso al Paso 2 (Definir) para reafirmar el problema.

Esta retroalimentación constante entre la expansión y el foco es el latido del corazón de la ingeniería creativa. Es un proceso vivo, que se adapta y evoluciona hasta encontrar la solución que realmente funciona.

Una exploración más detallada de técnicas específicas de pensamiento divergente y convergente, incluyendo ejercicios prácticos, la veremos en el Capítulo 2.

1.4.4. *El verdadero secreto de la resolución creativa de problemas*

La genialidad del modelo de Guilford no reside en la descripción de dos modos de pensar, sino en la revelación de su interdependencia. El proceso creativo no es lineal (divergente → convergente). Es un ciclo iterativo y dinámico de expansión y contracción.

Un equipo de ingenieros no celebra una sola sesión de *brainstorming* y luego pasa el resto del proyecto implementando ciegamente la idea elegida. El camino real se parece más a esto:

1. **Divergencia inicial:** Se explora el espacio del problema de forma amplia.
2. **Convergencia preliminar:** Se seleccionan unas pocas direcciones prometedoras.
3. **Divergencia profunda:** Se profundiza en cada una de esas direcciones, generando variaciones y prototipos específicos.
4. **Convergencia crítica:** Se prueban esos prototipos, se recogen datos y se selecciona el camino óptimo.
5. **Repetición:** Este ciclo se repite a microescala constantemente. Incluso durante la fase de implementación más convergente, un problema inesperado (un material que no está disponible, una tolerancia que no se puede lograr) puede forzar una mini-sesión divergente para generar soluciones alternativas, que serán rápidamente evaluadas y convergidas.

1.5. La urgencia de pensar diferente en el siglo XXI

La ingeniería del siglo XX se erigió sobre un pilar de predictibilidad. Se trataba de dominar las leyes de la física y la materia para construir un mundo más grande, más rápido y eficiente: rascacielos, automóviles, aviones, redes eléctricas, etc. Los problemas, aunque complejos, a menudo estaban contenidos dentro de los límites de una sola disciplina y se abordaban con metodologías lineales y probadas. El éxito se medía en metros cúbicos de hormigón, en caballos de fuerza, en megavatios de potencia.

El siglo XXI ha fracturado ese paradigma. Los desafíos que definen nuestra era ya no son simplemente problemas técnicos aislados que esperan una solución; son sistemas de sistemas, redes entrelazadas de problemas tecnológicos, ambientales, sociales y éticos que se retroalimentan en un bucle complejo. El cambio climático no es solo un problema de emisiones de CO_2; es un rompecabezas de política energética, agricultura, economía global, justicia social y modelización climática. La inteligencia artificial no es solo una cuestión de algoritmos; forceja con dilemas de privacidad, sesgos inherentes, desplazamiento laboral y el propio futuro de la conciencia humana. La escasez de recursos es un desafío de logística, pero también de distribución equitativa, innovación en materiales y economía circular.

Ante esta nueva realidad, los enfoques tradicionales de la ingeniería —aquellos que optimizan un componente sin considerar el sistema completo, que buscan la eficiencia ignorando la resiliencia, que aplican soluciones estandarizadas a problemas únicos— se han quedado cortos. Son herramientas del siglo pasado intentando reparar el futuro. Ya no es suficiente con construir un puente más fuerte; hay que construir uno que gestione su propia energía, que resista climas extremos impredecibles y que se integre en el ecosistema urbano de forma inteligente.

Esta es la urgencia crítica: *la ingeniería debe trascender su tradición de aplicación y elevarse a una disciplina de creación y síntesis.* Debe abrazar una creatividad radicalmente multidisciplinar, capaz de dialogar con la biología, la sociología, la ética y el arte. El ingeniero del mañana no es solo un solucionador de problemas, sino un arquitecto de futuros posibles, un facilitador que diseña no solo para la funcionalidad, sino para la adaptabilidad, la sostenibilidad y la inclusión.

La tarea ya no es solo construir un mundo eficiente. Es, nada más y nada menos, que rediseñar la infraestructura de la civilización humana para que pueda prosperar en armonía con los límites planetarios. Y para esa titánica empresa, el pensamiento convencional es el lujo que no podemos permitirnos. La creatividad dejó de ser una habilidad deseable; es el nuevo código de seguridad, el material de construcción fundamental y la herramienta de supervivencia más crítica que existe.

Introducción a la Creatividad en Ingeniería

1.5.1. El contexto de la Cuarta Revolución Industrial

No estamos viviendo una simple era de progreso tecnológico acelerado. Según la fundación del Foro Económico Mundial y su fundador, Klaus Schwab, estamos inmersos en lo que se ha denominado la Cuarta Revolución Industrial (4RI). Esta no es una mera extensión de la tercera revolución, la digital. Es una transformación cualitativamente diferente, caracterizada por una fusión de esferas que antes permanecían separadas: lo digital, lo físico y lo biológico se están fundiendo en un crisol de innovación sin precedentes.

Mientras que la primera revolución industrial nos dio la máquina de vapor (mecanización), la segunda la producción en masa (electricidad), y la tercera la automatización mediante la electrónica y la TI (digitalización), la cuarta se distingue por la hibridación inteligente. No se trata sólo de automatizar procesos existentes, sino de crear sistemas completamente nuevos donde los algoritmos de inteligencia artificial toman decisiones, la robótica adaptable interactúa con entornos no estructurados, y la biología sintética permite "programar" organismos como si de hardware vivo se tratara.

En este panorama, el rol del ingeniero transfigura por completo. Ya no es solo el optimizador de lo existente, sino el arquitecto del porvenir. Su labor primordial deja de ser la mera aplicación de fórmulas y se convierte en la imaginación y materialización de realidades que aún no existen. La creatividad técnica deja de ser un complemento deseable para convertirse en la competencia central, la materia prima fundamental.

Esta nueva frontera exige una creatividad que opere en 3 dimensiones críticas:

1. **Sistémica:** Los ingenieros deben diseñar para ecosistemas, no para componentes aislados. Un vehículo autónomo no es solo un coche con sensores; es un nodo en una red inteligente de tráfico, un recolector masivo de datos en tiempo real, y un actor en un complejo entramado legal y urbano. La creatividad se aplica al diseño de la interacción entre todos estos elementos.

2. **Ética:** La capacidad técnica para hacer algo nunca debe confundirse con la sabiduría para decidir si debe hacerse. La creatividad en la 4RI está inextricablemente ligada a la responsabilidad. Los ingenieros deben estar a la vanguardia de los debates sobre el sesgo algorítmico, la privacidad de los datos, la autonomía de las máquinas letales y las implicaciones socioeconómicas de la automatización total. La pregunta creativa más importante ya no es solo "¿cómo lo construimos?", sino "¿qué mundo queremos construir con estas herramientas?".

3. **Sostenible:** La 4RI ofrece las herramientas más poderosas para abordar los mayores desafíos de la humanidad. La creatividad ingenieril debe dirigirse hacia la economía circular, las energías renovables inteligentes y la restauración de ecosistemas mediante el big data. Se trata de usar la fusión de tecnologías no para extraer más del planeta, sino para crear más con menos, regenerando lo dañado.

Por lo tanto, la Cuarta Revolución Industrial no es una externalidad que le ocurre a la ingeniería. Es el nuevo contexto operativo, el campo de juego para el cual los ingenieros creativos deben diseñar las reglas, los límites y las herramientas. Es la llamada más urgente a pensar de forma diferente: a ser tan competente en el lenguaje de la ética y la sostenibilidad como en el del código y los materiales

1.5.2. La necesidad de soluciones sostenibles e inclusivas

La verdadera prueba de fuego para la creatividad en la ingeniería del siglo XXI ya no se mide únicamente en la elegancia técnica o la eficiencia bruta. Se mide en su impacto humano y planetario. La ingeniería ha trascendido su rol tradicional de servir a la industria y el comercio para erigirse en una fuerza fundamental para el bienestar social y la preservación ecológica. Esto exige una creatividad que esté imbuida de dos principios inseparablemente unidos: la sostenibilidad y la inclusividad.

A) Sostenibilidad: La creatividad en función de los límites planetarios

La ingeniería de antaño operaba bajo un paradigma de abundancia y explotación lineal: extraer, fabricar, usar, desechar. La ingeniería creativa moderna debe operar bajo un paradigma de restricciones inteligentes y ciclos regenerativos: repensar, reducir, reutilizar, reciclar. La creatividad ya no consiste en cómo extraer más recursos, sino en cómo crear más valor con menos materia, y cómo diseñar para que los "desechos" se conviertan en nutrientes para nuevos ciclos.

Proyectos pioneros alrededor del mundo con este nuevo enfoque son:

- **Sistemas de agua potable para comunidades subdesarrolladas:** La creatividad aquí no reside en replicar las costosas y centralizadas plantas de tratamiento occidentales. Reside en diseñar sistemas hiperlocales, de bajo costo, energía cero y mantenimiento simple. Ejemplos incluyen bombas de agua accionadas por pedales, filtros biosand de arena y grava, o sistemas de recolección de niebla con mallas atrapanieblas. Estos no son proyectos de «caridad»; son obras de ingeniería de alta sofisticación en su simplicidad, que responden de forma elegante a restricciones extremas de recursos, infraestructura y conocimiento técnico local.
- **Energías renovables accesibles:** El desafío ya no es solo generar energía limpia, sino hacerla asequible, descentralizada y adaptable. La creatividad se manifiesta en microrredes solares para aldeas remotas, biodigestores que transforman los desechos orgánicos de una granja en gas para cocinar, o el diseño de turbinas eólicas de eje vertical fabricadas con materiales locales. Estas soluciones democratizan la energía, liberando a comunidades de la dependencia de combustibles fósiles costosos y contaminantes.

B) La Ingeniería como plataforma de equidad

Una ingeniería realmente creativa es también inherentemente inclusiva. Reconoce que los mejores equipos y las soluciones más robustas surgen de la diversidad de perspectivas, experiencias y necesidades. La inclusividad en ingeniería opera en dos niveles:

1. **Diseño para la diversidad:** Crear productos y sistemas que sean accesibles y útiles para toda la humanidad, independientemente de sus

capacidades, edad, género o contexto cultural. Esto va desde el diseño universal de espacios públicos hasta interfaces de usuario que pueden ser usadas por personas con discapacidades visuales o motrices.

2. **Acceso a la creación:** La ingeniería no puede ser un campo cerrado. Iniciativas como Code Your Future ejemplifican este principio de manera poderosa. Este programa no se limita a una donación; es un sistema de ingeniería social creativa. Ofrece capacitación intensiva en programación a refugiados, migrantes y personas de contextos socioeconómicos vulnerables, no solo enseñándoles habilidades técnicas, sino integrándolos en la industria tecnológica.

El impacto de esto es doblemente transformador: por un lado, provee a las personas de una herramienta poderosa para cambiar su propio futuro (inclusividad social). Por otro, enriquece el campo de la tecnología con talento diverso que aporta soluciones a problemas que solo quien los ha vivido puede entender con profundidad (inclusividad de pensamiento). Es una solución sistémica a un problema sistémico.

1.5.3. Formación en creatividad

La brecha entre la ingeniería que se practica en la vanguardia y la que se enseña en muchas aulas aún es significativa. Mientras el mundo exige ingenieros creativos, sistémicos y ágiles, los planes de estudio tradicionales suelen priorizar de manera abrumadora el pensamiento convergente: la aplicación de fórmulas, la estandarización de procedimientos y la búsqueda de la "única respuesta correcta". Este modelo, aunque fundamental para cimentar los principios científicos, es insuficiente para los desafíos del presente.

Formar a los ingenieros creativos del mañana requiere una evolución pedagógica deliberada que cultive de manera equilibrada el músculo divergente y el convergente. No se trata de restar importancia al rigor técnico, sino de complementarlo con un conjunto de habilidades y mentalidades que permitan aplicar ese rigor de formas novedosas e impactantes. Esta transformación se basa en tres pilares esenciales:

A) Integrar metodologías creativas en el equipo técnico

La creatividad en ingeniería es una disciplina que puede —y debe— ser enseñada. No es un don misterioso, sino un proceso que puede estructurarse mediante metodologías probadas. Su enseñanza no debe relegarse a un curso electivo aislado; debe ser el tejido conectivo de las asignaturas técnicas.

- **Design Thinking:** Integrar esta metodología en proyectos de diseño de máquinas o sistemas obliga a los estudiantes a comenzar con la empatía. Antes de calcular un factor de seguridad, deben comprender profundamente las necesidades, frustraciones y contextos de los usuarios finales. Un proyecto deja de ser "diseña una bomba de agua" para convertirse en "mejora el acceso al agua potable para una comunidad rural", un desafío que requiere investigación etnográfica, prototipado rápido con *feedback* real e iteraciones constantes.
- **TRIZ (Teoría para Resolver Problemas de Inventiva):** Esta metodología ofrece un enfoque sistemático para la innovación basado en el estudio de patentes. Enseña a los estudiantes a identificar contradicciones técnicas (ej: "quiero que un material sea más rígido pero también más ligero") y les proporciona un conjunto de principios inventivos para resolverlas, evitando soluciones de compromiso y fomentando ideas disruptivas.
- **Biomimética:** Incluir este enfoque en cursos de ciencia de materiales o diseño estructural enseña a los estudiantes a ver la naturaleza como el laboratorio de I+D más avanzado del mundo. El desafío se transforma: no es "sintetizar un adhesivo fuerte", sino "¿cómo se adhiere el mejillón a las rocas en un entorno húmedo y salino?".

B) Fomentar la curiosidad con proyectos multidisciplinares

La curiosidad es el combustible de la creatividad. Se apaga con exámenes estandarizados y se enciende con desafíos auténticos y abiertos. La educación en ingeniería debe crear espacios donde la curiosidad sea la principal herramienta de trabajo.

- **Proyectos prácticos abiertos:** Reemplazar algunos ejercicios de laboratorio predecibles por desafíos del tipo «construye un dispositivo que resuelva X problema con estos materiales». El proceso de fallar, iterar y descubrir por uno mismo es invaluable.
- **Equipos multidisciplinares:** Crear asignaturas o proyectos junto a estudiantes de diseño industrial, sociología, biología o negocios. Esto forceja al futuro ingeniero a comunicar sus ideas en un lenguaje no técnico, a considerar aspectos de usabilidad, mercado e impacto social desde el primer día, y a apreciar cómo otras disciplinas abordan y resuelven problemas.

C) Enseñar a gestionar el fracaso como parte del proceso

El mayor enemigo de la creatividad es el miedo al fracaso. Un sistema educativo que penaliza el error enseña a los estudiantes a jugar a lo seguro, a repetir fórmulas y a evitar los caminos inexplorados donde reside la verdadera innovación.

- **Cultura del "Fracaso Inteligente":** Es esencial redefinir el "fracaso" no como un resultado final, sino como datos de un experimento. Un prototipo que se rompe no es un error; es una fuente de información invaluable sobre los límites de un material o diseño. La evaluación debe premiar la iteración, el análisis de los fallos y el aprendizaje derivado de ellos, no solo el éxito del primer intento.
- **Análisis Post-Mortem:** Implementar sesiones estructuradas después de un proyecto donde se analice no solo lo que salió bien, sino, sobre todo, lo que salió mal y por qué. Esto transforma la experiencia subjetiva del fracaso en un aprendizaje objetivo y colectivo.

1.6. El ingeniero creativo del siglo XXI

El arquetipo del ingeniero como un técnico solitario, confinado a una sala de cálculos y dedicado en exclusiva a la aplicación de fórmulas y normas, es una reliquia del pasado. El panorama complejo, interconectado y en vertiginosa evolución del siglo XXI ha dado forma a un nuevo perfil profesional, uno que trasciende de manera radical el dominio puramente técnico. El ingeniero moderno es un ingeniero-híbrido, un profesional cuya propuesta de valor se amplifica por la integración de tres atributos fundamentales: la creatividad, la adaptabilidad y la colaboración.

Este nuevo perfil no sustituye las bases técnicas —que siguen siendo el cimiento no negociable de la disciplina— sino que construye sobre ellas una capa de competencias que determinan la capacidad de impacto real. En el capítulo siguiente veremos más en detalle las habilidades y actitudes de este ingeniero creativo, que ahora introducimos:

1.6.1. Arquitecto de soluciones

La creatividad en ingeniería es la capacidad de imaginar soluciones que trascienden las opciones convencionales, creando alternativas originales donde otros solo ven límites. No se limita a aplicar conocimientos existentes, sino a expandirlos mediante enfoques inesperados y sistémicos.

Su verdadero valor reside en reformular problemas para generar respuestas elegantes, eficaces y transformadoras.

> **Ejemplo:** Arturo Vittori, diseñador e ingeniero que desarrolló la torre Warka Water para comunidades rurales en Etiopía sin acceso a agua potable. En lugar de optar por sistemas convencionales de bombeo o canalización, Vittori ideó una estructura biomimética que captura agua del aire mediante condensación del rocío y la humedad ambiental. Inspirado en formas naturales como los cactus y escarabajos del desierto, la torre está hecha de materiales locales, no requiere electricidad y puede recolectar hasta 100 litros de agua al día.
>
> Esta solución demuestra cómo la creatividad técnica puede transformar una limitación extrema en una oportunidad sostenible, conectando diseño, ciencia y empatía social.

1.6.2. Adaptable en permanente aprendizaje

La adaptabilidad es la nueva resiliencia profesional: la capacidad de desaprender lo obsoleto y reciclarse continuamente.

El ingeniero moderno es un "nómada del conocimiento" que cruza fronteras disciplinarias, transformando su carrera en un mapa de experiencias diversificadas en lugar de una escalera lineal. Su valor reside en la agilidad mental para explorar nuevos territorios sin ataduras a especialidades fijas.

> **Ejemplo:** Un ingeniero mecánico en SEAT que, ante la transformación digital de la industria automotriz, decidió formarse en ciencia de datos y machine learning para liderar proyectos de robótica colaborativa en la planta de Martorell. Al detectar que los nuevos modelos eléctricos requerían procesos de ensamblaje más flexibles, el ingeniero integró algoritmos de visión artificial para optimizar la interacción entre robots y operarios. Esta transición implicó desaprender métodos tradicionales de manufactura y adoptar herramientas como Python, TensorFlow y análisis de datos en tiempo real. Gracias a su aprendizaje continuo, logró reducir un 18% los tiempos de ensamblaje y mejorar la seguridad operativa, demostrando que la adaptabilidad no solo es deseable, sino esencial para innovar en entornos industriales cambiantes.

1.6.3. *Colaborativo y planificador de sinergias*

Los desafíos actuales exigen colaboración interdisciplinaria, donde el ingeniero actúa como traductor entre lenguajes técnicos y humanos. Su verdadero valor está en integrar perspectivas diversas para crear soluciones colectivas que superen cualquier capacidad individual.

Esta transformación requiere una actitud curiosa y perseverante, que combine creatividad, adaptabilidad y colaboración para construir puentes hacia futuros deseables. El ingeniero del siglo xxi es, ante todo, un facilitador de cambio.

> *Ejemplo*: En el proyecto *Climate Itineraries* en Cornellà de Llobregat (España), parte del programa europeo Sustainable Cities Mobility Challenge. Este proyecto abordó un problema complejo: cómo garantizar la movilidad urbana en condiciones climáticas extremas, especialmente en barrios vulnerables como Sant Ildefons. Para resolverlo, se conformó un equipo multidisciplinario: ingenieros diseñaron corredores frescos y accesibles; urbanistas planificaron rutas que conectaran servicios esenciales; economistas evaluaron la viabilidad financiera; y sociólogos identificaron las necesidades reales de los residentes.
>
> El ingeniero colaborativo actuó como traductor entre estos mundos, convirtiendo datos sociales en especificaciones técnicas y alineando soluciones con políticas públicas. Gracias a esta sinergia, se implementaron rutas sombreadas, estaciones de hidratación y señalética adaptando la calidad de vida y resiliencia urbana frente al cambio climático.

Introducción a la Creatividad en Ingeniería

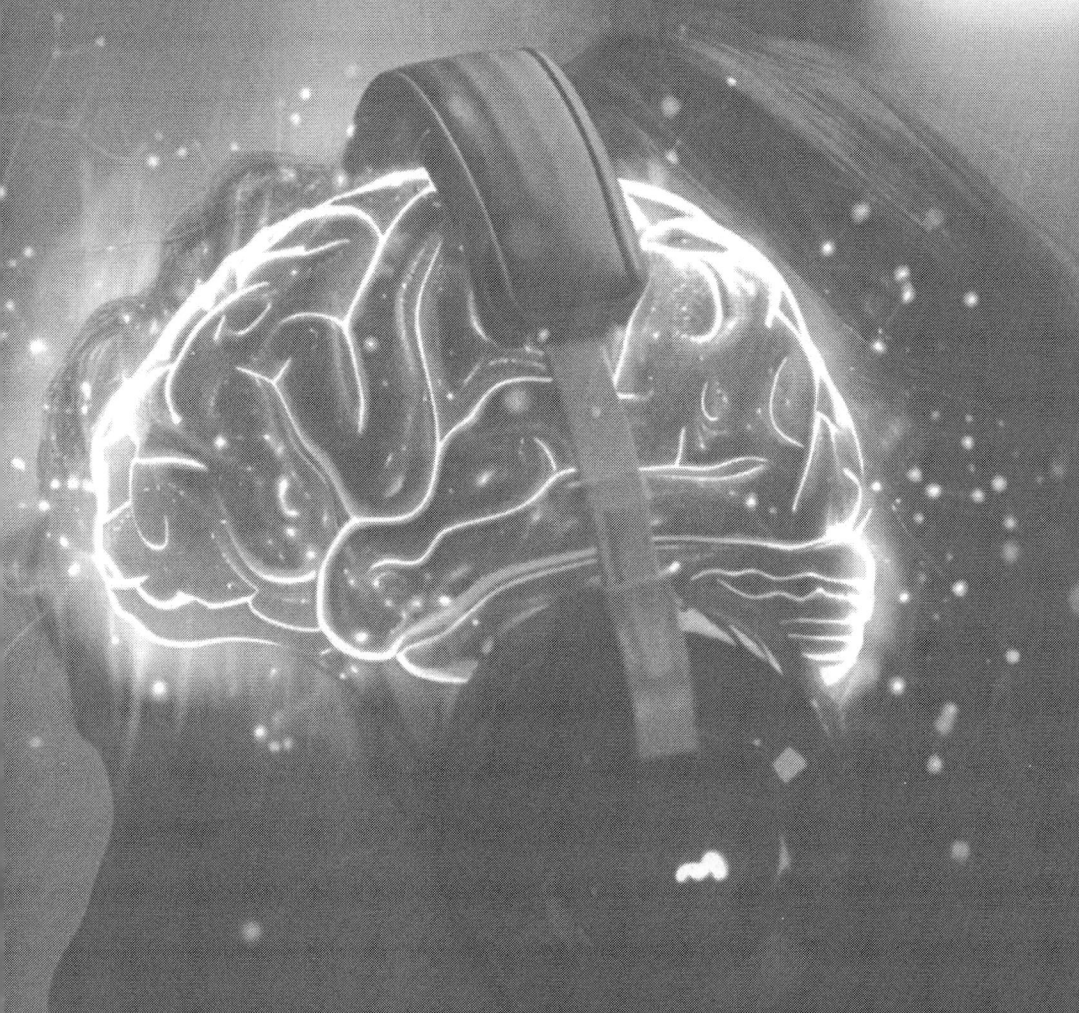

Capítulo 2

Fundamentos del Pensamiento Creativo

2.1. Tipos de pensamiento creativo

La creatividad técnica no surge de la nada, sino que se apoya en formas específicas de razonar que permiten abordar los problemas desde ángulos poco habituales. Estos modos de pensamiento no son excluyentes, sino complementarios, y cada uno aporta herramientas únicas para generar soluciones innovadoras. Comprenderlos es clave para ampliar el repertorio mental del ingeniero y responder con agilidad ante desafíos complejos. Algunos se centran en romper esquemas, otros en generar variedad, y otros en conectar elementos aparentemente inconexos. Lo esencial es saber cuándo y cómo activar cada uno. En las siguientes secciones se presentan los principales tipos de pensamiento creativo aplicables a la ingeniería:

2.1.1. *Pensamiento lateral* (Lateral Thinking)

Acuñado por el médico y psicólogo maltés Edward de Bono en 1967, el pensamiento lateral se define por su búsqueda de soluciones a través de enfoques indirectos y no convencionales. Mientras que el pensamiento vertical o lógico avanza paso a paso de forma lineal, el lateral busca deliberadamente romper los patrones establecidos, provocando saltos conceptuales.

En lugar de profundizar en un mismo camino (pensamiento vertical), el pensamiento lateral se desplaza hacia los lados para explorar múltiples perspectivas antes de encontrar una que resulte fructífera. Utiliza técnicas como la provocación (plantear ideas deliberadamente absurdas para desbloquear la mente) y la selección de entradas aleatorias (introducir un concepto no relacionado para forzar nuevas conexiones).

Ejemplo: En el problema de cómo inspeccionar el interior de una tubería sin realizar costosas excavaciones, el pensamiento vertical podría optimizar las cámaras o los robots de inspección. El pensamiento lateral preguntaría: "¿Y si en lugar de mandar una cámara, hacemos que la tubería nos *diga* dónde está el problema?». Esto llevó al desarrollo de sistemas de sensores acústicos que «escuchan» el flujo del agua para identificar fugas o bloqueos por los cambios en el sonido, una solución radicalmente diferente e ingeniosa.

2.1.2. Pensamiento divergente y convergente

Como se introdujo en el capítulo anterior, esta dualidad, formalizada por J.P. Guilford, es la piedra angular del proceso creativo estructurado.

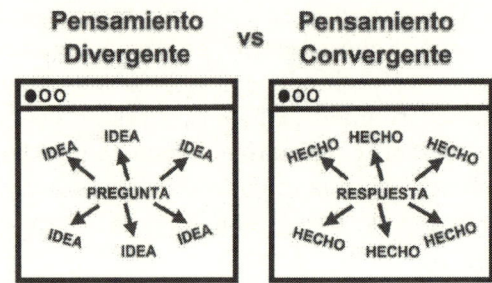

> **Ejemplo**: Diseñar un dispositivo de movilidad personal para entornos urbanos.

A) Pensamiento divergente

Este tipo de pensamiento es especialmente útil en las etapas iniciales de diseño, ideación o resolución de problemas complejos, donde aún no se han definido restricciones claras. Al suspender temporalmente el juicio crítico, se permite que emerjan propuestas inesperadas, híbridas o incluso aparentemente absurdas, que pueden contener el germen de una solución valiosa. El pensamiento divergente fomenta un entorno mental abierto, donde la exploración libre y la curiosidad son motores clave del proceso creativo. Se caracteriza por:

- **Fluidez**: Producir un gran número de ideas.
- **Flexibilidad**: Producir ideas por medio de diferentes categorías.
- **Originalidad**: Producir ideas poco comunes.
- **Elaboración**: Añadir detalles y profundidad a las ideas.

> **Ejemplo**: Un equipo de ingenieros que genera ideas como: una bicicleta plegable, un patinete eléctrico, una especie de "patín" con giroscopio, unas botas con propulsión, una mochila con ruedas, una plataforma flotante con airbag,...

B) Pensamiento convergente

Es la fase de selección y enfoque. Su objetivo es analizar, evaluar y elegir la idea más viable aplicando criterios lógicos, prácticos y restrictivos. Este tipo de pensamiento implica filtrar las propuestas generadas previamente, contrastándolas con las necesidades reales del proyecto, los recursos disponibles y los objetivos definidos. Requiere aplicar herramientas de análisis comparativo, ponderación de riesgos y validación técnica. A diferencia del pensamiento divergente, que abre posibilidades, el convergente las reduce estratégicamente para encontrar una solución sólida, coherente y ejecutable. Es esencial en etapas de toma de decisiones, prototipado y planificación, donde la creatividad se traduce en resultados concretos.

> **Ejemplo:** Siguiendo con el ejemplo anterior se aplican criterios como el costo de producción, la seguridad, la regulación urbana, la facilidad de uso, el peso, etc. Tras el análisis, se converge en el desarrollo de un scooter eléctrico plegable, una síntesis de varias ideas que cumple con la mayoría de los criterios de mejor manera.

2.1.3. *Pensamiento sistémico* (Systems Thinking)

Este tipo de pensamiento se centra en comprender cómo las partes de un sistema se interrelacionan y cómo los sistemas trabajan dentro del contexto de otros sistemas más grandes. Es antagónico al pensamiento lineal de causa-efecto.

El pensador sistémico no ve un motor, ve el motor dentro del coche, el coche dentro del sistema de tráfico, y el tráfico dentro de la economía y la cultura de una ciudad. Busca bucles de retroalimentación (reforzadora y equilibradora), retrasos en el sistema y conexiones no obvias.

> **Ejemplo:** Un ingeniero intenta resolver el problema de los atascos en una ciudad. El pensamiento lineal ampliaría las carreteras. El pensamiento sistémico analizaría las interconexiones: cómo el precio del parking afecta al uso del coche, cómo las rutas de autobús se sincronizan (o no) con los horarios laborales, cómo la disponibilidad de carriles bici influye en la decisión de los ciudadanos.
>
> La solución creativa podría ser una plataforma de movilidad como servicio (MaaS) que integre todos los transportes en un solo pago, en lugar de simplemente añadir más asfalto, lo que a menudo genera más tráfico a largo plazo (un contra-efecto del sistema).

2.1.4. Pensamiento analógico

Es la capacidad de identificar un problema estructural similar en un dominio completamente diferente y aplicar su solución al problema actual. Es la base científica de la biomimética.

Se buscan paralelismos en la naturaleza, en otras industrias o en la vida cotidiana. La pregunta clave es: "¿Quién más se ha enfrentado a un problema como este y cómo lo resolvió?".

> *Ejemplo:* El diseño del tren balístico japonés Shinkansen tenía un problema de estruendo sónico al salir de los túneles.

El ingeniero jefe, observador de la naturaleza, notó cómo el martín pescador se zambulle en el agua casi sin salpicar debido a la forma aerodinámica de su pico. Rediseñaron el morro del tren inspirándose en este pico, resolviendo el problema de la presión acústica y mejorando la eficiencia energética del tren.

Comparativa del morro del Shinkansen y la cabeza del martín pescador.

2.2. Habilidades cognitivas clave

El pensamiento creativo no surge del vacío; es el producto de habilidades cognitivas específicas que pueden ser identificadas, comprendidas y, lo más importante, entrenadas. Estas habilidades constituyen el "equipamiento mental" básico que todo ingeniero debe pulir para navegar con éxito la complejidad de los problemas modernos. Son los fundamentos sobre los que se construye la innovación.

Estas habilidades cognitivas no son talentos innatos e inalterables; son como músculos que se fortalecen con la práctica constante. El ingeniero moderno debe dedicar tiempo a su desarrollo deliberado:

- **Entrenar la abstracción** buscando siempre el principio fundamental detrás de cualquier sistema.
- **Ejercitar el razonamiento analógico** preguntándose constantemente «¿esto se parece a algo que ya conozco?».
- **Desarrollar el pensamiento visual-espacial** mediante el dibujo a mano alzada, el modelado 3D y los rompecabezas geométricos.
- **Cultivar la reformulación** de problemas desafiando siempre la definición inicial de cualquier desafío y preguntando "¿por qué?" hasta llegar a la necesidad raíz.

2.2.1. Abstracción

La abstracción es la capacidad de aislar mentalmente un concepto o la característica fundamental de un problema, separándolo de todos los detalles concretos que lo rodean. Es la esencia de la ingeniería: ver el principio subyacente más allá de la implementación específica.

Permite transferir soluciones de un dominio a otro y manejar sistemas de gran complejidad simplificándolos a sus componentes esenciales. Un ingeniero que domina la abstracción no ve un puente; ve un sistema de fuerzas en equilibrio. No ve un circuito; ve un flujo de información y energía.

Ejemplo: El desarrollo de la interfaz gráfica de usuario (GUI). Los ingenieros de Xerox PARC y luego Apple no se centraron en los detalles concretos de la codificación de bits. Se abstrajeron a los conceptos de "escritorio", "carpeta", "papelera" y "ventana". Esta capa de abstracción permitió que cualquier usuario, sin conocimiento técnico, pudiera interactuar con una máquina compleja. La abstracción convirtió lo complejo en comprensible y usable.

2.2.2. Razonamiento analógico

Esta es la habilidad de percibir una relación de similitud estructural entre dos dominios diferentes, aunque superficialmente sean disímiles. Es el motor del "¿y si lo tratamos como...?".

Es un atajo mental poderoso para generar soluciones innovadoras, permitiendo aprovechar conocimientos ya probados en otros campos para resolver problemas nuevos. Es la base de la biomimética y la transferencia tecnológica.

> *Ejemplo*: Durante el desarrollo de un sistema para levantar mapas precisos en zonas selváticas con cobertura GPS limitada, un equipo de ingenieros topógrafos enfrentó el reto de posicionar puntos de control sin señal satelital. Inspirándose en el comportamiento de las abejas al comunicarse mediante danzas para indicar la ubicación de flores, los ingenieros establecieron una analogía: ¿y si los drones topográficos pudieran "comunicar" posiciones entre sí sin depender del GPS?
>
> Aplicaron un sistema de triangulación colaborativa, donde cada dron transmitía su posición relativa a los demás mediante señales de radio y sensores inerciales, replicando el modelo de referencia mutua de las abejas.
>
> Esta solución permitió generar modelos topográficos precisos en entornos donde los métodos convencionales fallaban.

2.2.3. Pensamiento visual-espacial

Es la capacidad de comprender, manipular y modificar mentalmente objetos en un espacio de dos y tres dimensiones. Implica visualizar rotaciones, traslaciones, ensamblajes y las interacciones entre componentes.

Es fundamental para el diseño, la interpretación de planos, la simulación de mecanismos y la anticipación de problemas de interferencia o de flujo en sistemas físicos. Un ingeniero con fuerte pensamiento visual-espacial puede "ver" el funcionamiento de una máquina en su mente antes de dibujarla.

Esta habilidad permite anticipar cómo se comportarán los elementos en movimiento, prever colisiones, optimizar recorridos y detectar inconsistencias estructurales antes de que se materialicen. Es especialmente relevante en disciplinas como la arquitectura, la robótica, la mecánica y la topografía, donde la representación tridimensional es clave para la toma de decisiones.

Además, facilita la comunicación técnica, ya que quien domina este tipo de pensamiento puede traducir ideas complejas en esquemas claros, modelos digitales o prototipos físicos con mayor precisión. En entornos colaborativos, también mejora la capacidad de interpretar las propuestas de otros profesionales y de integrarlas en soluciones coherentes.

Ejemplo: La hazaña de los ingenieros de la NASA durante la misión Apollo 13. Cuando se les encomendó la tarea de crear un adaptador para que los filtros cuadrados de la nave de mando encajaran en las ranuras redondas del módulo lunar usando solo los materiales disponibles a bordo, no tenían un CAD.

Tras la explosión de un tanque de oxígeno, el módulo de mando Odyssey se quedó sin energía. Los astronautas se refugiaron en el módulo lunar Aquarius, diseñado para mantener a dos personas durante dos días, no a tres durante cuatro.

Los sistemas de eliminación de CO_2 del Aquarius se saturaron. Cuando los astronautas exhalan, el dióxido de carbono se acumula. En concentraciones superiores al 8%, provoca somnolencia, dolor de cabeza, y finalmente, inconsciencia y la muerte.

El Odyssey tenía cartuchos de hidróxido de litio (LiOH) de sobra para purificar el aire. Sin embargo, los filtros del módulo de mando eran cuadrados, mientras que las ranuras del Aquarius eran circulares. Era como intentar conectar un USB tipo A en un puerto tipo C: físicamente imposible.

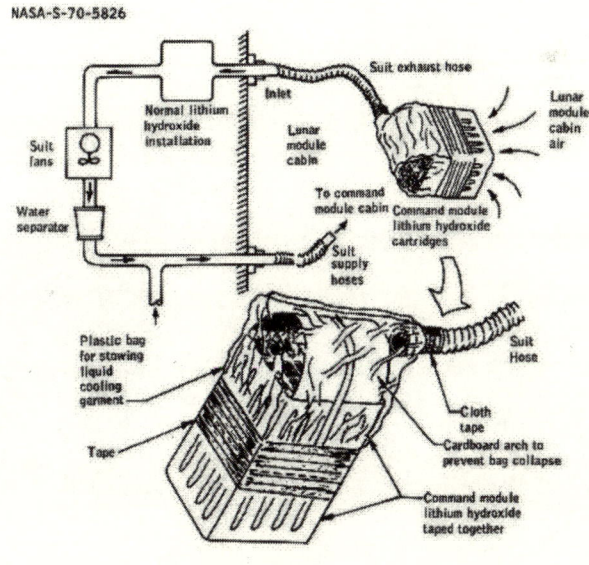

Esquema original de la solución de la NASA. 1970

DAILY NEWS, TUESDAY, APRIL 14, 1970

Space Crisis: Moon Landing Off

Plan Home Run for Apollo After Power Units Conk

By MARK BLOOM
Science Editor of THE NEWS

Houston, April 13—Apollo 13 astronauts ran into a crisis 200,000 miles from earth tonight, forcing them to call off their plans to land on the moon. Steps were taken immediately to get the three men home as soon as possible.

All thoughts of landing on the moon were abandoned shortly after a serious electric failure crippled the Apollo 13 command ship.

Quickest way to get Astronauts Jim Lovell, Jack Swigert and Fred Haise back to earth would be to send the spacecraft swinging around the moon, using lunar gravity to slingshot Apollo 13 homeward.

Earliest possible splashdown was believed to be Friday, about noon.

The decision to cancel America's third moon landing was not definite but most observers saw little chance for anything but a rapid return to earth.

Attention now has switched to making sure the astronauts can make it back safely.

Mrs. Jim Lovell (L.) and Mrs. Fred Haise, wives of two of Apollo 13 crewmen, visit space center yesterday. They left unaware that moon mission was in trouble. Space agency men called them at home.

First Apollo Woe Since Fatal Fire

By ALTON SLAGLE
Staff Correspondent of THE NEWS

Houston, Tuesday, April 14—Until the electrical failure aboard Apollo 13, America's latest spacecraft had proven remarkably trouble-free.

The only real crisis in the sophisticated Apollo program was a tragic fire on the Cape Kennedy launch pad a week before Astronauts Gus Grissom, Ed White and Roger Chaffee were to take Apollo I on a 10-day shakedown earth orbit.

Slipshod Wiring Blamed

All three astronauts were killed in the fire, and the moon-landing program was set back months while engineers and technicians devised an entire new set of safety features.

After an intensive investigation officials laid the blame for the fire on slipshod wiring and too much flammable material on board the craft. It was drastically redesigned, and the new craft proved safe and efficient through four unmanned tests and six manned voyages, including three trips to the moon and back.

Astronaut Jack Swigert, command module pilot aboard Apollo 13, wrote the safety manual for the newly-designed craft.

There were many scares and many delays in launch, but no major crisis in the Mercury series of one-man earth-orbital spaceshots which bitilated America's manned program.

The first real crisis in orbit (Continued on page 45, col. 2)

It was the first major crisis for Americans in space since the Gemini 8 brush with disaster in March, 1966, when astronauts Neil Armstrong and David Scott had to make an emergency splashdown after 10 hours of a planned three day mission.

A crisis on the way to the moon is far more serious, however, because it takes several days to return to earth. In orbit, it is only 20 minutes to a splashdown.

Two of the Apollo 13 command ship's three power plants gave out shortly after 10 p.m. (New York time) and there was no immediate explanation.

At the time, Astronaut Jim Lovell, Jack Swigert and Fred Haise were cruising about 200,000 miles from earth and had just completed a light-hearted television broadcast. Everything was missded and in beautiful shape when Haise suddenly called out:

"Houston, we've had a problem"

"Say again, 13," said a surprised earth control.

"We've got a problem," repeated Haise in strained tones.

Engineers Tackle Problem

At this point of the flight, the quickest way home for the astronauts would be to zip around behind the moon and use the gravity as a slingshot back to earth. It was believed the mission could be completed with just one of the three power plants.

One of the biggest immediate hints was a report from Lovell

Blame It All On 13 Jinx

Houston, April 13 (Reuters) —It has been unlucky 13 from the start for the Apollo 13 mission.

First the helium tank on the lunar module gave trouble during countdown. This was apparently rectified.

Then, with only two days to go to launch, lunar module pilot Ken Mattingly was grounded because he had been in contact with German measles and had no immunity to it. Jack Swigert, his backup crewman, was brought in as his substitute.

Earlier today, there were fears of further trouble with the lunar module helium pressure, which controls the flow of fuel in the landing craft.

that "We are venting something out into space—it's a gas of some sort."

It was suspected that a pressure vessel might have burst.

"We've got a lot of guys working on it down here," mission control told the astronauts. "We'll let you know as soon as we get something."

At mission control, teams of engineers began to sift the data

which is constantly reduced home to earth.

At the North American Rockwell plant in Downey, Calif., where the command ship was made, more engineers began efforts to duplicate conditions which could have led to the situation.

In space, the astronauts "powered down" the spacecraft, turning off as much electrical equipment as possible in an effort to conserve power.

Power to the spacecraft is created by three fuel cells, devices which make electricity through the chemical reaction of oxygen and hydrogen. Two of these cells were out, causing dropouts of voltage in the "mains" of the spacecraft — the power distribution systems.

After the spacecraft was powered down, the astronauts began running through extensive check lists to discover what might have occurred.

Keep Up Radio Contact

At no time did the astronauts lose radio contact with earth control, and there was no evident panic in their voices.

The trouble hit just after Lovell and Haise had crawled back from the lunar module, Aquarius, where they had made their first inspection of the landing craft since blastoff Saturday.

Everything was found moonworthy in the module — just as everything had been perfect since blastoff. Then the power went out.

Lunar Vehicle Becomes a Lifeboat

Houston, April 13 (Special)—The Apollo 13 astronauts will make their emergency return to earth by using the lunar landing vehical Aquarius as a "lifeboat."

Mission Control here called it using the "L.M. life-raft."

The command ship's power failure would not have provided enough electricity for the critical maneuvers required to put Apollo 13 on a true course for earth.

Sending Apollo Back to Earth

The spacecraft flew yesterday out of what is known as a "free return" to earth in order to move to a better path for the desired moon landing.

This free return path would have sent Apollo 13 back to earth, using the moon's gravity, without any additional maneuvers.

The space agency said the situation apparently occurred as a result of an oxygen leak in the service module—a section of the Apollo spacecraft which

houses its main steering rocket and its electrical power plant.

The oxygen leak prevented use of the main steering rocket, but the "L.M. life raft"—the spacecraft which had been scheduled to land on the moon—will be used for the necessary maneuvers to get Apollo 13 home.

Splashdown 24 Hours Earlier

The lunar module's descent engine—the one which would have lowered Lovell and Haise to the moon—will be used instead of the steering rocket. Its firing, as Apollo 13 swings around the moon tomorrow night, will accelerate the return home.

The maneuver would mean splashdown 24 hours earlier—on Friday afternoon.

The Aquarius will be used for the trip home to provide life-giving oxygen and electrical power to the astronauts, until just before the command ship enters the earth's atmosphere, at which time it would fly the rest of the way on its own.

—Mark Bloom

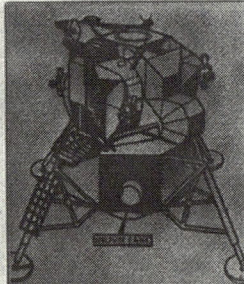

Lunar module (above) will be used for trip home.

Noticia en diario sobre el accidente del Apollo 13. 14 de Abril de 1970

El equipo en tierra, liderado por el ingeniero Ed Smylie, no podía enviar una pieza. Su única opción era crear un adaptador usando exclusivamente los materiales que los astronautas tenían a bordo. El inventario mental que hicieron fue exhaustivo: Una bolsa de plástico para portaequipajes, cartón de las cubiertas de los manuales de vuelo, cinta adhesiva, una botella de agua, unos calcetines, tubos de conexión del traje espacial y las fundas de los manuales. Y como herramientas: Las propias manos de los astronautas. No había impresoras 3D, ni cortadores láser, ni siquiera herramientas convencionales.

Comité de Crisis. "Houston, Tenemos un problema". EE.UU. 1970

Aquí es donde el pensamiento visual-espacial se convirtió en la única herramienta viable. El equipo en tierra no tenía un modelo CAD para realizar una simulación. Su laboratorio fue su imaginación colectiva.

1. **Descomposición Tridimensional Mental**: Los ingenieros, en Houston, tuvieron que visualizar cada objeto no por su función original, sino por sus propiedades geométricas y físicas.

   - El cartón: No era "la cubierta de un manual", era una lámina plana y rígida que podía ser cortada y enrollada para formar un tubo que actuara como un conducto o un acoplamiento.

- La bolsa de plástico: No era un contenedor, era una superficie flexible e impermeable que podría sellar el conjunto y forzar el flujo de aire a través del filtro, evitando fugas.
- Los calcetines y la cinta: Eran materiales de sujeción y sellado.

2. **Simulación de Ensamblaje Virtual**: En sus mentes, los ingenieros "vieron" cómo el filtro cuadrado debía ser envuelto por el tubo de cartón. Tuvieron que calcular mentalmente:

- La circunferencia necesaria del tubo de cartón para que el filtro cupiera dentro y a la vez se insertara en la ranura circular.
- Cómo la bolsa de plástico podría envolver todo el conjunto, y cómo la cinta adhesiva aplicada en ángulos específicos proporcionaría la estanqueidad necesaria bajo presión.
- La secuencia de montaje: qué pieza agarrar primero, cómo doblar el cartón sin que se rompa, cómo asegurar cada componente antes de pasar al siguiente.

3. **Anticipación de Fallos**: Visualizaron puntos de fallo: ¿Se desharía el cartón? ¿El flujo de aire sería suficiente o la resistencia sería demasiado alta? ¿La cinta aguantaría? Mentalmente probaron y desecharon varios diseños antes de llegar al que consideraron más robusto y simple.

El paso final fue tan esencial como la visualización: traducir una imagen mental 3D en instrucciones auditivas lineales y libres de ambigüedad.

- Los ingenieros en tierra construyeron un prototipo físico con materiales similares y practicaron las instrucciones.
- Las instrucciones transmitidas a Jack Swigert y Fred Haise fueron una secuencia meticulosa y precisa:

> "Jack, necesitas tomar el manual de vuelo... quitar la cubierta... vas a cortar un rectángulo de aproximadamente 10 x 15 centímetros... ahora enrolla ese cartón para formar un tubo. Asegúrate de que el diámetro sea lo suficientemente grande para que quepa el filtro, pero lo suficientemente pequeño para entrar en la ranura... ahora toma la bolsa de plástico... inserta el tubo con el filtro dentro... asegura todo con cinta adhesiva. Haz una vuelta completa alrededor del centro, luego cruza la cinta en forma de X sobre la tapa...".

Cada palabra, cada medida aproximada ("un pie de largo"), cada acción ("envuelve", "empuja", "pega") era un vector en la construcción de ese modelo mental en la cabeza de los astronautas. El dispositivo, apodado "the mail-box" (el buzón), era tosco, feo e improvisado. Pero era geométricamente sólido y funcionalmente perfecto. Encajó en la ranura redonda, el aire fue forzado a pasar a través del filtro cuadrado de LiOH, y los niveles de CO_2 en la cabina comenzaron a descender inmediatamente.

La hazaña del Apollo 13 encapsula la esencia del pensamiento visual-espacial en ingeniería:

- **Manipulación Mental**: Manipular objetos en la mente, comprendiendo sus propiedades físicas y geométricas fuera de su uso previsto.
- **Síntesis bajo Restricciones**: Sintetizar una solución compleja a partir de componentes dispares y limitados.
- **Comunicación Precisas**: Comunicar ese modelo mental de forma tan clara que otros puedan reconstruirlo físicamente en un entorno remoto y hostil.

2.2.4. *Reformulación de problemas* (Problem Framing)

Quizás la habilidad cognitiva más crítica y subestimada. Se trata de la capacidad de definir, o redefinir, la naturaleza misma del problema que se está abordando. Como dijo Einstein: "Si tuviera una hora para resolver un problema, pasaría 55 minutos pensando en el problema y 5 minutos pensando en las soluciones". La forma en que se enmarca un problema determina por completo el universo de soluciones posibles. Un mal encuadre lleva a soluciones elegantes pero irrelevantes. Un buen encuadre abre la puerta a innovaciones disruptivas.

Ejemplo: Un municipio plantea la siguiente cuestión: "¿Cómo podemos acelerar la construcción de carreteras en zonas montañosas?". Este encuadre, aunque lógico desde una perspectiva operativa, limita el abanico de soluciones a mejoras en maquinaria, técnicas de excavación más agresivas o mayor inversión en infraestructura pesada. El foco está puesto en la velocidad de ejecución, no en la necesidad real que se busca resolver.

Sin embargo, al aplicar la habilidad de reformulación, el problema puede replantearse como: "¿Cómo podemos mejorar la conectividad entre comunidades en terrenos difíciles?". Este nuevo encuadre cambia radicalmente el enfoque, permitiendo considerar alternativas más creativas y sostenibles. En lugar de insistir en abrir caminos a toda costa, se exploran soluciones como rutas que eviten las zonas más escarpadas, puentes colgantes modulares, sistemas de transporte por cable (como teleféricos), o incluso estrategias digitales como estaciones remotas y conectividad satelital para reducir la necesidad de desplazamiento físico. Reformular el problema desde la necesidad de conexión —y no desde la construcción acelerada— abre la puerta a innovaciones que responden mejor al contexto geográfico, económico y social del entorno.

2.3. Barreras mentales y cómo superarlas

La creatividad técnica no solo depende de habilidades cognitivas y tipos de pensamiento bien entrenados. También requiere identificar y superar los obstáculos internos que limitan el potencial creativo. Estas barreras mentales, muchas veces invisibles, actúan como filtros que distorsionan la percepción del problema, restringen la generación de ideas y sabotean la toma de decisiones innovadoras. En este apartado se analizan las principales barreras que afectan el pensamiento creativo en contextos técnicos, así como estrategias prácticas para enfrentarlas.

2.3.1. El pensamiento funcional fijo

Una de las barreras más comunes en ingeniería es el pensamiento funcional fijo, es decir, la tendencia a ver los objetos, herramientas o procesos solo en función de su uso habitual. Esta rigidez cognitiva impide visualizar nuevas aplicaciones o combinaciones.

Ejemplo: Ver una cinta métrica solo como instrumento de medición, sin considerar su potencial como guía de alineación, nivelador improvisado o incluso como componente estructural en un prototipo.

Para superar esa barrera podemos plantear las siguientes técnicas:

- Practicar **ejercicios de reinterpretación** de objetos (¿qué más podría hacer esto?).
- Usar técnicas como **SCAMPER** para forzar nuevas funciones.
- Estudiar casos de **reutilización creativa** en ingeniería (por ejemplo, el uso de piezas de bicicleta en prótesis de bajo coste).

2.3.2. Miedo al fracaso

El temor a equivocarse paraliza el pensamiento creativo. En entornos técnicos, donde la precisión es valorada, este miedo puede inhibir la exploración de ideas poco convencionales. Las manifestaciones más comunes son:

- Evitar proponer soluciones radicales por temor a la crítica.
- Rechazar ideas propias antes de compartirlas.
- Apegarse a soluciones probadas aunque sean subóptimas.

Para superar esa barrera podemos plantear las siguientes técnicas:

- Fomentar una **cultura de prototipado** rápido y aprendizaje por iteración.
- **Reencuadrar el error** como parte del proceso creativo.
- Establecer **espacios seguros** para la ideación sin juicio.

Ejemplo: Durante el desarrollo de un nuevo sistema de suspensión para vehículos todoterreno, un joven ingeniero propuso una idea radical: utilizar materiales flexibles inspirados en tejidos biológicos en lugar de los tradicionales resortes metálicos. Aunque la propuesta tenía fundamentos teóricos sólidos y referencias en biomecánica, el equipo la descartó rápidamente por considerarla "demasiado arriesgada" y "poco convencional". El ingeniero, sintiéndose inseguro, dejó de compartir ideas disruptivas en las reuniones siguientes, optando por seguir soluciones estándar que ya se habían probado en otros modelos.

Sin embargo, tras una revisión interna del proceso creativo, el equipo decidió implementar sesiones de ideación sin juicio, donde todas las propuestas serían exploradas antes de ser evaluadas. Además, se introdujo una dinámica de prototipado rápido: construir versiones simplificadas de las ideas para testearlas sin grandes inversiones. En ese entorno más abierto, el ingeniero volvió a presentar su propuesta, esta vez con un prototipo funcional hecho con polímeros flexibles. El resultado fue sorprendente: el sistema ofrecía mayor adaptabilidad al terreno, menor peso y mejor absorción de impactos. Lo que antes se consideraba un riesgo, se convirtió en una innovación clave del proyecto.

Este caso demuestra cómo el miedo al fracaso puede silenciar ideas valiosas, y cómo una cultura que normaliza el error y fomenta la experimentación puede liberar el potencial creativo en contextos técnicos exigentes.

2.3.3. Autocrítica excesiva

La evaluación interna constante puede bloquear el flujo creativo. En lugar de permitir que las ideas emerjan, la mente las filtra prematuramente, impidiendo que se desarrollen. Los síntomas más notorios son los siguientes:

- Pensamientos como "esto es una tontería" o "no tiene sentido".
- Compararse con referentes y sentir que las propias ideas no están a la altura.

Para superar esa barrera podemos plantear las siguientes técnicas:

- **Separar** la fase de generación de ideas de la fase de evaluación.
- Usar técnicas como la **escritura libre o el dibujo espontáneo** para desbloquear.
- Recordar que la **originalidad** suele surgir de combinaciones imperfectas.

Ejemplo: Durante el diseño conceptual de un nuevo avión de reconocimiento ligero, un ingeniero aeronáutico propuso una idea poco convencional: incorporar alas retráctiles que pudieran cambiar su envergadura en vuelo para adaptarse a distintas fases de operación —despegue, maniobra, y planeo— inspirándose en el vuelo de ciertas aves como el halcón peregrino. Aunque la idea tenía fundamentos aerodinámicos interesantes, el ingeniero la descartó antes de presentarla, pensando: "Esto es demasiado complejo, seguro que ya lo han probado y no funciona". Al compararse con referentes de la industria, sintió que su propuesta no estaba a la altura de los estándares de diseño establecidos por grandes fabricantes. El equipo de desarrollo, al notar que varios miembros estaban reteniendo ideas por miedo a parecer poco rigurosos, decidió implementar sesiones de ideación divididas en dos fases: una primera etapa libre, donde se alentaba la generación de ideas sin evaluación, y una segunda etapa de análisis técnico. Además, se introdujeron dinámicas de dibujo espontáneo y modelado rápido con software de simulación básica, para visualizar conceptos sin presión.

Gracias a este entorno más abierto, el ingeniero se animó a compartir su propuesta. El equipo descubrió que, aunque el sistema de alas retráctiles presentaba desafíos mecánicos, podía aplicarse en drones de reconocimiento, donde la variabilidad de misión y el bajo peso hacían viable el con-

cepto. El prototipo inicial mostró mejoras en eficiencia de vuelo y maniobrabilidad, abriendo una línea de investigación que no habría existido sin
superar la barrera de la autocrítica.

Este caso demuestra cómo la autocrítica excesiva puede frenar ideas con
alto potencial, y cómo separar la ideación de la evaluación, junto con técnicas de desbloqueo creativo, puede liberar propuestas que desafían los límites convencionales de la ingeniería aeronáutica.

2.3.4. Presión del tiempo

La creatividad necesita espacio mental. En contextos técnicos, los plazos
ajustados pueden generar estrés, lo que reduce la capacidad de pensar con
amplitud. Los efectos derivados son:

- Soluciones apresuradas y convencionales.
- Falta de exploración de alternativas.
- Rechazo a procesos divergentes por considerarlos "pérdida de tiempo".

Para superar esa barrera podemos plantear las siguientes técnicas:

- Integrar **bloques de tiempo** específicos para ideación en los crono-
  gramas.
- Usar técnicas de **pensamiento rápido** (como *brainstorming* cronometrado).
- Priorizar **calidad de ideas** sobre cantidad de entregables en etapas
  tempranas.

Ejemplo: Durante la planificación de una nueva línea de ensamblaje para
productos electrónicos, el equipo de ingeniería recibió la orden de presentar una propuesta en solo tres días. Ante la presión del tiempo, se optó por
replicar el diseño de una línea anterior, sin explorar mejoras ni adaptaciones al nuevo producto. La solución fue funcional, pero ineficiente: se desa-
provecharon oportunidades de automatización y se generaron cuellos de
botella en la fase de empaquetado.

Para corregir este enfoque, en proyectos posteriores se incorporaron
bloques específicos para ideación dentro del cronograma, incluso en fases

críticas. Se aplicaron sesiones de brainstorming cronometrado y se priorizó la calidad de las ideas sobre la rapidez de entrega inicial. Esto permitió que el equipo propusiera soluciones más ajustadas al contexto, como estaciones modulares y flujos de trabajo flexibles, mejorando la productividad sin comprometer los plazos finales.

2.3.5. Paradigmas profesionales

Cada disciplina técnica tiene sus propios marcos mentales, que pueden convertirse en barreras cuando se aplican de forma rígida. El ingeniero civil, el electrónico o el mecánico pueden ver el mismo problema desde ángulos distintos, pero también pueden quedar atrapados en sus propios modelos.

Para superar esa barrera podemos plantear las siguientes técnicas:

- Fomentar equipos multidisciplinares.
- Usar analogías entre campos (biología, arte, economía).
- Estudiar soluciones fuera del propio ámbito técnico.

Ejemplo: Imaginemos el desarrollo de una estructura portátil para eventos temporales, como un escenario modular para conciertos. Un ingeniero estructural podría centrarse en optimizar la resistencia de los materiales, calcular las cargas y garantizar la estabilidad frente al viento. Su paradigma profesional lo lleva a priorizar la seguridad y la eficiencia constructiva. Por otro lado, un diseñador industrial abordaría el mismo reto desde la experiencia del usuario: facilidad de montaje, estética, ergonomía en el transporte y adaptabilidad visual al entorno. Si ambos trabajan por separado, podrían generar soluciones técnicamente sólidas pero poco funcionales o, al contrario, atractivas pero inseguras.

Sin embargo, al colaborar en un equipo multidisciplinar, pueden integrar sus enfoques: diseñar una estructura que no solo cumpla con los requisitos técnicos, sino que también sea ligera, fácil de montar, visualmente atractiva y adaptable a distintos contextos. Incluso podrían incorporar analogías de otros campos, como los sistemas de plegado de origami (inspirados en arte japonés) para crear módulos que se expanden y contraen con facilidad, o estudiar soluciones en arquitectura efímera utilizadas en zonas de desastre para mejorar la logística.

Este ejemplo demuestra que los paradigmas profesionales, si no se cuestionan o complementan, pueden limitar la innovación. Pero cuando se cruzan y se enriquecen con otras disciplinas, permiten desarrollar soluciones más completas y eficaces.

2.3.6. Cultura organizacional restrictiva

La creatividad no florece en entornos donde se penaliza el error, se premia la conformidad o se desalienta la iniciativa. Muchas organizaciones técnicas valoran la eficiencia sobre la exploración, lo que limita la innovación. Los principales síntomas son:

- Reuniones donde siempre hablan los mismos.
- Procesos de aprobación largos y burocráticos.
- Falta de reconocimiento a ideas no convencionales.

Para superar esa barrera podemos plantear las siguientes técnicas:

- Crear **espacios de innovación paralelos** a la operación diaria.
- Establecer **incentivos** para propuestas arriesgadas.
- Promover **liderazgo** que valore la experimentación.

Ejemplo: En una empresa dedicada al desarrollo de redes móviles, un grupo de ingenieros propuso explorar el uso de redes *mesh* autoorganizadas para mejorar la cobertura en zonas rurales sin infraestructura. Aunque la idea tenía potencial para reducir costes y ampliar el alcance, fue descartada rápidamente por los directivos, quienes consideraban que "no se ajustaba al modelo operativo actual". Las reuniones técnicas estaban dominadas por perfiles senior, y cualquier propuesta fuera del marco tradicional era vista como una distracción. El equipo, desmotivado, dejó de presentar ideas innovadoras y se limitó a seguir los protocolos establecidos.

Para revertir esta dinámica, la empresa creó un laboratorio de innovación paralelo a las operaciones diarias, donde los ingenieros podían experimentar con nuevas tecnologías sin necesidad de aprobación formal. Se establecieron incentivos para propuestas arriesgadas que demostraran impacto técnico o social, y se promovió un liderazgo más horizontal, que valoraba la iniciativa y el aprendizaje por prueba y error. En ese nuevo entorno, la propuesta de redes mesh fue retomada, desarrollada en un piloto colaborativo y finalmente integrada en el portafolio de soluciones rurales, con excelentes resultados en zonas de difícil acceso.

Este caso demuestra que, en telecomunicaciones, romper con estructuras organizativas rígidas puede liberar el potencial creativo del equipo y generar soluciones más completas, creativas y eficaces.

2.3.7. Falta de recursos cognitivos

La creatividad requiere energía mental. El agotamiento, la sobrecarga de información o la multitarea constante reducen la capacidad de conectar ideas.

Para superar esa barrera podemos plantear las siguientes técnicas:

- Practicar higiene mental: pausas, descanso, desconexión digital.
- Usar mapas mentales para organizar información.
- Alternar tareas analíticas con actividades creativas (dibujar, construir, simular).

Ejemplo: Durante el desarrollo de una nueva aplicación para gestión de inventarios, un equipo de ingenieros informáticos comenzó a experimentar bloqueos creativos. Tras semanas de trabajo intenso, con múltiples reuniones, correos constantes y tareas simultáneas, las propuestas para mejorar la interfaz y optimizar el flujo de usuario se volvieron repetitivas y poco innovadoras. La sobrecarga de información y la multitarea habían reducido su capacidad de conectar ideas y pensar con amplitud.

Para revertir esto, el equipo implementó pausas programadas cada 2 horas, redujo las notificaciones digitales durante las sesiones de diseño y comenzó a usar mapas mentales para organizar los requerimientos del cliente. Además, alternaron las tareas de codificación con actividades creativas como prototipado en papel y simulaciones visuales. Pronto, surgieron nuevas ideas para mejorar la experiencia del usuario, demostrando que liberar recursos cognitivos es clave para recuperar la creatividad en estos entornos exigentes.

2.3.8. Creencias limitantes

Frases como "yo no soy creativo", "todo está inventado" o "esto no va a funcionar" actúan como bloqueos internos que sabotean el proceso antes de que comience.

Para superar esa barrera podemos plantear las siguientes técnicas:

- Reemplazar creencias por **afirmaciones basadas en evidencia** ("he resuelto problemas antes", "puedo combinar ideas existentes").
- Estudiar **casos de innovación** que surgieron de personas comunes en contextos adversos.
- Practicar la **reformulación de creencias**.

Ejemplo: Durante un proyecto de restauración ecológica en una zona degradada por incendios, un ingeniero forestal fue invitado a proponer métodos alternativos de reforestación. Sin embargo, se limitó a replicar técnicas tradicionales, convencido de que "todo ya está inventado" y que "él no era creativo". Esta creencia lo llevó a ignorar ideas emergentes como la integración de especies pioneras adaptadas al cambio climático.

Tras participar en un taller sobre innovación en silvicultura, donde se presentaron casos de éxito desarrollados por comunidades rurales sin formación técnica, el ingeniero comenzó a reformular sus creencias. Reconoció que había resuelto problemas complejos en el pasado y que podía combinar enfoques existentes para generar nuevas soluciones. Motivado, propuso un sistema híbrido que combinaba dispersión aérea con sensores de humedad para optimizar la germinación. El proyecto fue aprobado y demostró mayor eficiencia que los métodos convencionales.

Este caso muestra cómo las creencias limitantes pueden frenar el potencial creativo incluso en profesionales capacitados, y cómo reformularlas con evidencia y ejemplos concretos puede desbloquear soluciones innovadoras en ingeniería forestal

2.3.9. *Estrategias generales para superar barreras*

Las barreras mentales no son fallos personales, sino mecanismos cognitivos que, en ciertos contextos, se vuelven contraproducentes. Reconocerlas es el primer paso para desactivarlas. En ingeniería, donde la creatividad debe convivir con la precisión, superar estos obstáculos permite abrir caminos hacia soluciones más eficientes, sostenibles y transformadoras. La mente creativa no es solo la que tiene ideas, sino la que sabe cómo liberarlas.

Más allá de las barreras mentales específicas que afectan la creatividad —como el miedo al fracaso, la autocrítica excesiva o la presión del tiempo— existen estrategias transversales que pueden aplicarse en cualquier contexto para fomentar un entorno más fértil para la generación de ideas. Estas estrategias no solo ayudan a desbloquear el pensamiento creativo, sino que también fortalecen la cultura de innovación dentro de equipos técnicos y organizaciones. Vamos a sintetizar los que ya hemos adelantado en los apartados anteriores:

A) Técnicas de activación

- **SCAMPER**: Acrónimo de Sustituir, Combinar, Adaptar, Modificar, Poner en otros usos, Eliminar, Reordenar. Esta técnica permite tomar un producto, proceso o idea existente y transformarlo sistemáticamente.

  En ingeniería de producto, aplicar SCAMPER a una herramienta manual puede llevar a rediseñarla como un dispositivo automatizado, más ergonómico o multifuncional.

- **Mapas mentales**: Representaciones visuales que organizan ideas alrededor de un concepto central. Ayudan a visualizar relaciones, ramificaciones y posibilidades.

  Un equipo de ingeniería informática puede usar mapas mentales para estructurar los módulos de una aplicación, integrando funciones, usuarios y escenarios de uso.

- **Analogías forzadas**: Consiste en comparar el problema con elementos ajenos al contexto técnico (animales, objetos cotidianos, fenómenos naturales) para generar nuevas perspectivas.

  Diseñar un sistema de distribución de energía inspirado en el flujo sanguíneo del cuerpo humano.

- **Pensamiento inverso**: Plantear el problema al revés, o imaginar el resultado opuesto al deseado.

  En lugar de preguntar "¿Cómo hacer que el sistema sea más seguro?", preguntar "¿Qué haría que el sistema fallara?" para anticipar vulnerabilidades.

B) Ambientes estimulantes

El entorno físico y simbólico en el que se trabaja influye directamente en la capacidad creativa. Un ambiente restrictivo, monótono o excesivamente formal puede inhibir la generación de ideas. En cambio, un entorno estimulante favorece la exploración y la colaboración.

Un ambiente estimulante no se limita al espacio físico: también incluye la actitud del equipo, la apertura al diálogo y la disposición a asumir riesgos.

- **Espacios físicos flexibles**: Lugares que permiten moverse, reorganizar mobiliario, trabajar de pie o en grupo. La flexibilidad espacial estimula el pensamiento dinámico.

    Son ejemplos los laboratorios de innovación con pizarras móviles, zonas de prototipado y áreas de descanso creativas.

- **Acceso a materiales diversos**: Contar con herramientas, prototipos, recursos visuales, software de simulación, maquetas, etc., permite experimentar y visualizar ideas.

    Un ingeniero mecánico que puede manipular piezas físicas o imprimir modelos 3D tiene más posibilidades de encontrar soluciones que uno que solo trabaja en papel.

- **Libertad para experimentar**: Permitir que los equipos prueben ideas sin temor a sanciones o juicios prematuros.

    Crear espacios de "proyectos paralelos" donde se puedan explorar soluciones no convencionales sin interferir con la operación principal.

C) Rutinas creativas

La creatividad no siempre surge de manera espontánea. Establecer rutinas que la fomenten puede ser clave para mantenerla activa y sostenible en el tiempo.

- **Diario de ideas:** Registrar pensamientos, observaciones, problemas y soluciones potenciales de forma regular.

    Un ingeniero forestal puede anotar patrones de comportamiento en ecosistemas que luego se conviertan en modelos de gestión ambiental.

- **Desafíos semanales**: Proponer retos creativos que obliguen a pensar fuera de lo habitual.

"¿Cómo podríamos reducir el consumo energético de este sistema en un 50% sin cambiar el hardware?"

- **Sesiones de ideación grupal**: Reuniones enfocadas exclusivamente en generar ideas, sin evaluar su viabilidad inmediata.

  Un equipo de telecomunicaciones puede reunirse para imaginar cómo sería una red si se diseñara desde cero con tecnología futura.

Estas rutinas ayudan a mantener el músculo creativo activo, incluso en entornos técnicos donde la lógica y la precisión predominan.

D) Educación emocional

La creatividad está profundamente vinculada al estado emocional. Ansiedad, frustración, inseguridad o miedo pueden bloquear el pensamiento creativo, mientras que la confianza, la curiosidad y la apertura lo potencian.

- **Reconocer emociones**: Identificar cuándo una emoción está interfiriendo en el proceso creativo.

  Un ingeniero que se siente frustrado por la falta de avances puede estar bloqueando ideas sin darse cuenta.

- **Gestionar emociones:** Usar técnicas como respiración consciente, pausas activas, diálogo interno positivo o apoyo grupal para regular el estado emocional.

  En una sesión de ideación, permitir momentos de desconexión o reflexión personal puede mejorar la calidad de las propuestas.

- **Fomentar la seguridad psicológica**: Crear un entorno donde las personas se sientan libres de expresar ideas sin temor al juicio.

  Un líder técnico que valida las propuestas del equipo, incluso las más arriesgadas, genera confianza y apertura.

La educación emocional no solo mejora el bienestar individual, sino que también fortalece la cultura creativa del grupo.

2.4. Ejercicios de activación creativa

La creatividad no es un talento reservado a unos pocos, sino una habilidad que puede entrenarse y fortalecerse con práctica constante. En el ámbito de la ingeniería, donde la lógica y la precisión predominan, activar el pensamiento creativo requiere romper rutinas mentales, desafiar paradigmas y generar nuevas conexiones entre ideas.

Los ejercicios de activación creativa son herramientas diseñadas para estimular el pensamiento divergente, desbloquear la imaginación técnica y fomentar la innovación en la resolución de problemas.

2.4.1. SCAMPER aplicado paso a paso

Objetivo: Transformar un producto, proceso o sistema técnico usando siete verbos clave.

Pasos:

1. **Selecciona un objeto o proceso técnico** que quieras mejorar (ej. una herramienta, un sistema, un componente).
2. **Aplica cada verbo** del SCAMPER para generar preguntas creativas:

   - **Sustituir:** ¿Qué parte podría cambiarse por otra?
   - **Combinar:** ¿Qué elementos podrían fusionarse?
   - **Adaptar:** ¿Qué se puede modificar para otro uso?
   - **Modificar:** ¿Qué aspecto se puede alterar (forma, tamaño, color)?
   - **Poner en otros usos:** ¿Qué otro uso podría tener?
   - **Eliminar:** ¿Qué se puede quitar sin afectar la función?
   - **Reordenar:** ¿Qué pasaría si cambiamos el orden de los componentes?

Ejemplo:

- Objeto: Taladro manual
- SCAMPER:

  - *Sustituir:* Cambiar el motor por uno sin escobillas.
  - *Combinar:* Integrar luz LED para iluminar la zona de perforación.
  - *Adaptar:* Añadir un mango ergonómico inspirado en herramientas quirúrgicas.

- *Modificar:* Rediseñar el cuerpo para que sea más compacto.
- *Poner en otros usos:* Usarlo como herramienta de mezcla en laboratorio.
- *Eliminar:* Quitar el cable y hacerlo inalámbrico.
- *Reordenar:* Colocar el botón de encendido en el mango para facilitar el acceso.

2.4.2. Analogías forzadas paso a paso

Objetivo: Generar ideas nuevas comparando el problema técnico con elementos ajenos al campo.

Pasos:

1. **Define el problema técnico** que quieres resolver.
2. **Elige un elemento ajeno** (animal, objeto cotidiano, fenómeno natural).
3. **Busca similitudes** entre el problema y el elemento elegido.
4. **Extrae principios o comportamientos** que puedan aplicarse al problema.

Ejemplo:

- Problema: Distribuir semillas en zonas de difícil acceso.
- Analogía: Polinización por abejas.
- Similitudes:

  - Movimiento ligero y preciso.
  - Distribución selectiva.
  - Adaptación al entorno.

- Aplicación: Diseñar drones pequeños que imiten el vuelo de abejas para dispersar semillas de forma controlada.

2.4.3. Pensamiento inverso paso a paso

El pensamiento inverso, también conocido como *"reasoning backward"* o *"inversion thinking"*, es una poderosa técnica de razonamiento que consiste en abordar un problema desde la dirección opuesta a la lógica convencional.

Mientras el pensamiento lineal avanza desde las causas hacia los efectos, el inverso parte del efecto deseado (o indeseado) para trazar caminos hacia las causas.

Objetivo: Identificar debilidades y oportunidades reformulando el problema al revés.

Pasos:

1. Plantea el **objetivo deseado.**
2. Formula la **pregunta inversa**: ¿Cómo podríamos lograr lo contrario?
3. Enumera acciones que causarían el **efecto negativo.**
4. Revisa esas acciones para **detectar vulnerabilidades o mejoras posibles.**

Ejemplo:

- Objetivo: Mejorar la seguridad de una aplicación.
- Pregunta inversa: ¿Cómo podríamos hacer que la app sea insegura?
- Respuestas:

  - *Usar contraseñas débiles.*
  - *No cifrar datos.*
  - *Permitir acceso sin autenticación.*

- Aplicación: Usar esta lista como base para reforzar los puntos críticos del sistema.

2.4.4. Dibujo espontáneo paso a paso

Objetivo: Representar ideas sin restricciones técnicas para estimular la visualización creativa.

Pasos:

1. Toma papel y lápiz o una tablet.
2. Plantea un problema técnico.
3. Dibuja una solución rápida, sin preocuparte por la precisión.
4. Explora variantes del dibujo.
5. Discute o analiza el concepto con otros colegas.

Ejemplo:

- Problema: Diseñar un ala adaptable a distintas velocidades.
- Dibujo: Representar un ala con segmentos móviles inspirados en plumas.
- Resultado: Idea para un sistema de micro-ajuste aerodinámico.

2.4.5. Cadena de ideas paso a paso

Objetivo: Fomentar la construcción colectiva de soluciones.

Pasos:

1. Reúne un grupo de 4–6 personas.
2. Plantea un problema técnico.
3. La primera persona propone una idea.
4. Cada siguiente persona modifica o amplía la idea anterior.
5. Al final, se analiza la evolución de la propuesta.

Ejemplo:

- Problema: Optimizar el flujo de trabajo en una planta.
- Cadena:

  - Persona 1: "Automatizar el transporte interno."
  - Persona 2: "Usar robots guiados por sensores."
  - Persona 3: "Integrar IA para predecir rutas óptimas."
  - Persona 4: "Conectar el sistema con el inventario en tiempo real."

- Resultado: Solución integrada que combina automatización, predicción y gestión inteligente.

2.4.6. Reformulación de creencias paso a paso

Objetivo: Transformar pensamientos limitantes en afirmaciones creativas.

Pasos:

1. Identifica una creencia limitante.
2. Escríbela tal como aparece en tu mente.

3. Reformúlala en positivo o como pregunta abierta.
4. Busca evidencia que la respalde.
5. Aplica la nueva creencia en un ejercicio creativo.

Ejemplo:

- Creencia: "No podemos mejorar la cobertura sin más antenas."
- Reformulación: "¿Qué alternativas existen para ampliar cobertura sin infraestructura física?"
- Evidencia: Redes *mesh,* satélites de baja órbita, repetidores móviles.
- Aplicación: Propuesta de sistema híbrido con nodos móviles.

2.4.7. Prototipado rápido paso a paso

Objetivo: Materializar ideas de forma rápida y tangible.

Pasos:

1. Selecciona una idea técnica.
2. Define su función principal.
3. Usa materiales simples (cartón, cinta, piezas recicladas) para construir un modelo.
4. Prueba el modelo en condiciones simuladas.
5. Evalúa su potencial y ajusta el diseño.

Ejemplo:

- Idea: Sistema de drenaje modular.
- Prototipo: Construir una maqueta con tubos de PVC y bandejas plásticas.
- Prueba: Simular lluvia con agua y observar el flujo.
- Resultado: Ajustes en la inclinación y forma de los módulos.

2.4.8. Mapas mentales técnicos paso a paso

Objetivo: Organizar información y estimular conexiones entre conceptos.

Pasos:

1. Escribe el problema técnico en el centro de una hoja.
2. Dibuja ramas con categorías clave (causas, soluciones, actores, impactos).
3. Agrega subramas con ideas relacionadas.
4. Usa colores, íconos o símbolos para destacar relaciones.
5. Revisa el mapa para detectar patrones o vacíos.

Ejemplo:

- Problema: **Regeneración de bosque** post-incendio.
- Ramas: Tipos de suelo, especies nativas, clima, técnicas de reforestación.
- Subramas: Semillas resistentes, drones de dispersión, monitoreo satelital.
- Resultado: Visión integrada del problema y posibles soluciones.

Capítulo 3

Metodologías para la Innovación

3.1. Introducción comparativa a las metodologías para la innovación

La innovación en ingeniería rara vez es el fruto de una iluminación espontánea; es, por el contrario, el resultado de aplicar metodologías estructuradas que guían el pensamiento creativo para transformar problemas complejos en soluciones viables. Este capítulo explora tres marcos metodológicos fundamentales: TRIZ, Design Thinking y SCAMPER. Cada una ofrece una aproximación distinta pero complementaria, actuando como un "andamiaje mental" que nos permite a los ingenieros navegar sistemáticamente el proceso de innovación.

La siguiente tabla ofrece una perspectiva comparativa de estas metodologías, que serán desarrolladas en detalle a lo largo del capítulo.

Metodología	Foco Principal	Origen	Contexto Ideal de Aplicación
SCAMPER	Modificación y mejora creativa de conceptos existentes	Psicología / Negocios	Rediseño incremental de productos, servicios o procesos; lluvia de ideas guiada.
TRIZ	Resolución técnica de problemas/ contradicciones	Ingeniería (URSS)	Mejora de sistemas técnicos complejos, patentes, ingeniería de producto.
Design Thinking	Soluciones centradas en la empatía con el usuario	Diseño	Mejora de experiencias, servicios, modelos de negocio y productos de consumo.
Biomimética	Innovación inspirada en modelos y estrategias de la naturaleza	Biología	Desarrollo de materiales, estructuras, procesos energéticos y sistemas sostenibles.
Creatividad Computacional	Generación de ideas y soluciones mediante algoritmos de IA	Ciencias de la Computación	Exploración de espacios de diseño vastos, optimización, generación de alternativas.

3.2. SCAMPER: Técnicas de modificación creativa

En el núcleo de la ingeniería yace un principio fundamental: la optimización. Tradicionalmente, esta se ha aplicado a variables cuantificables como la resistencia, la eficiencia o el coste. Sin embargo, la ingeniería contemporánea enfrenta un desafío adicional: la optimización de la propia creatividad. ¿Cómo generar ideas de valor de forma consistente, superando la aleatoriedad de la "inspiración"? La respuesta no está en esperar un momento de inspiración, sino en adoptar metodologías que estructuren el pensamiento divergente. Entre estas herramientas, SCAMPER se erige no como una simple técnica de brainstorming, sino como un framework de modificación sistemática que permite deconstruir y reconstruir conceptos existentes para alumbrar nuevas soluciones.

SCAMPER fue formalizado por Bob Eberle a partir de las ideas previas de Alex Osborn, el padre del brainstorming. Su potencia radica en su aparente simplicidad y su profundidad operativa. Lejos de ser una lista de verificación, cada verbo actúa como una pregunta provocadora que fuerza al ingeniero a examinar un producto, servicio o proceso desde un ángulo específico y predefinido, rompiendo la inercia cognitiva y los patrones mentales establecidos. Vamos a ver en detalle lo que significa este acrónimo.

3.2.1. Sustituir: La Ingeniería de materiales y componentes. Caso 1

SLa primera letra de SCAMPER invita a una operación mental fundamental en ingeniería: el reemplazo. La pregunta central es: ¿Qué puedo sustituir, y con qué, para mejorar el sistema? Esta sustitución puede ocurrir a múltiples niveles: materiales, componentes, fuentes de energía, procesos e, incluso, el equipo de personas involucrado.
Busca optimizar funcionalidad, reducir costes, mejorar la sostenibilidad o superar limitaciones técnicas. Un material nuevo (como un composite de fibra de carbono en lugar de aluminio) no es solo un cambio de sustancia, sino una reingeniería de las propiedades del sistema completo: peso, rigidez, resistencia a la corrosión y procesos de fabricación.

Veamos un ejemplo aplicado al sector de la fabricación:

Ejemplo: Una empresa fabrica carcasas para routers inalámbricos. El material actual es plástico ABS. La pregunta SCAMPER "Sustituir" lleva a explorar:

- **Opciones:**

  - ¿Sustituir el ABS por plástico reciclado? (Sostenibilidad).
  - ¿Sustituirlo por una aleación de magnesio? (Disipación de calor, percepción de calidad).
  - ¿Sustituir los tornillos metálicos por un sistema de cierre por presión? (Reducción de piezas, facilidad de ensamblaje).

- **Sustitución de ABS por plástico reciclado**

  Las consideraciones técnicas que hay que tener presentes son:

	ABS Virgen	ABS Reciclado	Impacto en Diseño
Resistencia al impacto	40-50 kJ/m²	30-38kJ/m²	Mayores espesores de pared
Estabilidad dimensional	Excelente	Moderada	Tolerancias más amplias
Acabado superficial	Uniforme	Puede presentar variaciones	Mayor control de calidad
Temperatura de deflexión	95-105°C	85-95°C	Revisión disipación térmica

  Los desafíos de procesamiento que se plantean son los siguientes:

  - **Variabilidad de lote a lote:** El plástico reciclado puede presentar inconsistencia en viscosidad de fusión, requiriendo ajustes dinámicos en parámetros de inyección.
  - **Contaminantes:** Necesidad de sistemas de filtrado avanzado en máquinas de inyección.
  - **Coloración:** Limitaciones en colores uniformes, oportunidad para acabados "eco-texturizados".

  Desde el punto de vista del **Modelo de Coste Total** de Propiedad:

  - Coste Material ABS virgen: 2,50 €/kg
  - Coste Material Reciclado: 1,80 €/kg
  - Ahorro directo por unidad: 0,70 €

Inversiones adicionales:

- Sistema de control de calidad: 15.000 €
- Modificaciones moldes: 8.000 €
- Certificación sostenibilidad: 5.000 €

Retorno de inversión (ROI):

Para producción de 100.000 unidades/año → **ROI: 4 meses**

Además de todo podemos pensar en una serie de beneficios intangibles, como:

- **Valor de marca por sostenibilidad**: +12% en disposición a pagar (estudios de mercado).
- **Cumplimiento regulatorio futuro**: evitación de multas potenciales.
- Acceso a **licitaciones públicas** con criterios verdes: +25% oportunidades de negocio.

La división de networking de CISCO implementó en 2022 un programa de sustitución gradual de ABS virgen por compuestos reciclados de alta ingeniería. Los resultados documentados:

- Reducción de huella de carbono en un 35% por unidad.
- Desarrollo de un nuevo compuesto con fibra de carbono reciclada que mejora la rigidez en un 20%.
- Ahorro anual de 4.2 millones de dólares en costes de materiales.

- **Sustitución por aleación de magnesio:**

  Las consideraciones técnicas que hay que tener presentes son:

  - Simulación CFD (Computational Fluid Dynamics): 400 veces más eficiente que la de ABS. Las Implicaciones en el diseño Electrónico son estas:

    - Posibilidad de eliminar disipadores adicionales en chips de mediano poder.
    - Reducción de temperatura de operación de 15-20°C, extendiendo vida útil de componentes.
    - Oportunidad para aumentar potencia de transmisión manteniendo márgenes de seguridad.

Parámetro	Inyección Plástico	Inyección Magnesio	Impacto
Temperatura de proceso	200-300°C	580-680°C	Moldes de acero especial
Ciclo de producción	25-40 segundos	15-25 segundos	Mayor productividad
Coste herramienta	15,000-30,000 €	45,000-80,000 €	Mayor inversión inicial
Precio materia prima	2-3 €/kg	8-12 €/kg	Coste unitario superior

- Análisis de Valor para el Cliente:

  o Producto percibido como premium. Posibilidad de precio 40-60% superior.
  o Reducción de fallos por sobrecalentamiento: menor tasa de devoluciones.
  o Ventaja competitiva en segmento gamer/profesional donde el rendimiento térmico es crítico.

- Estudio de Viabilidad

  o Técnica: Prototipado y Validación:

    1. **Fase 1**: Simulación por elementos finitos (FEA) de esfuerzos mecánicos.
    2. **Fase 2**: Prototipos rápidos para validación ergonómica y estética.
    3. **Fase 3**: Lote piloto de 500 unidades para pruebas de campo.
    4. **Fase 4**: Optimización de diseño basado en feedback real.

  o Cálculo de ROI Específico:

    ▪ Inversión total proyecto: 120.000 €
    ▪ Incremento precio venta: 15 €/unidad
    ▪ Volumen ventas estimado: 12.000 unidades/año
    ▪ Beneficio adicional anual: 180.000 €
    ▪ **ROI: 8 meses**

Metodologías para la Innovación

- **Sustitución de tornillos por cierre por presión: Ingeniería de ensamblaje**

  - Diseño Mecánico de Sistemas de Fijación sin Tornillos. Tipología de Sistemas de Cierre por Presión:

    o Cantilever snap-fit: Para aplicaciones de desmontaje frecuente.
    o Torsion snap-fit: Mayor fuerza de retención.
    o Annular snap-fit: Ideal para cierres circulares.
    o U-shaped snap-fit: Compensación de tolerancias.

Concepto	Con Tornillos	Cierre por Presión	Ahorro/Unidad
Coste tornillos	0.15 €	0 €	0.15 €
Tiempo ensamblaje	45 segundos	8 segundos	37 segundos
Coste mano obra	0.30 €	0.05 €	0.25 €
Máquina atornilladora	5,000 €/año	0 €	5,000 €/año
Control calidad	0.08 €	0.03 €	0.05 €
TOTAL AHORRO	0.45 €/unidad		

  - Consideraciones de Ingeniería de Producto:

    o Ventajas Técnicas:

      ▪ Estanqueidad: Mejor sellado contra polvo y humedad.
      ▪ Resistencia vibraciones: Eliminación de aflojamiento por vibración.
      ▪ Modularidad: Facilita reparación y reciclaje al final de vida útil.

  - Desafíos y Soluciones:

    o Fatiga del material: Diseño con factores de seguridad ≥ 3.
    o Tolerancias dimensionales: Control estadístico de proceso (SPC) en moldeo.
    o Fuerza de desmontaje: Optimización mediante prototipado iterativo.

- Implementación Práctica: Plan de Transición

  - **Fase 1**: Análisis de Factibilidad (2 semanas)

    - Estudio de cargas y esfuerzos en condiciones extremas.
    - Evaluación de compatibilidad material-proceso.

  - **Fase 2**: Rediseño CAD (3 semanas)

    - Modificación de modelos 3D incorporando características de snap-fit.
    - Simulación virtual de proceso de ensamblaje/desensamblaje.

  - **Fase 3:** Prototipado Funcional (1 semana)

    - Fabricación de prototipos mediante impresión 3D de alta resolución.
    - Validación ergonómica y funcional con usuarios reales.

  - **Fase 4:** Modificación de Herramientas (4 semanas)

    - Adaptación de moldes de inyección existentes.
    - Fabricación de inserciones (inserts) para características de snap-fit.

  - **Fase 5:** Producción y Validación (continuo)

    - Lote piloto de 1.000 unidades.
    - Pruebas aceleradas de vida útil.
    - Ajustes finales antes de producción a escala.

En resumen, la técnica de Sustitución en SCAMPER demuestra su profundidad cuando se aborda desde una perspectiva de ingeniería integral. Cada alternativa analizada representa no solo un cambio material, sino una reconfiguración completa del sistema producto-proceso-mercado:

1. **Sustitución por plástico reciclado**: Estrategia de sostenibilidad con impacto en toda la cadena de valor.
2. **Sustitución por aleación de magnesio**: Estrategia de diferenciación técnica y posicionamiento premium.

3. **Sustitución de tornillos**: Estrategia de optimización de manufactura y diseño para ensamblaje

La elección entre estas alternativas dependerá del posicionamiento estratégico de la empresa, el segmento de mercado objetivo y las capacidades técnicas internas. Lo fundamental es que la Sustitución se aborda como un ejercicio multidimensional donde las decisiones técnicas están inextricablemente ligadas a consideraciones comerciales, ambientales y de experiencia de usuario.

3.2.2. Combinar. La sinergia de sistemas. Caso 2

C ombinar es la esencia de la integración de sistemas. La pregunta es: ¿Qué elementos, funciones o ideas pueden fusionarse para crear sinergias, simplificar o generar una nueva funcionalidad? En ingeniería, esto se traduce en la reducción de piezas, la multifuncionalidad y la creación de sistemas más compactos y eficientes.

La combinación busca la economía de medios. Un principio clave de TRIZ, otra metodología de innovación es la "universalidad": un objeto realiza varias funciones diferentes. SCAMPER operacionaliza este principio de forma sencilla y accionable.

Veamos un ejemplo aplicado al sector de la fabricación:

> *Ejemplo*: El desarrollo de la impresora multifunción (All-in-One) como solución al pequeño y mediano usuario:

- **Problema:** Antes de siquiera plantear la combinación, es básico entender el ecosistema problemático en su totalidad. No se trataba solo de "unir cosas", sino de resolver una serie de dolores concretos que el mercado estaba experimentando

  - **El Espacio como recurso crítico:** En una pequeña oficina o un despacho doméstico, cada centímetro cuadrado de la mesa es valioso. Tener una impresora, un escáner independiente (a menudo de cama plana, que es voluminoso) y, posiblemente, una fotocopiadora, creaba un «paisaje tecnológico» caótico y antiergonómico. La combinación aborda directamente este problema de huella física *(footprint)*.

- **La economía del coste total de propiedad (TCO):** Para un usuario pequeño, el coste no es solo el de compra inicial. Es la suma de:

  - **Adquisición:** Comprar tres dispositivos.
  - **Mantenimiento:** Tener tres garantías, posibles tres contratos de servicio, y repuestos (tres tipos de tóneres o tintas, tres conjuntos de rodillos).
  - **Consumibles:** Gestionar el stock de papel, tintas y recambios para tres máquinas diferentes.
  - **Energía:** Tres cables de alimentación, tres dispositivos en standby o apagados, pero aun consumiendo energía en reposo.

- **La Complejidad operativa y cognitiva:** Para el usuario final, la experiencia era fragmentada y frustrante.

  - **Conectividad**: Tres cables USB ocupando puertos del ordenador, o tres adaptadores de red si eran dispositivos de red.
  - **Software**: Instalar y mantener tres controladores (drivers) diferentes, que podían entrar en conflicto entre sí. Tres iconos en la bandeja del sistema, tres interfaces de usuario con lógicas distintas.
  - **Flujo de trabajo**: Para hacer una fotocopia, un usuario podría tener que escanear un documento con un software, guardar la imagen, abrir el documento a imprimir, y luego imprimir la imagen escaneada. Un proceso lento y propenso a errores.

La **pregunta clave de "Combinar"** —*¿Qué elementos, funciones o ideas pueden fusionarse?* — surge no como un ejercicio abstracto, sino como una respuesta directa a esta constelación de problemas. La intuición era clara: la sinergia potencial residía en la unificación física y lógica.

La genialidad de la impresora multifunción no fue meter tres cajas en una, sino rediseñar por completo el sistema para que los componentes se compartieran y las funciones se entrelazaran.

- **Aplicación de "Combinar":**

Funciones: Se combinan las funciones de impresión, escaneado y fotocopiado en una única carcasa. Esto no es una mera yuxtaposición; requiere la integración de la mecánica de impresión y el sistema óptico de escaneado en una plataforma común. Este es el nivel más desafiante desde el punto de vista del diseño industrial y la ingeniería mecánica.

– **Desafío ingenieril primario:** ¿Cómo integrar un mecanismo de impresión (que implica movimiento rápido, vibraciones y líquidos/tóner) con un sistema de escaneo óptico (que requiere extrema precisión, estabilidad y ausencia de vibraciones para capturar imágenes nítidas)? Son funciones antagónicas por naturaleza.

○ **Solución detallada:**

▪ **La plataforma común – La Cama de vidrio y el mecanismo de escaneo móvil:** En lugar de un escáner de cama plana independiente, se optó por un diseño donde el cabezal de escaneo (lámpara, espejos y sensor CCD/CMOS) se mueve por debajo del cristal. Este mismo cristal sirve como tapa de la impresora. Aquí, la combinación es brillante: la **carcasa superior** ya no es solo una tapa; es un componente crítico del sistema de escaneo.

▪ **El Camino de papel unificado:** Se diseñó un único y sofisticado sistema de rodillos y guías que cumple una doble función:

✓ **Para imprimir:** El papel es alimentado desde una bandeja, pasa por debajo de los cabezales de impresión, y sale a una bandeja de salida.

✓ **Para escanear/fotocopiar:** Cuando se coloca un documento en el cristal, el mecanismo de alimentación puede permanecer quieto. Para documentos de varias páginas, algunas multifunciones tienen un alimentador automático de documentos (ADF) que, compartiendo los mismos rodillos de la impresora, pasa las páginas una a una sobre el cabezal de escaneo fijo. Esto es la combinación en su máxima expresión: los mismos rodillos que imprimen, ahora alimentan documentos para escanear.

▪ **Resolución de conflictos técnicos:**

✓ **Vibraciones:** Se utilizaron materiales amortiguadores (gomas, soportes flexibles) para aislar el escáner de las vibraciones de la impresora. El firmware a menudo incluye algoritmos que «limpian» la imagen escaneada de pequeñas distorsiones.

✓ **Calor:** La electrónica combinada y los cabezales de impresión generan más calor en un espacio reducido. Esto requirió el diseño de un sistema de ventilación inteligente con ventiladores y disipadores que dirigieran el flujo de aire de manera eficiente, evitando el sobrecalentamiento que podría dañar los sensores ópticos.

– **Electrónica:** Se combinan las placas base y los procesadores de cada dispositivo en una única unidad de control, reduciendo costes de componentes. Aquí es donde se logra la verdadera economía de medios. La combinación electrónica es el "sistema nervioso" que hace posible la simbiosis mecánica.

  ○ **Arquitectura original (Dispositivos separados):** Tres placas base con sus propios microprocesadores, memoria RAM, chips de interfaz (USB/LAN) y firmware especializado. Cada uno es un pequeño ordenador independiente.
  ○ **Arquitectura combinada (Multifunción):** Se diseña una placa base única y más potente que centraliza todas las operaciones.

    ▪ **El Procesador Central (SoC - System on a Chip):** Un único microprocesador, más capaz que los individuales, que ejecuta un único sistema operativo embebido. Este procesador gestiona time-sharing (tiempo compartido): asigna recursos de cálculo a la cola de impresión, al procesamiento de la imagen del escáner y a la interfaz de usuario de forma simultánea.
    ▪ **Memoria unificada:** Una misma memoria RAM se utiliza para almacenar el documento a imprimir, la imagen escaneada temporalmente y los datos de la interfaz de usuario. Esto es mucho más eficiente que tener memorias dedicadas y subutilizadas en cada dispositivo.
    ▪ **Convergencia de Interfaces:** Un único puerto USB, un único puerto de red Ethernet, y una única fuente de alimentación alimentan a todo el sistema. La reducción de componentes es directa: menos conectores, menos circuitos, menos coste.

– **Interfaz de Usuario:** Se combinan los paneles de control y los softwares de cada función en una interfaz unificada, simplificando la experiencia del usuario.

Metodologías para la Innovación

- ○ **Hardware de Interfaz:** Un único panel de control con una pantalla LCD/LED y un conjunto de botones reemplaza a los tres paneles separados. Botones de «Copiar», «Escanear» e «Imprimir» están físicamente al lado del otro. Un botón típico de «Copia rápida» inicia una fotocopia con configuraciones predeterminadas en un solo paso, ocultando la complejidad del proceso escanear-imprimir.
- ○ **Software y Firmware:** Se desarrolla una interfaz de software unificada.

  - **Driver Único:** El ordenador ve la multifunción como un solo dispositivo. Al instalar un único driver, se accede a todas las funciones.
  - **Interfaz de Usuario Consistente:** Ya sea en la pantalla de la impresora o en el software del PC, la lógica para escanear, imprimir o copiar es similar (seleccionar calidad, origen del papel, etc.). Esto reduce la curva de aprendizaje.
  - **La Fotocopia como Función Emergente:** Este es el mejor ejemplo de sinergia. La función "fotocopiar" no existe como un hardware adicional. Es una macroinstrucción del firmware que dice: "Ejecuta la función de escaneo y, una vez tengas la imagen en memoria, envíala directamente a la función de impresión". La combinación crea una funcionalidad nueva y más eficiente que la suma de sus partes.

- **Resolución:** La combinación dio lugar a una nueva categoría de producto que dominó el mercado de pequeñas oficinas y hogares. La ingeniería creativa resolvió los desafíos técnicos de la integración (interferencias, calor, flujo de papel) para crear un sistema más valioso que la suma de sus partes individuales.

3.2.3. Adaptar: La Importación de soluciones desde dominios lejanos

Adaptar consiste en buscar ideas, soluciones o principios que ya funcionen en otros contextos y modificarlos para que funcionen en el problema actual. Es la base de la transferencia tecnológica y la analogía creativa.

La innovación a menudo no es sobre inventar algo nuevo desde cero, sino sobre conectar dominios de conocimiento preexistentes. La adaptación requiere una mente abierta para ver analogías entre problemas aparentemente no relacionados.

La premisa fundamental es que la mayoría de los problemas ya han sido resueltos en alguna parte, solo que no necesariamente en nuestra industria o área de expertise. La innovación radical a menudo no surge de la especialización profunda en un solo campo, sino de la capacidad de ser un "puente" entre disciplinas dispares.

La adaptación requiere lo que se conoce como pensamiento lateral o pensamiento por analogía. Es la habilidad de mirar hacia afuera, de observar cómo la naturaleza, la industria aeroespacial, la arquitectura o incluso el mundo del arte abordan desafíos similares (por ejemplo, de eficiencia, resistencia, comunicación u organización) y preguntarse: "¿Qué principio subyacente puedo importar?".

> *Ejemplo*: El empleo y optimización del sistema de frenado regenerativo de un vehículo eléctrico como forma de mejorar la autonomía de este.

- **Problema general:** ¿Cómo mejorar la eficiencia energética de un vehículo eléctrico, cuya autonomía es un factor crítico?

  - **Problema superficial:** La autonomía de los vehículos eléctricos es limitada. Las baterías son caras, pesadas y su capacidad es finita.

    - **Descomposición del problema (Abstracción):** Para aumentar la autonomía, se puede:

      - **Aumentar la capacidad de la batería:** Pero esto implica más costo, más peso y problemas de espacio.
      - **Mejorar la eficiencia del motor:** Los motores eléctricos ya son muy eficientes (>90%), por lo que las ganancias aquí son marginales.
      - **Recuperar la energía que se desperdicia:** Aquí está la clave. En la conducción, una gran cantidad de energía cinética (la energía del movimiento) se disipa inútilmente en forma de calor cada vez que se frena. En un coche tradicional, esta energía simplemente se pierde, calentando los discos y pastillas de freno.

  - **Núcleo del problema reformulado:** ¿Cómo podemos capturar y reutilizar la energía cinética que normalmente se desperdicia durante el frenado para extender la autonomía sin aumentar el tamaño de la batería?

○ **Búsqueda en dominios análogos lejanos**

La pregunta clave es: "¿En qué otros contextos o industrias han resuelto el problema de recuperar la energía de frenado de un vehículo?"

▪ **Dominio análogo identificado**: La industria ferroviaria y de tranvías.
La Solución análoga (Contexto Origen): Desde principios del siglo xx, locomotoras eléctricas, tranvías y metros utilizan un principio fundamental: los motores de tracción eléctricos pueden funcionar en reversa como generadores.

  ✓ **Funcionamiento en el tren:** Cuando el maquinista reduce la potencia o frena, el controlador electrónico reconecta los motores para que, impulsados por la inercia del tren en movimiento, generen electricidad.
  ✓ **Destino de la energía generada:** En los sistemas ferroviarios con catenaria (el cable eléctrico superior), esta energía eléctrica se inyecta de vuelta a la red para que la usen otros trenes que estén acelerando en la misma línea. Es un sistema de "compartir energía" a gran escala.

▪ **Principio fundamental extraído**: La reversibilidad del motor eléctrico. Un motor eléctrico puede convertir energía eléctrica en movimiento (función motora), y también puede convertir movimiento (energía cinética) en energía eléctrica (función generadora). Este principio físico (la ley de inducción de Faraday) es universal.

• **Aplicación de "Adaptar": Traducción al nuevo contexto**
Aquí es donde la mera copia se convierte en innovación. No se podía trasplantar la solución ferroviaria tal cual al automóvil. Hubo que adaptarla profundamente.

– **Desafíos de la adaptación y sus soluciones:**

1. **Desafío: La "Catenaria" portátil.**

   ○ **Problema:** Un coche no tiene una red eléctrica a la que devolver la energía. ¿Dónde se almacena la electricidad generada?

○ **Adaptación:** La batería del propio vehículo, que en el tren solo era un elemento de tracción, en el coche asume un doble rol: es la fuente de energía y el depósito de la energía recuperada. Esta es la adaptación conceptual más importante.

2. **Desafío: La Gestión de la transición y la potencia**

○ **Problema:** En un tren, las transiciones son más lentas y la escala de potencia es enorme. En un coche, las frenadas son más bruscas y variables. El sistema debe alternar entre modos (conducir, frenar, deslizamiento/desaceleración) de forma suave, rápida y segura.

○ **Adaptación:** Se desarrollaron controladores electrónicos de potencia (inversores) extremadamente sofisticados. Estos dispositivos son el «cerebro» del sistema. Su función es:

- Detectar instantáneamente cuando el conductor levanta el pie del acelerador.
- Conmutar la función del motor de "motor" a "generador".
- Gestionar el flujo de alta tensión de vuelta a la batería de forma controlada.
- Coordinarse con el sistema de frenos hidráulicos tradicional: el frenado regenerativo actúa primero, y los frenos de fricción solo se aplican si se necesita más fuerza de frenado. Esto maximiza la energía recuperada.

3. **Desafío: La Química de la batería**

○ **Problema:** Las baterías están optimizadas para descargarse de forma constante. La frenada regenerativa produce picos de carga breves pero intensos. Cargar una batería así puede degradarla si no se gestiona con precisión.

○ **Adaptación:** Se implementaron Sistemas de Gestión de Batería (BMS - *Battery Management System*) avanzados. Estos sistemas monitorizan en tiempo real el estado de la batería (temperatura, nivel de carga, salud de las celdas) y regulan la potencia de carga que acepta de la frenada regenerativa para evitar daños. Por ejemplo, si la batería está casi llena, el BMS reducirá la regeneración.

- **La Integración y el resultado de la adaptación**
  La adaptación no fue un componente aislado, sino la integración de varios subsistemas adaptados:

  – **El usuario experimenta** una conducción peculiar: al levantar el pie del acelerador, el coche frena suavemente por sí solo (frenado regenerativo) y la pantalla indica que se está «recargando» la batería.
  – **El proceso técnico integrado es:**

    1. **Deceleración:** El conductor levanta el pie del acelerador.
    2. **Detección:** El controlador de potencia detecta el cambio.
    3. **Conmutación:** Invierte la polaridad en el motor, que ahora ofrece resistencia al giro de las ruedas (frenado).
    4. **Generación:** El movimiento de las ruedas hace girar el motor, que genera corriente alterna.
    5. **Rectificación:** El inversor convierte esa corriente alterna en continúa adecuada para la batería.
    6. **Gestión:** El BMS autoriza y regula la carga.
    7. **Almacenamiento:** La energía se guarda en la batería, aumentando ligeramente la autonomía.

La adaptación del frenado regenerativo aumentó la autonomía de los vehículos eléctricos en un porcentaje significativo (10-30%), convirtiéndose en un elemento standard y crítico de su diseño. Es un ejemplo clarificador de cómo una solución madura en un dominio puede revolucionar otro cuando se adapta con ingenio.

3.2.4. Modificar: La Escala como variable de diseño

Modificar invita a alterar los atributos físicos o sensoriales de un producto. ¿Qué pasa si se hace más grande, más pequeño, más pesado, más ligero, más rápido, más lento, o se cambia su forma, color o textura? La modificación de la escala es una de las herramientas más poderosas en ingeniería.
Cambiar la escala no es una simple operación homotética. Las leyes de la física (como la relación superficie-volumen) afectan de manera no lineal al comportamiento de los sistemas. Un objeto *"twice as big"* no se comporta el doble, sino que presenta nuevos fenómenos. La miniaturización es, de hecho, una de las fronteras tecnológicas más desafiantes.

Ejemplo: Se presenta la necesidad de construir una presa para generar energía hidroeléctrica y regular el caudal de un río en un valle montañoso. El espacio es limitado y la geología está definida por roca resistente en las laderas.

- **Solución tradicional:** Presa de Gravedad. Una estructura masiva, esencialmente una "pared gigante" de hormigón (como la Presa Hoover, EE.UU. en sus primeros diseños). Su principio de funcionamiento es simple: utilizar el propio peso para resistir el empuje horizontal del agua.

  – **Atributos clave** (Lo que se va a Modificar):

    1. **Forma:** Es básicamente un prisma rectangular de sección triangular. Muy gruesa en la base y adelgazándose hacia la coronación. Es una forma "inerte" que confía en la masa.
    2. **Escala/Volumen:** Requiere una cantidad enorme de hormigón. Esto implica un coste elevadísimo de materiales, transporte y mano de obra, y un tiempo de construcción muy largo.
    3. **Mecánica de funcionamiento:** La fuerza del agua es contrarrestada únicamente por la fricción entre la base de la presa y el terreno. Toda la estabilidad depende de ser lo suficientemente pesada.

- **Aplicación de la pregunta clave de "Modificar"**
  La pregunta guía es: ¿Qué pasa si alteramos su forma, tamaño, peso o estructura?
  La pregunta específica que se plantearon los ingenieros fue: ¿Qué pasa si, en lugar de confiar solo en el peso (gravedad), modificamos la forma de la presa para que actúe como un arco y transfiera las cargas estructuralmente a las laderas del valle?

- **Desglose detallado de la Modificación - De la gravedad al Arco-Gravedad:** Esta modificación no es una simple alteración estética; es un cambio profundo en el principio estructural.

  – **Modificación 1:** La Forma – De la Pared Recta a la Curva Arquitectónica:

    ○ **Original (Gravedad):** Forma recta y maciza.

o **Modificado (Arco-Gravedad)**: La planta de la presa ya no es recta, sino que se curva contra la corriente del río, con forma de arco horizontal. En su perfil, también puede tener una ligera curvatura vertical.

o **Efecto técnico (Principio Físico)**: Un arco es una de las estructuras más eficientes en ingeniería. Cuando se aplica una carga (el agua), el arco la convierte en esfuerzos de compresión a lo largo de su estructura. Estos esfuerzos se transmiten de manera óptima hacia los "estribos" naturales, que en este caso son las laderas rocosas del valle. La presa deja de "aplastar" al terreno y pasa a "abrazarlo".

− **Modificación 2:** La Escala y el Volumen – La Revolución del material.

o **Original (Gravedad)**: Volumen colosal de hormigón. La sección es muy gruesa.

o **Modificado (Arco-Gravedad)**: Al confiar en la eficiencia estructural del arco, la presa puede ser mucho más delgada y ligera. Se reduce drásticamente el volumen de hormigón necesario, a veces hasta en un 60-70% comparado con una presa de gravedad para la misma altura.

o **Efecto técnico (Leyes de Escala)**: Esta modificación ilustra perfectamente la idea de que "cambiar la escala no es una operación homotética". Una reducción en el espesor no implica una pérdida lineal de resistencia. Gracias al principio del arco, una estructura más delgada puede ser más resistente a las cargas específicas que debe soportar. La relación no es lineal, es exponencial a favor de la eficiencia.

− **Modificación 3:** El Principio de Funcionamiento – Sinergia Estructural

o **Original (Gravedad):** Un único principio: la masa.

o **Modificado (Arco-Gravedad):** Se crea un sistema híbrido o de sinergia.

▪ **Función de Arco:** La curvatura transmite la mayor parte del empuje del agua a las laderas (un 80% o más).

▪ **Función de Gravedad:** El peso propio de la estructura (aunque menor) sigue contribuyendo a la estabilidad, especialmente para resistir vuelcos y asentamientos.

- **Resolución del problema original:** Esta modificación resuelve directamente los inconvenientes de la presa de gravedad: reduce costes, acelera la construcción y minimiza el impacto ambiental al necesitar menos material extraído y transportado.

- **Desafíos técnicos de la Modificación y su resolución.** Modificar la forma no fue trivial. Surgieron nuevos desafíos que requirieron innovación:

  - **Desafío 1:** Análisis Geotécnico Riguroso. Los estribos (las laderas) deben ser de roca extremadamente resistente y competente. Una modificación tan radical exige un estudio geológico mucho más profundo que para una presa de gravedad.

    ○ **Resolución:** Desarrollo de técnicas avanzadas de prospección geotécnica y sondeos para garantizar la calidad de la roca.

  - **Desafío 2:** Cálculo Estructural Complejo. El comportamiento de un arco bajo carga no es simple de calcular, especialmente con las herramientas de la primera mitad del siglo XX.

    ○ **Resolución:** Aplicación de teorías estructurales más avanzadas y, posteriormente, el uso de modelos a escala y software de Elementos Finitos (FEA) para simular con precisión las tensiones en la estructura y el terreno.

  - **Desafío 3:** Constructibilidad. Verter hormigón en una estructura curva y delgada presenta retos de encofrado y compactación.

    ○ **Resolución:** Diseño de encofrados curvos especiales y técnicas de vertido segmentado para controlar la temperatura y la contracción del hormigón.

- **Resultados e impacto de la Modificación:** Nueva categoría de estructura.
  Nace la presa de arco-gravedad, una solución óptima para valles estrechos y con buenas condiciones geológicas.

  - **Ventajas competitivas:**

    ○ **Económica:** Ahorro monumental en hormigón y costes asociados.

- ○ **Técnica:** Permite alcanzar mayores alturas de forma segura y eficiente.
- ○ **Estética:** La forma curva es a menudo considerada más elegante y armónica con el paisaje montañoso.

3.2.5. Probar: La Recontextualización funcional

P Esta técnica pregunta: ¿De qué otras formas se puede usar este producto? Se trata de identificar funciones secundarias o latentes que no fueron la intención original del diseño. En ingeniería, esto puede abrir nuevos mercados o encontrar aplicaciones que resuelvan problemas no anticipados.

Un objeto está definido por su uso primario, pero sus propiedades físicas pueden permitirle desempeñar roles en entornos completamente diferentes. Esta técnica fomenta el pensamiento lateral.

> *Ejemplo*: Funcionalidad del Escáner Láser Terrestre (TLS) de Control de Calidad a Modelización *"As-Built"* y Análisis Estructural.

- • **Paso 1:** Identificación del Producto y su Función Primaria Original.

  - – **Producto/Herramienta:** Escáner Láser Terrestre (TLS o LiDAR terrestre).

    - ○ **Función primaria original** (Uso Previsto): Control de calidad y verificación dimensional de alta precisión en entornos industriales controlados. Por ejemplo:

      - ▪ Medir las dimensiones exactas de una pieza de aeronáutica recién fabricada.
      - ▪ Verificar la planicidad de una bancada de máquina-herramienta.
      - ▪ Su valor radicaba en ser una alternativa ultra-precisa a la metrología tradicional por contacto.

    - ○ **Propiedades clave** (Lo que permite la recontextualización):

      - ▪ **Precisión Milimétrica**: Capacidad de capturar millones de puntos en 3D con una exactitud extrema.

- **Captura masiva de datos ("Nube de Puntos")**: No mide puntos individuales, sino que captura la geometría completa de una escena u objeto de forma densa.
- **Rapidez**: Captura grandes volúmenes de información en minutos u horas, no en días.
- **No Invasivo**: No requiere contacto físico con el objeto medido.

- **Paso 2:** Aplicación de la Pregunta Clave de "Probar"

Las preguntas guía son:

- ¿De qué otras formas se puede usar este escáner láser?
- ¿Qué otras funciones secundarias o latentes poseen sus propiedades?

La pregunta específica que se plantearon topógrafos e ingenieros fue: ¿Qué pasa si, en lugar de usar el TLS solo para verificar piezas industriales, lo "probamos" para capturar la realidad de una obra civil a gran escala, como un túnel o un puente en construcción? ¿Podríamos usar esa nube de puntos para algo más que solo medir?

- **Paso 3:** Desglose Detallado de la Recontextualización Funcional (La "Prueba").

Esta recontextualización no fue un simple cambio de ubicación; fue un cambio profundo en el propósito de la herramienta.

- **Función Primaria (Original)**: Control de Calidad Dimensional Puntual.
- **Funciones Secundarias Descubiertas (Recontextualización en Obra Civil)**:

  1. **Función 1**: Creación de Modelos "As-Built" o "Como se Construyó" en 3D.

     ○ ¿En qué consiste? Utilizar el TLS para escanear una estructura al finalizar una fase de obra (p. ej., la excavación de un túnel, la colocación del tablero de un puente). La nube de puntos resultante no es solo un conjunto de medidas, sino un "gemelo digital" fiel de la realidad.
     ○ **Proceso de la "Prueba"**:

- Un topógrafo, familiarizado con las técnicas de topografía clásica (taquimetría, nivelación), "prueba" el TLS en la obra.
- Coloca el escáner en varias posiciones dentro del túnel para capturar toda la superficie.
- En lugar de extraer solo unas cuantas cotas, se da cuenta de que tiene un modelo completo.

- **Nueva Aplicación**: Este modelo 3D se compara con el modelo de proyecto (el "cómo debería ser") para detectar y cuantificar desviaciones de forma automática y exhaustiva. Ya no se miden 10 puntos, se analizan millones.

2. **Función 2:** Monitorización de Deformaciones y Comportamiento Estructural.

- ¿En qué consiste? Aquí es donde el pensamiento lateral es más evidente. La propiedad de «precisión milimétrica» y «no invasivo» se aprovecha para una función para la que no fue diseñado originalmente: la auscultación estructural.
- **Proceso de la "Prueba"**:

  - Un ingeniero se pregunta: "Si este equipo puede detectar variaciones de 1 mm en una pieza de fábrica, ¿podría detectar los asentamientos de una cimentación o la flexión de un puente bajo carga?"
  - Se "prueba" escaneando la misma estructura en diferentes momentos (p. ej., antes, durante y después de la construcción de un terraplén adyacente, o bajo diferentes cargas de tráfico).

- **Nueva Aplicación**: Al superponer las nubes de puntos de diferentes épocas, se pueden visualizar y medir con precisión sub-milimétrica (con control de condiciones ambientales y calibración) los movimientos de la estructura. Esto es fundamental para la seguridad y el mantenimiento predictivo.

3. **Función 3**: Documentación histórica.

- ¿En qué consiste? La propiedad de «captura masiva de datos» significa que se registra *todo* lo que está en el campo de visión, no solo lo que se quiere medir.

- Proceso de la "Prueba":

  - Tras un incidente (un deslizamiento de tierra, un incendio en una estructura), se necesita documentar el estado de la obra de forma rápida y segura.
  - Se "prueba" usar el TLS para capturar la escena tal cual quedó, sin poner en riesgo al personal.

- **Nueva aplicación**: La nube de puntos se convierte en una prueba objetiva y medible para informes periciales. También se usa para documentar el estado de estructuras patrimoniales antes de una restauración, creando un archivo histórico preciso.

- **Paso 4**: Desafíos de la Recontextualización y su Resolución.

Llevar el TLS de la fábrica a la obra civil presentó nuevos retos que requirieron adaptación:

- **Desafío 1**: Condiciones Ambientales Hostiles.

  - **Problema**: Una obra tiene polvo, vibraciones, cambios de temperatura y luz ambiental, a diferencia del entorno controlado de una fábrica.
  - **Resolución**: Se desarrollaron escáneres más robustos (con índice de protección IP contra polvo y agua) y algoritmos de software para filtrar el "ruido" en los datos causado por estas interferencias.

- **Desafío 2**: Procesamiento de Grandes Volúmenes de Datos.

  - **Problema:** Una nube de puntos de un túnel de 1 km puede tener miles de millones de puntos. El software original no estaba diseñado para manejar tal cantidad de información.
  - **Resolución**: Surgió una nueva industria de software especializado en nube de puntos (como CloudCompare, Autodesk ReCap) y la integración con herramientas BIM (Building Information Modeling), que permiten gestionar, visualizar y analizar estos macrodatos.

- **Desafío 3**: Precisión en Grandes Escalas.

- **Problema**: Mantener la precisión milimétrica en un escaneo de cientos de metros requiere un método de georreferenciación muy preciso.
- **Resolución**: Se integró el TLS con técnicas topográficas tradicionales, usando estaciones totales o GPS de alta precisión para crear una red de control que referencia todos los escaneos a un sistema de coordenadas único y preciso.

- **Paso 5: Resultados e impacto de la "Prueba"**
  En este paso final valoramos los resultados y concluimos que hemos realizado un descubrimiento de funciones latentes.
  En el caso del escáner láser en topografía nos enseña que "Probar" es una técnica que explora el potencial oculto de las herramientas y tecnologías, es ir más allá del Manual de Instrucciones; consiste en preguntarse "¿qué más puede hacer esto?" basándose en sus propiedades fundamentales, no en sus aplicaciones listadas, además de fomentar la Interdisciplinariedad.
  En resumen hemos logrados las siguientes derivadas:

  - **Cambio de paradigma en la topografía**: La topografía pasó de ser una disciplina de "captura de puntos selectivos" a una de "captura de la realidad completa".
  - **Nuevos mercados y servicios**: Aparecieron empresas especializadas en el levantamiento con láser escáner para ingeniería, patrimonio y forense.
  - **Mejora radical de procesos**:
  - **Seguridad**: Reduce la necesidad de acceso directo a zonas peligrosas.
  - **Eficiencia**: Acelera enormemente el proceso de medición y verificación.
  - **Toma de Decisiones**: Proporciona información completa y objetiva en 3D, eliminando ambigüedades.

3.2.6. Eliminar: La Simplificación

 Eliminar desafía la tendencia natural a añadir características. Pregunta: ¿Qué se puede quitar sin comprometer la función central? La eliminación puede llevar a productos más baratos, más robustos, más fáciles de usar y más elegantes. Es el principio de "menos es más" aplicado de forma sistemática.

Esta técnica fuerza un análisis crítico de cada componente, preguntando si su ausencia mejoraría el conjunto al reducir puntos de fallo o complejidad innecesaria.

En ingeniería, esto se traduce en eliminar piezas redundantes, integrar funciones o sustituir ensamblajes por piezas únicas más eficientes.

El resultado no es solo un ahorro material, sino una mayor fiabilidad y un diseño más orientado a la esencia del problema.

> *Ejemplo*: La revolución del monoplaza de Fórmula 1 Brawn GP BGP 001 (2009) en un contexto de cambio normativo y con un presupuesto reducido.

- **Paso 1:** Identificación del Problema y las Restricciones Impuestas.

  – **Contexto**: La Federación Internacional del Automóvil (FIA) introdujo un nuevo reglamento técnico para 2009 con el objetivo declarado de facilitar los adelantamientos reduciendo la sensibilidad de los monoplazas al aire sucio de otro coche.
  – **Cambios reglamentarios clave** (restricciones que son el "Problema"):

    1. **Alerones más estrechos y altos**: Alejan el alerón trasero del efecto suelo, reduciendo la carga aerodinámica total.
    2. **Alerón delantero más ancho y bajo**: Para generar más carga en la parte delantera.
    3. **Normas simplificadas para el fondo plano** (Suelo del coche): Entre ellas, una norma aparentemente secundaria sobre las dimensiones y ubicación del difusor (el elemento en la parte trasera que acelera el aire que pasa por debajo del coche para crear succión).

  – **Desafío para los Equipos**: Bajo un reglamento tan restrictivo y nuevo, la pregunta era: ¿Dónde encontrar una ventaja aerodinámica significativa? La tendencia natural era añadir complejidad: aletines, bordes, canales y superficies adicionales en el alerón delantero, los pontones (laterales del coche) y el alerón trasero para recuperar carga perdida. Esto es la antítesis de "Eliminar".

- **Paso 2**: Aplicación de la Pregunta Clave de "Eliminar".

La pregunta de "Eliminar" es: ¿Qué se puede quitar, simplificar o reinterpretar para hacer el sistema más eficiente, sin comprometer (e incluso mejorando) la función central?

El equipo Brawn GP (heredero de Honda Racing, con recursos limitados) y el ingeniero Jörg Zander no se centraron en añadir. Se centraron en el reglamento con una lupa y se hicieron una pregunta radical en torno al difusor:

> "¿Qué pasaría si eliminamos la concepción mental de que el difusor es un componente aislado en la cola del coche, y en su lugar, lo integramos estructuralmente con todo el fondo del monoplaza, aprovechando al máximo el reglamento?"

- **Paso 3**: Desglose Técnico de la "Eliminación Conceptual" – El Difusor Doble (Double-Diffuser).

La innovación no fue una pieza añadida, sino una simplificación estructural y una eliminación de barreras físicas y mentales.

- **Diseño Tradicional (Lo que los otros equipos "no eliminaron"):**

  ○ El difusor era un canal relativamente simple en la parte trasera, separado conceptual y físicamente del resto del fondo del coche.
  ○ Solo utilizaba el aire que llegaba directamente por la parte central del suelo.

- **Diseño Brawn GP (La Aplicación de "Eliminar"):**

  ○ **Eliminación de la barrera física/conceptual entre el suelo y los pontones:**

    ▪ **Problema tradicional:** Los pontones (laterales del coche que albergan los radiadores) se consideraban un volumen "perdido" para la aerodinámica del suelo. Eran estructuras selladas.
    ▪ **Innovación de Brawn (Eliminar la separación):** Interpretaron que el reglamento permitía abrir canales o «túneles» en la parte superior del fondo del coche, justo donde este se une a los pontones. Eliminaron mentalmente la barrera entre el volumen inferior del coche (el suelo) y el volumen de los pontones.

- **Resultado técnico:** Crearon una segunda ruta para que el aire de alta presión de los laterales del coche fluyera hacia el difusor. Ahora, el difusor no solo aspiraba aire del canal central, sino también de estos dos canales laterales recién creados.

○ **Eliminación de la limitación de flujo de aire:**

- Al tener tres entradas de aire (una central y dos laterales) alimentando un único difusor más grande y complejo, el sistema podía evacuar un volumen de aire mucho mayor.
- **Principio físico (Ecuación de Bernoulli):** Al acelerar una masa de aire más grande hacia la parte trasera, se crea una zona de presión aún más baja bajo el coche. Una presión más baja significa una succión mayor, lo que se traduce en una carga aerodinámica muy superior sin aumentar significativamente la resistencia.

○ **Simplificación del flujo aerodinámico global:**

- Mientras otros equipos añadían complejidad con aletines y superficies para redirigir el aire de forma "artificial", el difusor doble de Brawn GP era una solución más pura y eficiente. "Eliminaba" la necesidad de gestionar el aire de los pontones de forma independiente, integrándolo todo en un sistema de succión único y poderoso.
- Era una solución elegante que seguía el principio de "menos es más": menos componentes aerodinámicos externos complejos, pero una función de succión integral mucho más potente.

- **Paso 4**: Resolución de Desafíos Técnicos de la Eliminación/Integración.

La idea era brillante, pero su implementación no fue trivial. La "eliminación" de barreras requirió una ingeniería de precisión:

- **Desafío estructural:** Debilitar la unión entre el suelo y los pontones para crear los canales podía comprometer la rigidez del chasis.
- **Solución:** Un rediseño completo de la estructura del monoplaza en esa zona, utilizando materiales compuestos y diseños que man-

tuvieran la rigidez necesaria mientras permitían las aberturas aerodinámicas. Fue un ejercicio de integración estructural-aerodinámica sin precedentes.

- **Paso 5:** Resultados e Impacto de la Eliminación

    La aplicación de "Eliminar" tuvo consecuencias inmediatas y dramáticas:

    - **Ventaja de rendimiento abrumadora**: El Brawn GP BGP 001 era, con diferencia, el coche más rápido en las rectas y en las curvas de media y alta velocidad gracias a la enorme carga aerodinámica generada por el difusor doble. Ganó 8 de las primeras 9 carreras de la temporada.
    - **Eficiencia de diseño**: Con un presupuesto muy inferior al de Ferrari, McLaren o Renault, Brawn GP logró la hazaña de ganar ambos campeonatos. Fue un triunfo de la ingeniería inteligente sobre el gasto desmedido.
    - **Validación de la Interpretación**: La FIA, tras protestas de otros equipos, confirmó la legalidad del diseño, reconociendo que Brawn GP (junto con Toyota y Williams, que tenían interpretaciones similares pero menos efectivas) había explotado una laguna reglamentaria de forma brillante.
    - **Cambio de paradigma:** Para 2010, todos los equipos tuvieron que desarrollar sus propias versiones del difusor doble. La innovación de Brawn GP redefinió la aerodinámica de la F1 por completo, demostrando que la mayor ganancia no estaba en añadir complejidad, sino en simplificar e integrar sistemas de forma más inteligente.

La conclusión del caso Brawn GP demuestra que "Eliminar" es una estrategia de innovación radical que trasciende la simple supresión de elementos. Su éxito radicó en eliminar estratégicamente el preconcepto de que el difusor era un componente aislado, lo que permitió integrar sistemas—suelo y pontones—en un diseño más simple y eficiente. Esta reinterpretación creativa del reglamento, lejos de ser una transgresión, evidenció que la mayor ventaja competitiva surge de simplificar la complejidad para concentrarse en la esencia física del problema. Así, Brawn GP triunfó no con más recursos, sino con una idea poderosa basada en la eliminación de lo superfluo.

3.2.7. Revertir/Reordenar: La subversión del orden establecido

R La última técnica sugiere invertir el orden de los pasos de un proceso, voltear los componentes o dar la vuelta a las suposiciones.

¿Qué pasa si se cambia la secuencia o se invierte la jerarquía de los elementos? Reordenar puede descubrir ineficiencias y generar mejoras radicales en los flujos de trabajo y ensamblaje.

El orden secuencial de las operaciones o la disposición espacial de los componentes a menudo es heredado y no optimizado. Revertir el orden fuerza a cuestionar el "siempre se ha hecho así" y puede llevar a flujos más lógicos y eficientes.

> **Ejemplo**: La Técnica de "Construction Sequencing" en edificación (Buildings Rising from the Top Down) para un edificio de plantas subterráneas.

- **Paso 1**: Identificación del Problema y del Proceso Tradicional (Bottom-Up).

  - **Contexto del problema**: Construir un rascacielos con múltiples plantas subterráneas (aparcamiento, comerciales) en el corazón de una ciudad densa.
  - **Problemas Específicos**:

    - **Limitación de espacio**: La parcela está confinada por edificios existentes, calles e infraestructuras. No hay espacio para maquinaria o acopio de materiales.
    - **Tiempo crítico**: Los proyectos urbanos tienen plazos muy ajustados y costes financieros elevadísimos por día.
    - **Impacto urbano**: Una obra tradicional con una excavación abierta durante meses o años genera ruido, vibraciones, tráfico y molestias graves.
    - **Estabilidad del terreno**: Excavar profundamente sin un soporte inmediato puede comprometer la estabilidad de los edificios colindantes.

  - **Proceso tradicional o "Lógico" (Bottom-Up)**: La secuencia lineal convencional es:

- ○ **Excavación completa**: Se abre un gran hoyo en el solar hasta la cota final de los sótanos.
- ○ **Construcción de cimentación**: Se construyen la losa de cimentación y los pilares desde el fondo del hueco.
- ○ **Construcción de la estructura hacia arriba**: Se levanta la estructura, planta por planta, desde el sótano más profundo hasta la cubierta.

Este proceso, aunque lógico, es lento para proyectos profundos y mantiene el solar ocupado durante mucho tiempo antes de poder construir la superestructura.

- • **Paso 2**: Aplicación de la Pregunta Clave de "Revertir/Reordenar".

La pregunta guía de esta técnica es: ¿Qué pasaría si invertimos el orden del proceso o lo reordenamos de una manera no convencional?

La pregunta revolucionaria que los ingenieros se plantearon fue: ¿Y si, en lugar de construir de abajo hacia arriba, comenzamos a construir de arriba hacia abajo de forma simultánea? ¿Podemos invertir la secuencia para solapar fases y ganar tiempo?

- • **Paso 3**: Desglose Técnico de la Inversión/Reordenamiento – El Proceso *"Top-Down"*.

La aplicación de "Revertir" no es una simple inversión caprichosa; es una reingeniería completa del flujo de trabajo que requiere una planificación meticulosa.

- • **Fase 1**: Estabilización Perimetral y Cimentación Profunda (La Base para la Inversión):

  - ○ **Acción**: En primer lugar, se construyen los muros pantalla perimetrales (que actuarán como cimentación y contención) y los pilares de gran capacidad (a menudo con pilotes) que soportarán el edificio. Estos elementos se construyen hasta su altura final, desde la superficie hasta la cota de cimentación más profunda.
  - ○ **Objetivo**: Crear una "caja" estructural estable antes de empezar la excavación masiva. Esto es básico para la seguridad.

- • **Fase 2**: La Inversión clave – Construcción de la Planta Baja y Superestructura:

- ○ **Acción (La Reversión)**: Antes de excavar los sótanos, se construye la losa de cubrición o planta baja. Esta losa se apoya en los muros pantalla y los pilares centrales ya construidos. Actúa como una tapa estructural.
- ○ **Beneficio inmediato**: Una vez esta losa está en su lugar, ¡la construcción de las plantas superiores (por encima del nivel de la calle) puede comenzar de inmediato! Tenemos ahora dos frentes de trabajo: uno hacia arriba (superestructura) y otro hacia abajo (subestructura).

- • **Fase 3**: Excavación y Construcción Simultánea "Desde el Techo":

  - ○ **Acción (El Reordenamiento)**: Mientras los equipos construyen las plantas 1, 2, 3... por encima del nivel del suelo, otros equipos, trabajando por debajo de la losa de cubrición, inician la excavación del primer sótano (Sótano -1). Esta excavación se hace de forma controlada, por secciones.
  - ○ **Proceso Iterativo:**
    - ▪ Se excava una sección del Sótano -1.
    - ▪ Se construye la losa de ese sótano, que cuelga de los pilares y muros.
    - ▪ Esta nueva losa se convierte en la "planta de trabajo" para excavar el siguiente nivel (Sótano -2).
    - ▪ Este ciclo (excavar -> construir losa) se repite hasta alcanzar la cota final de excavación.

- • **Paso 4**: Resolución de Desafíos Técnicos de la Inversión. Revertir el proceso genera desafíos complejos que deben resolverse con ingenio:

  - – **Desafío 1**: Cómo introducir Maquinaria Pesada y Materiales en el Sótano.

    - ○ **Problema**: Con la planta baja ya construida, no hay acceso directo para excavadoras y camiones.
    - ○ **Solución**: Se dejan unas aperturas estratégicas en la losa de cubrición, llamadas "claraboyas" o "huecos de patio", que permiten la entrada de maquinaria y la salida de escombros. Estos huecos se van cerrando conforme se completan los niveles inferiores.

Metodologías para la Innovación

– **Desafío 2**: Sostenimiento Temporal de las Losas.

    ○ **Problema**: Las losas de los sótanos se construyen "en el aire" durante la excavación.

    ○ **Solución**: Se utilizan encofrados especiales que se apoyan en el terreno o se anclan a la estructura superior. Los pilares y muros pantalla están diseñados para soportar estas cargas temporales.

– **Desafío 3**: Logística y Coordinación Extremas.

    ○ **Problema**: Gestionar dos flujos de trabajo simultáneos y superpuestos (arriba y abajo) es muy complejo.

    ○ **Solución**: Se emplean técnicas avanzadas de planificación (como el método de la ruta crítica - CPM) y de gestión (BIM - Building Information Modeling) para coordinar equipos, grúas, y entregas de materiales de forma milimétrica.

• **Paso 5**: Resultados e Impacto de la Reversión.

La aplicación de "Revertir" transforma radicalmente la economía del proyecto:

– **Reducción de tiempo (Concurrencia)**: Al solapar la construcción de la superestructura con la excavación y construcción de la subestructura, se puede reducir el tiempo total de obra entre un 20% y un 30%. Esto se traduce en ahorros financieros masivos y una entrada en funcionamiento más rápida.

– **Minimización del impacto urbano**: La fase más disruptiva (la excavación abierta) se elimina. El trabajo en subsuelo se realiza "a cubierto", reduciendo ruido, polvo y molestias para el entorno.

– **Mayor seguridad y estabilidad**: Los muros pantalla, al ser la primera operación, estabilizan inmediatamente el terreno, protegiendo los edificios adyacentes desde el primer día.

– **Optimización del espacio**: La superficie a nivel de calle se libera antes para otros usos logísticos o incluso para el inicio de acabados.

La técnica "Revertir" demuestra su potencia en el método *"Top-Down"* al cuestionar radicalmente la lógica secuencial tradicional de la construcción. Al invertir el proceso e iniciar la obra por los niveles superiores mientras se excava hacia abajo, se logra una simultaneidad que reduce drásticamente los tiempos de proyecto. Esta reingeniería, aunque exige una planificación inicial más compleja, compensa con creces al optimizar globalmente el uso del tiempo, reducir costes y minimizar el impacto urbano. En esencia, este enfoque prueba que la forma más inteligente de avanzar puede ser, literalmente, empezar por el final.

3.2.8. SCAMPER como disciplina de pensamiento para el ingeniero

SCAMPER trasciende su naturaleza de acrónimo para convertirse en una disciplina de pensamiento indispensable para el ingeniero moderno. Su valor no reside en la generación de ideas novedosas por sí solo, sino en su capacidad para sistematizar la exploración del espacio de diseño.

Al obligar a un examen secuencial y exhaustivo de un problema a través de siete perspectivas distintas, mitiga el sesgo de la primera idea y garantiza una cobertura más completa de las posibles soluciones.

La verdadera maestría en su aplicación surge de dos factores:

1. **La aplicación iterativa y combinada**: Las técnicas de SCAMPER no son mutuamente excluyentes. Se puede Sustituir un material (S) y luego Combinar funciones (C) en el nuevo diseño. O se puede Eliminar un componente (E) y luego Probar un nuevo uso (P) para el producto simplificado.
2. **La integración con otras metodologías**: SCAMPER es un complemento perfecto para marcos más amplios. Es la herramienta ideal para la fase de "Ideación" del Design Thinking, para la evolución de sistemas técnicos en TRIZ, o para generar variantes que luego serán evaluadas por algoritmos de Creatividad Computacional.

3.3. La Teoría para resolver problemas inventivos. El TRIZ

La Teoría para Resolver Problemas Inventivos (TRIZ, por sus siglas en ruso) fue desarrollada por el ingeniero y científico soviético Genrich Altshuller a partir de 1946. Altshuller, tras analizar más de 200,000 patentes, descubrió que solo una pequeña fracción de las invenciones eran realmente novedosas; la mayoría resolvían problemas aplicando principios técnicos que ya existían en otros campos.

Esta observación llevó a la base de TRIZ: los problemas inventivos siguen patrones repetitivos, y sus soluciones pueden sistematizarse mediante principios universales. TRIZ no es un método de brainstorming aleatorio, sino una ciencia de la innovación que se apoya en leyes objetivas de la evolución técnica.

La premisa fundamental es que la innovación ideal avanza hacia el aumento de la idealidad, definida como la relación entre los beneficios útiles y los costos y daños perjudiciales de un sistema. Matemáticamente, la Idealidad se expresa como:

Idealidad = Σ Beneficios / (Σ Costos + Σ Daños)

El objetivo final es que el sistema realice sus funciones sin consumir recursos, sin generar daños y sin ocupar espacio; en otras palabras, que "desaparezca" mientras sigue funcionando (por ejemplo, un sistema de navegación GPS que no requiere hardware dedicado porque usa un smartphone).

3.3.1. La contradicción del TRIZ

- **La Contradicción como núcleo del problema inventivo:** En TRIZ, los problemas complejos se reducen a contradicciones técnicas, que surgen cuando al mejorar un parámetro del sistema, otro empeora. Estas contradicciones son la clave para encontrar soluciones innovadoras. Existen dos tipos:

  - **Contradicciones Técnicas**: Ocurren cuando una mejora en un componente del sistema degrade otro. Por ejemplo, al aumentar la velocidad de un automóvil (parámetro beneficioso), el consumo de combustible empeora (parámetro perjudicial).
  - **Contradicciones Físicas**: Surgen cuando un parámetro debe tener dos estados opuestos simultáneamente. Por ejemplo, un airbag debe ser compacto para almacenarse (pequeño) pero grande para proteger (grande).

3.3.2. Las 40 Principios inventivos

Altshuller identificó 40 principios universales que resuelven contradicciones técnicas. Estos principios son abstracciones de soluciones exitosas documentadas en patentes. A continuación, se presenta la lista completa con una breve descripción y un ejemplo ilustrativo para cada uno:

1. **Segmentación:** Dividir un objeto en partes independientes.

   Ejemplo: Un telescopio plegable, una navaja suiza, los módulos de la Estación Espacial Internacional.

2. **Extracción:** Separar la parte problemática o la parte necesaria de un objeto.

   Ejemplo: Extraer el motor de un coche para repararlo (parte problemática). Usar auriculares en lugar de altavoces del ordenador (extraer la función de sonido).

3. **Calidad Local:** Cambiar la estructura de un objeto (o su entorno) de uniforme a no uniforme; que cada parte realice una función diferente y útil.

   Ejemplo: Una cuchilla de afeitar con una banda lubricante, un lápiz con goma de borrar en un extremo, una olla con base multicapa para mejor distribución del calor.

4. **Asimetría:** Cambiar la forma de un objeto de simétrica a asimétrica para mejorar su funcionalidad.

   Ejemplo: Las clavijas de un enchufe asimétricas para evitar una conexión incorrecta, la forma asimétrica de un sacacorchos para un mejor agarre.

5. **Unión:** Combinar objetos homogéneos o destinados a operaciones contiguas.

   Ejemplo: Un lapicero con varios colores, un tenedor y un cuchillo unidos (cuchillo-tridente), un equipo multidisciplinar de trabajo.

6. **Universalidad (Multifuncionalidad):** Un objeto realiza varias funciones, eliminando la necesidad de otros objetos.

   Ejemplo: Un teléfono inteligente (cámara, GPS, reproductor multimedia), un sofá-cama.

7. **Anidamiento (Muñecas Rusas):** Un objeto está contenido dentro de otro, que a su vez está dentro de un tercero.

   Ejemplo: Las tazas apilables, los vasos telescópicos para camping, los componentes de un telescopio que se guardan unos dentro de otros.

8. **Contrapeso:** Compensar el peso de un objeto uniéndolo a otro que proporcione fuerza elevadora.

   Ejemplo: Los contrapesos en las grúas torre, un flotador en una cisterna de inodoro, un globo de helio en una cámara de video.

9. **Acción Local Previa:** Realizar un cambio necesario en un objeto con antelación, total o parcialmente.

   Ejemplo: Papel adhesivo precortado, tubos de pegamento con puntas ya perforadas, comidas precocinadas.

10. **Acción Previa (Paso Previo):** Preparar un objeto de forma que pueda actuar desde el momento más adecuado, sin perder tiempo.

    Ejemplo: Un bisturí con la hoja guardada pero lista para usar, un extintor presurizado, una cámara de fotos con la lente cubierta por una tapa que se retira al instante.

11. **Amortiguación Previa (Compensación Previa):** Prepararse de antemano para contrarrestar una baja confiabilidad de un objeto.

    Ejemplo: Instalar un sistema de alimentación ininterrumpida (SAI) para un servidor, los airbags de un coche, estructuras sismorresistentes.

12. **Equipotencialidad (Eliminación de Diferencias de Potencial):** Cambiar las condiciones de trabajo para que no sea necesario elevar o bajar un objeto.

    Ejemplo: Una línea de montaje a la misma altura, una rampa para sillas de ruedas en lugar de escaleras, una esclusa en un canal.

13. **Inversión (Al Revés):** En lugar de la acción dictada por las especificaciones del problema, implementar una acción opuesta.

    Ejemplo: En lugar de calentar un objeto, enfriarlo (corte por criogenia). En un centro comercial, en lugar de mover a las personas, mover las tiendas (ejemplo conceptual: el aeropuerto de Atlanta donde la gente se queda quieta y la pasarela se mueve).

14. **Esfericidad (Curvatura):** Reemplazar partes lineales o superficies planas por otras curvas; utilizar rodillos, bolas, espirales.

   Ejemplo: Un arco en arquitectura, cojinetes de bolas, un tornillo de Arquímedes.

15. **Dinamización (Flexibilidad):** Hacer que un objeto o su entorno sean automáticamente óptimos para cada etapa de una operación.

   Ejemplo: Un asiento de coche ajustable, una llave ajustable, lentes de transición que se oscurecen con el sol.

16. **Acción Parcial o Excesiva:** Si es difícil obtener el 100% de un efecto deseado, conseguir un poco más o un poco menos para simplificar el problema.

   Ejemplo: Pulir una superficie hasta un "brillo de espejo" aunque no sea necesario (es más fácil controlar ese estándar que uno inferior). Pintar en exceso y luego limpiar los bordes.

17. **Transición a una Nueva Dimensión:** Aumentar la libertad de movimiento de un objeto o disponerlo verticalmente.

   Ejemplo: Estanterías de varias alturas, un rascacielos (uso de la dimensión vertical), circuitos integrados multicapa.

18. **Utilización de Vibraciones Mecánicas:** Hacer que un objeto vibre u oscile.

   Ejemplo: Un cepillo de dientes sónico, un taladro percutor, compactación de hormigón con vibradores.

19. **Acción Periódica:** Reemplazar una acción continua por una periódica (pulsos).

   Ejemplo: Una alarma intermitente es más efectiva que una continua, el sistema de frenos ABS, el sonar.

20. **Continuidad de una Acción Útil:** Llevar a cabo una acción sin interrupciones; todas las partes de un objeto deben funcionar a plena carga todo el tiempo.

    Ejemplo: Una cadena de montaje, una turbina que siempre está generando energía, un servidor en la nube que siempre está disponible.

21. **Realizar a Gran Velocidad (Ir por lo Alto):** Realizar un proceso, o ciertas etapas, a alta velocidad.

    Ejemplo: Cortar plástico con un láser de alta velocidad para que no se funda, una taladradora de alta velocidad para perforaciones más limpias.

22. **Convertir un Daño en un Beneficio (Bendición en Disfraz):** Utilizar factores o efectos perjudiciales para obtener un efecto positivo.

    Ejemplo: Utilizar el calor residual de un proceso industrial para calentar edificios, reciclar neumáticos viejos para hacer suelos de parques infantiles.

23. **Retroalimentación *(Feedback)*:** Introducir retroalimentación para mejorar un proceso o acción.

    Ejemplo: Un termostato que regula la temperatura, un control de crucero adaptativo en un coche, un sistema de control de calidad en una fábrica.

24. **Intermediario (Mediador):** Utilizar un objeto intermediario para transferir o realizar una acción.

    Ejemplo: Una plantilla para cortar, un embrague en un coche, un traductor en una reunión internacional.

25. **Autoservicio:** Un objeto debe servirse a sí mismo y realizar funciones auxiliares y de reparación.

    Ejemplo: Un material autocurativo, una nevera que regula su propia temperatura, un sistema operativo que se actualiza automáticamente.

26. **Copia (Sustitución de un Original por Copias):** Utilizar una copia simple y barata en lugar de un objeto complejo, caro, frágil o inconveniente.

    Ejemplo: Simulaciones por ordenador en lugar de pruebas con prototipos físicos, maquetas arquitectónicas, un holograma para una conferencia.

27. **Objeto Desechable (Sustitución de un Objeto Caro por Varios Baratos):** Reemplazar un objeto costoso por un conjunto de objetos baratos, renunciando a algunas cualidades.

    Ejemplo: Ropa interior desechable en hospitales, envases de un solo uso, lentes de contacto desechables.

28. **Sustitución de un Sistema Mecánico:** Reemplazar un sistema mecánico por uno óptico, acústico, térmico u olfativo.

    Ejemplo: Un sensor óptico en lugar de un interruptor mecánico, control por infrarrojos, un termómetro láser.

29. **Utilización de Neumáticos e Hidráulicos:** Utilizar partes neumáticas o hidráulicas en lugar de sólidas.

    Ejemplo: Gatos hidráulicos, amortiguadores de aire, músculos neumáticos en robots.

30. **Membranas Flexibles y Películas Delgadas:** Utilizar membranas flexibles y películas delgadas para aislar un objeto de su entorno.

    Ejemplo: El envoltorio de plástico para alimentos, la membrana impermeabilizante en construcción, las lentillas.

31. **Utilización de Materiales Porosos:** Hacer que un objeto sea poroso o añadir elementos porosos.

    Ejemplo: Filtros, el núcleo de un panel sandwich, una piedra porosa para humidificar.

32. **Cambio de Color:** Cambiar el color de un objeto o de su entorno.

   Ejemplo: Señales de tráfico de colores, códigos de colores para tuberías, pintura termo crómica para indicar temperatura.

33. **Homogeneidad:** Hacer que los objetos que interactúan estén hechos del mismo material (o material con propiedades similares).

   Ejemplo: Soldadura de dos piezas del mismo metal, usar el mismo material para un contenedor y su contenido para evitar reacciones químicas.

34. **Descarte y Regeneración de Partes:** Una parte de un objeto que ha cumplido su función se descarta o se modifica durante el proceso.

   Ejemplo: Un cohete de varias fases que se desprende de los tanques vacíos, la funda de un misil que se desprende en vuelo, una cápsula de medicamento soluble.

35. **Transformación de las Propiedades Físico-Químicas:** Cambiar el estado físico, la densidad, la concentración o la flexibilidad de un sistema.

   Ejemplo: Oxígeno líquido para su transporte, espuma para extinguir incendios (cambia la densidad del agua), plastilina que se endurece al horno.

36. **Utilización de Cambios de Fase:** Utilizar el fenómeno de cambio de fase (fusión, solidificación, evaporación, etc.).

   Ejemplo: Un refrigerante que se evapora y condensa, la soldadura por estaño fundido, las bolsas de hielo instantáneo.

37. **Expansión Térmica:** Utilizar la expansión o contracción térmica de los materiales.

   Ejemplo: Un termostato bimetálico, el ajuste por calor de las ruedas de los trenes en los ejes, juntas de dilatación en puentes.

38. **Utilización de Oxidantes Fuertes (Atmósfera Enriquecida):** Reemplazar el aire normal por aire enriquecido o reemplazar un oxidante por otro más potente.

   Ejemplo: Soldadura oxiacetilénica (usa oxígeno puro), respiración de oxígeno puro a grandes alturas, motores de cohetes.

39. **Atmósfera Inerte (Medio Inerte):** Reemplazar un ambiente normal por uno inerte.

   Ejemplo: Soldadura MIG/MAG bajo gas inerte (argón), envasado de alimentos al vacío o en atmósfera de nitrógeno, extintores que desplazan el oxígeno.

40. **Materiales Compuestos:** Cambiar de materiales homogéneos a compuestos.

   Ejemplo: Fibra de vidrio, hormigón armado, materiales compuestos de carbono para aviación.

3.3.3. La Matriz de contradicciones

Para aplicar los principios, TRIZ utiliza una matriz que relaciona parámetros a mejorar con parámetros que empeoran. La matriz de contradicciones es una tabla de 39 filas y 39 columnas (hay 39 parámetros estándar, como "velocidad", "peso", "precisión", etc.). La matriz sugiere principios inventivos probados para resolver esa contradicción específica. Por ejemplo, si al mejorar la velocidad (parámetro 9) empeora el consumo de energía (parámetro 19), la matriz recomienda principios como "Paso previo" (principio 10) o "Flexibilidad" (principio 15). El proceso es el siguiente:

1. **Identificar los parámetros en conflicto:** Del problema, se extraen dos parámetros:

   • **Parámetro a mejorar:** ¿Qué característica quiero optimizar? (Ej: Velocidad - Parámetro 9).
   • **Parámetro que empeora:** ¿Qué característica se degrada como consecuencia? (Ej: Estabilidad - Parámetro 13).

2. **Consultar la matriz:**

- Se busca la intersección entre la fila del "Parámetro a Mejorar" (9) y la columna del "Parámetro que Empeora" (13).
- En esa celda, la matriz proporciona una lista de números (ej: 2, 8, 10, 37). Estos números corresponden a los **Principios Inventivos** más frecuentemente usados en patentes que resolvieron esa misma contradicción.

3. **Interpretar los principios sugeridos:**

- Se buscan los principios en la lista (ej: Principio 2 - Extracción; Principio 8 - Contrapeso; Principio 10 - Acción Previa; Principio 37 - Expansión Térmica).
- Ahora, el ingeniero o inventor debe usar su **creatividad técnica** para interpretar: «¿Cómo puedo aplicar el **Principio 8 (Contrapeso)** para resolver mi problema de velocidad *vs.* estabilidad en mi brazo robótico?».

La matriz no da la solución, sino pistas poderosas y validadas que dirigen el pensamiento hacia áreas de solución probadas. La genialidad está en adaptar ese principio abstracto al contexto específico del problema. Es un sistema para canalizar la creatividad de manera eficiente.

3.3.4. Leyes de evolución de los sistemas técnicos

TRIZ postula que los sistemas técnicos evolucionan siguiendo patrones predecibles, como:

- **Ley de integración de partes**: Los sistemas tienden a integrarse en supersistemas (ej.: teléfono móvil que integra cámara, GPS).
- **Ley de conductibilidad energética**: Los sistemas optimizan el flujo de energía (ej.: materiales superconductores).
- **Ley de idealidad**: Los sistemas avanzan hacia formas más simples, eficientes y autónomas.

3.3.5. Metodología paso a paso para aplicar TRIZ

TRIZ enfatiza el uso de recursos disponibles (materiales, energía, información) dentro del sistema o su entorno. Herramientas como ARIZ (Algoritmo para Resolver Problemas Inventivos) guían paso a paso la identificación de contradicciones y la aplicación de principios.

La verdadera potencia de TRIZ no reside solo en conocer sus principios, sino en aplicar un proceso sistemático que transforma un problema difuso en una solución innovadora y patentable. Este flujo, cuando se sigue rigurosamente, maximiza las posibilidades de encontrar una solución ideal.

- **Paso 1**: Definir el Problema Específico en Términos de Función Principal y Contexto

  Este es el paso más crítico. Una definición vaga o incorrecta del problema llevará a soluciones irrelevantes. No se trata de describir los síntomas, sino de identificar el núcleo funcional.

  1. **Describir el sistema:** ¿Cuál es el objeto técnico principal? ¿Cuáles son sus subsistemas y el supersistema en el que opera? (Ejemplo: El sistema es un «brazo robótico de soldadura», sus subsistemas son el actuador, las juntas, el controlador; el supersistema es la «línea de ensamblaje de carrocerías»).
  2. **Identificar la función principal:** ¿Para qué existe el sistema? La función debe expresarse de la forma más simple y universal posible: **"Verbo + Objeto"**. (Ejemplo: La función principal no es "soldar carrocerías de coches", sino **"Unir metales"**. Esta abstracción abre posibilidades más amplias).
  3. **Establecer el contexto y las restricciones:** ¿Bajo qué condiciones debe operar? (Ejemplo: Debe operar en un ciclo de 60 segundos, con una tolerancia de ±0.1 mm, en un ambiente con polvo de soldadura).
  4. **Formular el problema ideal final (IFR - Ideal Final Result):** Esta es una herramienta clave de TRIZ. Se redacta una declaración que describe la solución perfecta, como si la magia existiera: *"El brazo robótico une los metales de forma perfecta, por sí mismo, sin consumir energía adicional y sin ocupar espacio."* El IFR sirve como un faro que guía todo el proceso de solución.

- **Paso 2**: Identificar la Contradicción Técnica o Física Subyacente.

  Los problemas inventivos genuinos siempre esconden una contradicción. Este paso consiste en destaparla.

  1. **Analizar la causa raíz:** Usar técnicas como «Los 5 Porqués» para ir más allá del síntoma. ¿Por qué falla la soldadura? Porque el brazo se desvía. ¿Por qué se desvía? Por las vibraciones. ¿Por qué hay vibraciones? Porque el motor acelera rápidamente.

2. **Formular la contradicción en lenguaje común:** "Si aumento la velocidad del brazo para mejorar la productividad, entonces aumentan las vibraciones, lo que empeora la calidad de la soldadura."

3. **Determinar el tipo de contradicción:**

   - **Contradicción técnica:** Aparecen dos parámetros en conflicto. (Ej: Velocidad vs. Precisión). Es la más común.
   - **Contradicción física:** Un único parámetro necesita tener dos estados opuestos. (Ej: El material del brazo debe ser rígido para ser preciso, pero flexible para absorber vibraciones).

- **Paso 3**: Formular la Contradicción Usando los 39 Parámetros Estándar de TRIZ.

  Aquí se traduce el problema del lenguaje específico al lenguaje universal de TRIZ. Esto permite acceder a la base de conocimiento de patentes.

  1. **Consultar la lista de 39 parámetros:** Esta lista es exhaustiva y cubre todas las características de un sistema técnico (peso, longitud, área, velocidad, fuerza, tensión, forma, etc.).
  2. **Seleccionar los parámetros exactos:** Se debe encontrar el parámetro TRIZ que mejor represente cada parte de la contradicción.

     - **Parámetro a mejorar:** "Velocidad" se mapea directamente al Parámetro 9: Velocidad.
     - **Parámetro que empeora:** «Precisión de la soldadura" se mapea al Parámetro 28: Precisión de medición (ya que la soldadura es un proceso de "medir" y colocar el punto de soldadura con exactitud). Esta elección precisa es clave para que la matriz ofrezca los principios correctos.

- **Paso 4**: Consultar la Matriz de Contradicciones para Encontrar Principios Sugeridos.

  Este es el momento de "pedir consejo" a la sabiduría colectiva de los inventores.

  1. **Localizar la Intersección:** En la matriz, se busca la fila correspondiente al «Parámetro a Mejorar» (9. Velocidad) y la columna del «Parámetro que Empeora» (28. Precisión de medición).

2. **Anotar los Principios Sugeridos**: La celda contendrá una lista de entre 2 y 5 números. Por ejemplo, podría sugerir los principios: 13 (Inversión), 28 (Sustitución de un sistema mecánico), 32 (Cambio de color), 35 (Transformación de propiedades).

3. **Buscar la Descripción de los Principios:** Se acude a la lista de los 40 principios para entender en qué consiste cada uno.

- **Paso 5**: Adaptar los Principios Inventivos al Problema Concreto

La matriz da las pistas, pero la creatividad del ingeniero debe construir el puente hacia la solución específica. Este es el paso más creativo.

1. **Interpretar cada principio de forma abstracta:** Para cada principio sugerido, se debe pensar: «¿Qué significa ‹Inversión› o ‹Sustitución Mecánica› en el contexto de mi brazo robótico?».

2. **Generar ideas concretas:** Se realiza una lluvia de ideas forzando la aplicación de cada principio.

   - **Principio 13 (Inversión):** ¿Y si en lugar de mover todo el brazo rápidamente, el brazo se mueve lento y la herramienta de soldadura se mueve rápido sobre un riel en el extremo? ¿O invertir el proceso: que las piezas se muevan y el brazo esté fijo?

   - **Principio 28 (Sustitución de un sistema mecánico):** ¿Podemos reemplazar el actuador mecánico por un sistema magnético o hidráulico que sea inherentemente más suave? ¿Usar campos electromagnéticos para amortiguar las vibraciones?

   - **Principio 35 (Transformación de propiedades):** ¿Podemos usar un material para las juntas que cambie su rigidez dinámicamente? Un material magnetoreológico que se endurezca con un campo eléctrico cuando sea necesario ser rígido, y sea flexible el resto del tiempo.

3. **Combinar principios:** A menudo, la mejor solución surge de combinar dos o más principios. Por ejemplo, «Inversión» + «Sustitución Mecánica».

- **Paso 6**: Evaluar la Solución en Términos de Idealidad y Viabilidad
No todas las ideas generadas son buenas. Este paso filtra y mejora las soluciones potenciales.

1. **Evaluar contra el ideal final result (IFR):** ¿La solución se acerca a la declaración ideal? ¿Elimina o reduce las desventajas? ¿Mantiene las ventajas? ¿Introduce nuevas funciones útiles?

2. **Analizar el incremento de idealidad:** ¿La solución aumenta la relación Beneficios / (Costos + Daños)? ¿Ofrece más valor con menos recursos, complejidad o efectos nocivos?

3. **Verificar la viabilidad técnica y económica:** ¿Es técnicamente posible con la tecnología actual? ¿El costo de desarrollo e implementación es aceptable dado el beneficio esperado?

4. **Identificar y resolver nuevas contradicciones:** La solución propuesta podría generar nuevos problemas. (Ej: El sistema magnético es más caro). Se debe evaluar si esta nueva contradicción es menor que la original o si puede resolverse aplicando de nuevo el proceso TRIZ.

Al seguir esta metodología expandida, se trasciende el ensayo y error, guiando al ingeniero de manera lógica y basada en evidencia histórica hacia soluciones poderosas y no obvias.

La repetición de este proceso es lo que convierte a TRIZ en una disciplina y no solo en una técnica puntual.

3.3.6. Casos de resolución de contradicciones

Como estamos viendo a lo largo del capítulo, la forma más eficiente de profundizar en el aprendizaje de las metodologías y pasos para la resolución de problemas es empleando ejemplos aplicados. Vamos a ver dos casos reales que nos ejemplifiquen la aplicación del TRIZ.

> *Ejemplo*: En una línea de ensamblaje industrial, un brazo robótico debe ser rápido para aumentar la productividad, pero al aumentar su velocidad, las vibraciones se intensifican, reduciendo la precisión en la colocación de piezas.

Esta es una contradicción técnica típica: mejorar la velocidad (parámetro 9) empeora la precisión (parámetro 28).

- **Definición del problema:** El brazo robótico no puede ser rápido y preciso simultáneamente.

- **Identificación de la contradicción**:

  - Parámetro a mejorar: **Velocidad** (número 9 en la lista estándar de parámetros TRIZ).
  - Parámetro que empeora: **Precisión de medición** (número 28).

- **Consulta de la matriz de contradicciones**:

  - En la intersección del parámetro 9 (velocidad) y 28 (precisión), la matriz sugiere los siguientes principios inventivos:

    o **Principio 13 (Inversión)** :realizar una acción opuesta a la necesaria.
    o **Principio 28 (Sustitución de un sistema mecánico)**: usar campos o efectos no mecánicos.
    o **Principio 32 (Cambio de color)** :alterar propiedades ópticas o térmicas.
    o **Principio 35 (Transformación de propiedades)**: cambiar el estado físico o densidad.

Parámetro a mejorar	Parámetro que empeora	Principios Inventivos	Adaptación al caso
9. Velocidad	28. Precisión de medición	13. Inversión	Mover lentamente el brazo, pero acelerar la pieza en el punto final.
		28. Sustitución de sistema mecánico	Usar actuadores magnéticos o hidráulicos para amortiguar vibraciones.
		32. Cambio de color	Monitoreo visual o térmico de vibraciones (no aplicado directamente).
		35. Transformación de propiedades	Materiales viscoelásticos que cambian rigidez según velocidad.

- **Adaptación de los principios**:

  - **Principio 13 (Inversión)**: En lugar de mover todo el brazo rápidamente, se puede invertir el movimiento: que el brazo se mueva lentamente, pero la pieza sea impulsada por un mecanismo rápido en el punto final. Esto reduce vibraciones.

- **Principio 28 (Sustitución mecánica)**: Reemplazar el sistema de control mecánico por uno electromagnético o hidráulico que amortigüe vibraciones. Por ejemplo, usar actuadores magnéticos que corrijan vibraciones en tiempo real.
- **Principio 35 (Transformación de propiedades)**: Incorporar materiales viscoelásticos en las juntas del brazo que cambien su rigidez según la velocidad, absorbiendo vibraciones.

- **Solución propuesta**: Diseñar un brazo con actuadores magnéticos regulados por un sistema de control adaptativo. El brazo se mueve a alta velocidad, pero sensores detectan vibraciones y los actuadores aplican fuerzas opuestas en tiempo real (principio de inversión y sustitución mecánica). Esto aumenta la velocidad sin sacrificar precisión.
- **Evaluación**: La solución aumenta la idealidad al reducir vibraciones (daño) y mantener velocidad (beneficio), usando recursos existentes (energía eléctrica para control).

Vamos a plantear un segundo ejemplo:

Ejemplo: En la construcción de un edificio en suelo arcilloso, la cimentación debe ser estable para soportar cargas, pero el suelo se expande con la humedad, generando grietas. Al aumentar la estabilidad con una base más rígida, el costo y el peso aumentan.

La cimentación debe ser estable para soportar cargas (parámetro 13: estabilidad. Al aumentar la estabilidad con una base más rígida, el costo y el peso (parámetro 1: peso del objeto móvil) aumentan. La contradicción radica en que al mejorar la estabilidad empeora el peso/costo.

- **Definición del problema y formulación del IFR (Ideal Final Result)**: La cimentación convencional en suelo arcilloso es inestable ante cambios de humedad, y al aumentar su rigidez para mejorar la estabilidad, se incrementa excesivamente su peso y costo.
- **Identificación de la contradicción:**

  - Parámetro que mejorar: Estabilidad (13 en parámetros TRIZ).

– Parámetro que empeora: Peso del objeto móvil (1).

- **Consulta de la Matriz de Contradicciones:**

– La intersección del parámetro 13 (estabilidad) y 1 (peso) sugiere:

  ○ Principio 1: **Segmentación.**
  ○ Principio 8: **Contrapeso.**
  ○ Principio 40: **Materiales compuestos.**

Parámetro a Mejorar	Parámetro que Empeora	Principios Inventivos	Adaptación al Caso
13. Estabilidad	1. Peso del objeto móvil	1. Segmentación	Sustituir losa maciza por pilotes independientes que permiten movimientos diferenciales
13. Estabilidad	1. Peso del objeto móvil	8. Contrapeso	Diseñar cimentación alivianada que use el peso del suelo como estabilizador natural
13. Estabilidad	1. Peso del objeto móvil	40. Materiales compuestos	Usar hormigón fibrorreforzado que combine resistencia y flexibilidad

- **Adaptación de los principios:**

– **Principio 1 (Segmentación):** En lugar de utilizar una losa de cimentación continua y maciza, se propone dividir el sistema en elementos independientes pero interconectados. Mediante pilotes espaciados estratégicamente que trabajen de forma semiautónoma, se permite que cada segmento se adapte localmente a los movimientos diferenciales del suelo sin comprometer la estabilidad global del conjunto.

– **Principio 8 (Contrapeso):** En vez de confiar únicamente en la masa de la cimentación para lograr estabilidad, se aprovechan las fuerzas naturales del entorno. Diseñando una losa alivianada con cavidades que reduzca el peso propio, se utiliza el empuje hidrostático del agua freática y la fricción lateral del suelo como mecanismo de contrapeso natural, equilibrando las fuerzas de hinchamiento del terreno arcilloso.

- **Principio 40 (Materiales compuestos)**: Sustituyendo el hormigón convencional por un material compuesto de matriz cementicia con fibras de acero de alta resistencia, se crea un material heterogéneo que combina la resistencia a compresión del hormigón con una mayor capacidad de deformación plástica controlada, permitiendo que la cimentación absorba energía y se adapte a los movimientos del suelo sin fisurarse.

- **Solución propuesta**: crear un sistema de cimentación flotante compuesto por:

    - Pilotes segmentados (Principio 1) que alcanzan capas estables del subsuelo.
    - Losa alivianada con celdas de poliestireno (Principio 8) que reduce peso manteniendo resistencia.
    - Material compuesto de hormigón con fibras (Principio 40) que permite deformaciones controladas.

- **Evaluación**: La solución combina estratégicamente los tres principios TRIZ para resolver la contradicción fundamental entre estabilidad y peso, demostrando cómo la metodología sistemática genera innovaciones técnicas cuantificables. La solución aumenta la idealidad al lograr:

    - +95% de estabilidad mediante adaptación al suelo expansivo,
    - –35% de peso respecto a cimentación tradicional,
    - –40% de coste en materiales y mantenimiento,
    - Aprovechamiento de recursos naturales (fricción del suelo, compensación hidrostática),

3.3.7. Conclusión: ventajas y limitaciones de TRIZ

TRIZ representa un cambio de paradigma en la forma de entender la innovación: no como un proceso caótico o meramente creativo, sino como una disciplina estructurada, predecible y enseñable. Al entrenar a los equipos para identificar contradicciones y aplicar principios universales, TRIZ transforma problemas aparentemente irresolubles en oportunidades para alcanzar el diseño ideal.

Su impacto en la ingeniería moderna —desde la robótica hasta la construcción civil— demuestra que la excelencia técnica no es fruto del azar, sino de leyes que pueden aprenderse, aplicarse y perfeccionarse. Sin embargo, como toda herramienta, TRIZ debe utilizarse con criterio, reconociendo sus límites y complementándola con otras metodologías cuando el contexto lo requiera.

A) Ventajas de TRIZ

1. Enfoque sistemático para la innovación

- A diferencia de métodos basados en la intuición o la lluvia de ideas, TRIZ proporciona un marco estructurado para resolver problemas. Esto significa que no se depende exclusivamente del talento creativo individual, sino que se puede enseñar y aplicar de forma replicable en equipos diversos.
- Este enfoque sistemático permite abordar problemas complejos con herramientas concretas, como la matriz de contradicciones o los 40 principios inventivos.

2. Soluciones robustas basadas en conocimiento acumulado

- TRIZ se fundamenta en el análisis de millones de patentes, lo que le otorga una base empírica sólida. Las soluciones que propone no son meras conjeturas, sino patrones que han demostrado su eficacia en múltiples industrias.
- Esto permite generar ideas que ya han funcionado en otros contextos, aumentando la probabilidad de éxito y reduciendo el riesgo de soluciones débiles o poco viables.

3. Aceleración del proceso de innovación

- Al evitar el método de ensayo y error, TRIZ permite llegar más rápidamente a soluciones óptimas. En lugar de probar múltiples alternativas sin rumbo claro, se identifican contradicciones clave y se aplican principios universales para resolverlas.
- Esto es especialmente valioso en entornos donde el tiempo y los recursos son limitados, como en proyectos de ingeniería, desarrollo de productos o mejora de procesos.

B) Limitaciones de TRIZ

1. **Curva de aprendizaje pronunciada**

   - Aunque TRIZ es poderoso, no es intuitivo al principio. Requiere formación específica para dominar sus herramientas, como la matriz de contradicciones, los niveles de innovación o el análisis de recursos.
   - Esto puede representar una barrera para equipos sin experiencia previa, especialmente si no se cuenta con facilitadores o expertos en la metodología.

2. **Menor efectividad en problemas no técnicos**

   - TRIZ fue diseñado principalmente para resolver problemas técnicos e ingenieriles. En contextos sociales, organizativos o humanos (como conflictos interpersonales o dinámicas de liderazgo), sus herramientas pueden resultar menos aplicables o incluso inadecuadas.
   - Aunque existen adaptaciones de TRIZ para la gestión y la estrategia, su potencia se reduce fuera del ámbito técnico.

3. **Riesgo de rigidez metodológica**

   - Al centrarse en los 40 principios inventivos y otras herramientas codificadas, TRIZ puede limitar la exploración de soluciones que no encajan en su marco. Esto puede llevar a subestimar ideas disruptivas o enfoques emergentes que no están contemplados en su corpus original.
   - En algunos casos, la aplicación estricta de TRIZ puede inhibir la creatividad espontánea o la intuición, que también son valiosas en procesos de innovación.

3.4. Design Thinking: empatía, ideación y prototipado

Design Thinking es una metodología centrada en el ser humano que busca resolver problemas complejos mediante un enfoque creativo, colaborativo e iterativo. Su esencia radica en comprender profundamente las necesidades de las personas, generar ideas innovadoras y construir prototipos que permitan validar soluciones de forma rápida y económica. Este enfoque se estructura en cinco fases principales:

1. **Empatía**: Comprender al usuario, sus emociones, comportamientos y necesidades reales.
2. **Definición**: Sintetizar la información obtenida para formular el problema de forma clara y centrada en el usuario.
3. **Ideación**: Generar una amplia gama de ideas sin juzgar, fomentando la creatividad colectiva.
4. **Prototipado**: Construir representaciones tangibles de las ideas para explorar su viabilidad.
5. **Testeo**: Evaluar los prototipos con usuarios reales, recoger feedback y mejorar la solución.

Las cinco fases deben entenderse como espacios de trabajo interconectados, no como etapas secuenciales rígidas. En la práctica, los equipos oscilan constantemente entre ellas, creando bucles de realimentación que enriquecen el proceso. Por ejemplo, durante el testeo de un prototipo (fase 5) pueden surgir insights que obliguen a replantear la definición del problema (fase 2) o a generar nuevas ideas (fase 3).

Por tanto, los principios fundamentales extendidos son los siguientes:

- **Antropocentrismo radical:** Las necesidades humanas son el punto de partida y de llegada de todo el proceso. No se diseña para los usuarios, sino **con ellos**.
- **Cultura del prototipo:** «Fallar rápido para aprender rápido». La materialización temprana de ideas reduce la aversión al riesgo y acelera el aprendizaje.
- **Pensamiento visual:** Externalizar el pensamiento mediante diagramas, mapas y sketches facilita la comprensión colectiva y la generación de insights.
- **Iteración como estrategia:** La circularidad del proceso reconoce que la comprensión de los problemas y las soluciones evoluciona conjuntamente.

3.4.1. La empatía en el Design Thinking

La empatía en Design Thinking va más allá de la comprensión intelectual; busca una comprensión experiencial. Se sustenta en:

- **Teoría de la Mente:** La capacidad de inferir los estados mentales de otros (sus creencias, deseos, intenciones).

- **Cognición ambiente-corporal:** Reconocer que la experiencia corporal y la interacción con el entorno configuran la percepción y el comportamiento.
- **Etnografía Aplicada:** Técnicas de observación participante y no participante para capturar el contexto cultural y social de los usuarios.

Ahora, las técnicas avanzadas de empatía son las siguientes:

- *Shadowing:* Seguir a los usuarios en su entorno natural durante periodos extendidos.
- *Journey Maps* **Ampliados:** Diagramas temporales que registran no solo acciones, sino también puntos de dolor, momentos emocionales y oportunidades de intervención.
- **Entrevistas Contextuales:** Diálogos realizados en el lugar donde ocurre la experiencia, permitiendo que el entorno active recuerdos y comentarios espontáneos.

3.4.2. Psicología de la ideación efectiva

La fase de ideación en procesos de innovación —como Design Thinking, TRIZ o metodologías ágiles— no es simplemente una lluvia de ideas. Es una etapa crítica que requiere condiciones psicológicas y cognitivas adecuadas para que emerjan soluciones verdaderamente creativas y disruptivas. Comprender los sesgos cognitivos que limitan la generación de ideas, así como los mecanismos que estimulan la creatividad colectiva, es esencial para diseñar sesiones de ideación efectivas.

- **Sesgos cognitivos que obstaculizan la creatividad**
  Los seres humanos no piensan en un vacío. Nuestro juicio está influido por patrones mentales, experiencias previas y dinámicas sociales que, si no se gestionan, pueden limitar la calidad y diversidad de las ideas generadas.

  - **Pensamiento grupal** *(Groupthink)*

    o Este sesgo aparece cuando los participantes de un grupo priorizan el consenso sobre la exploración de ideas divergentes. En contextos de ideación, puede llevar a que las personas repriman propuestas originales por temor a romper la armonía del grupo.

- o El resultado es una convergencia prematura hacia soluciones cómodas, pero poco innovadoras.
- o Es especialmente común en equipos jerárquicos o con fuerte cohesión social, donde la presión por "encajar" supera el impulso creativo.

- **Fijación funcional**

  - o Se refiere a la dificultad para imaginar usos alternativos de objetos, conceptos o sistemas que ya tienen una función establecida.
  - o Por ejemplo, ver una silla solo como un objeto para sentarse, sin considerar que puede ser parte de una estructura modular o un elemento decorativo.
  - o Este sesgo limita la capacidad de reinterpretar recursos existentes, lo cual es clave en procesos de innovación con restricciones.

- **Sesgo de confirmación**

  - o Es la tendencia a buscar, interpretar y recordar información que confirma nuestras creencias previas, ignorando datos que las contradicen.
  - o En ideación, esto puede llevar a descartar ideas que parecen "demasiado diferentes" o "poco realistas", simplemente porque no encajan con el marco mental dominante del equipo.
  - o Este sesgo es especialmente peligroso cuando se trabaja en sectores con paradigmas muy establecidos, como la ingeniería tradicional o la gestión pública.

- **Mecanismos para potenciar la creatividad colectiva**
  Para contrarrestar estos sesgos, existen estrategias psicológicas y metodológicas que permiten liberar el potencial creativo de los equipos. Estas no solo fomentan la generación de ideas, sino que crean un entorno seguro para la exploración y el pensamiento divergente.

  - **Principio de diferimiento de juicio**

    - o Consiste en separar explícitamente la fase de generación de ideas de la fase de evaluación.
    - o Durante la ideación, se suspende todo juicio crítico: no se permite calificar, descartar ni debatir ideas. Esto crea un espacio

libre de censura donde incluso las propuestas más inusuales pueden emerger.

○ Posteriormente, en una fase distinta, se analizan las ideas con criterios técnicos, económicos o estratégicos.

Este principio es fundamental para evitar que el pensamiento grupal y el sesgo de confirmación bloqueen ideas valiosas antes de que puedan desarrollarse.

– *Cross-Pollination* **(Polinización Cruzada)**

○ Implica la integración de personas de disciplinas, culturas y experiencias diversas en los equipos de ideación.

○ Ingenieros, artistas, sociólogos, psicólogos, ciudadanos, diseñadores... cada uno aporta una perspectiva única que enriquece el proceso.

○ Esta diversidad cognitiva permite romper patrones mentales y generar soluciones más ricas, inesperadas y adaptadas a múltiples dimensiones del problema.

En proyectos urbanos, por ejemplo, incluir a vecinos en el proceso de diseño puede revelar necesidades que los técnicos no habían considerado.

– **Pensamiento analógico**

○ Consiste en buscar inspiración en cómo se han resuelto problemas similares en otros dominios.

○ Por ejemplo, observar cómo la naturaleza resuelve problemas de flujo (como el movimiento de los peces en un río) puede inspirar soluciones para el diseño de tráfico urbano.

○ Las analogías permiten transferir principios de un contexto a otro, generando ideas que no surgirían desde el análisis lógico tradicional.

Este tipo de pensamiento es clave en metodologías como la biomimética, donde se estudian sistemas naturales para resolver problemas humanos.

3.4.3. Enfoque Sistémico. Empatía y prototipado urbano

Las ciudades son sistemas complejos adaptativos donde el Design Thinking actúa como un lubricante para la innovación orientada al ciudadano.

La comprensión de los desafíos urbanos requiere una aproximación multiescalar y multiactor:

- **Técnicas de Investigación avanzadas:**

  - **Cartografía social:** Mapas colaborativos donde los ciudadanos localizan problemas, recursos y deseos en su territorio.
  - *Photo-Ethnography:* Entregar cámaras a los usuarios para que documenten su experiencia urbana desde su propia perspectiva.
  - *Sensing* urbano: Uso de tecnologías (sensores de movimiento, datos de móviles) para complementar con datos cuantitativos las observaciones cualitativas.

Si por ejemplo, planteamos un enfoque sistémico basado en la empatía para una plaza pública, el análisis tradicional podría limitarse a contar flujos peatonales. Un enfoque de Design Thinking ampliaría la investigación para incluir:

- **Observación conductual:** ¿Dónde se sienta la gente? ¿Qué recorridos trazan? ¿Dónde hay puntos de conflicto?
- **Entrevistas emocionales:** ¿Qué sentimientos evoca el lugar? (Abandono, alegría, indiferencia).
- **Arqueología de usos:** ¿Cómo ha cambiado el uso del espacio a lo largo del día, la semana, el año?
- **Actor mapping:** Identificar no solo a los usuarios directos (peatones), sino también a los indirectos (comerciantes, administradores, personas que evitan el lugar).

La ideación urbana debe trascender la generación de ideas aisladas para proponer sistemas de intervención. Para lograrlo, se plantean las siguientes metodologías:

- **Talleres de co-creación:** Sesiones estructuradas con ciudadanos, técnicos y políticos usando técnicas como *«How Might We...?»* (¿Cómo podríamos...?) para enfocar la creatividad.
- **Escenarios de futuro:** Desarrollar narrativas detalladas sobre cómo sería usar el espacio urbano después de la intervención.

Metodologías para la Innovación

– **Matrices de impacto/esfuerzo:** Evaluar ideas no solo por su originalidad, sino por su viabilidad técnica, económica y política, y su potencial impacto transformador.

El prototipado en el espacio urbano es fundamental para reducir la incertidumbre antes de realizar inversiones irreversibles.

- **Taxonomía de prototipos urbanos:**

  – **Prototipos físicos de baja fidelidad:** Maquetas táctiles, mobiliario urbano con cartón o madera, marcaciones en el suelo con cinta. Objetivo: Testear distribución espacial y flujos básicos.
  – **Prototipos de experiencia ("Urbanismo Táctico"):** Intervenciones temporales y reversibles. Ejemplo: cerrar una calle al tráfico durante un fin de semana con jardineras móviles y sillas plegables para simular una plaza peatonal. Objetivo: Medir reacciones reales y patrones de uso.
  – **Prototipos digitales:** Simulaciones por ordenador de flujos peatonales o de tráfico, modelos 3D inmersivos, aplicaciones de realidad aumentada para superponer propuestas sobre el espacio real. Objetivo: Evaluar aspectos técnicos y funcionales complejos.
  – **Prototipos de servicio:** Role-playing o «teatralización» de nuevos servicios urbanos (ej: un nuevo sistema de alquiler de bicicletas) con actores o guiones. Objetivo: Diseñar la interacción usuario-servicio.

3.4.4. Rediseño urbano aplicando Design Thinking

Para poner en práctica lo que hemos tratado, vamos a aplicarlo sobre un caso real de ingeniería centrada en las personas.

Ejemplo: En concreto, vamos a plantear una intersección peatonal ubicada en Tokio.

- **Fase de empatía con enfoque inclusivo:**

  – **Técnicas:** Se realizaron «recorridos empáticos» con personas de diferentes capacidades (ancianos, personas con discapacidad visual, padres con cochecitos) para identificar obstáculos invisibles para el usuario promedio.

- **Recorridos empáticos guiados con instrumentación:**

  - Se diseñaron rutas específicas para cada perfil de usuario, equipadas con sensores portátiles que medían:

    - ✓ Frecuencia cardíaca y variabilidad (estrés fisiológico).
    - ✓ Tiempo de reacción y patrones de movimiento.
    - ✓ Puntos de hesitación y cambios de dirección.

  - Los participantes utilizaron gafas de seguimiento ocular (eye-tracking) que revelaron:

    - ✓ Dónde centraban la atención durante el cruce.
    - ✓ Elementos del entorno que generaban distracción o confusión.
    - ✓ Secuencia visual de búsqueda de información de seguridad.

- **Talleres de co-diagnóstico con usuarios:**

  - Sesiones estructuradas usando técnicas de mapeo colaborativo:

    - ✓ "Mapas de ansiedad": Los participantes marcaban en planos los puntos críticos.
    - ✓ "Líneas de tiempo emocionales": Registro de estados anímicos durante el cruce.
    - ✓ "Diagramas de interacción.

- **Insight clave:** La ansiedad no solo provenía del tráfico, sino de la incertidumbre temporal (¿cuánto tiempo falta para que el semáforo cambie?) y la agresión sensorial (exceso de estímulos visuales y sonoros).

  - **Incertidumbre temporal cuantificada:** El 78% de los usuarios mayores reportaron inseguridad sobre el tiempo restante de cruce, llevándolos a:

    - Iniciar el cruce con ansiedad (92% de los casos).

- Abandonar el intento si percibían tiempo insuficiente (45% de usuarios con movilidad reducida).

○ **Sobrecarga sensorial documentada:** Mediciones acústicas revelaron picos de 85 dB durante cambios de semáforo, exacerbando:

- Desorientación en personas con discapacidad visual.
- Estrés agudo en personas con trastorno del espectro autista.
- Dificultad para concentrarse en señales visuales clave.

- **Fase de ideación tecno-social:**

  - **Soluciones propuestas:**

    ○ **Semáforos adaptativos:** Que ajustan los tiempos en función de la detección de grupos vulnerables (ej: al detectar a una persona mayor, extienden el tiempo de cruce).

      - **Capa de detección inteligente:**

        ✓ **Sensores LiDAR** para clasificación volumétrica de peatones (distinguen entre adulto, niño, persona con movilidad reducida).
        ✓ **Cámaras térmicas** para conteo preciso en condiciones de baja visibilidad.
        ✓ **Sensores de presión en pavimento** que detectan grupos y direcciones de flujo.

      - **Algoritmo de decisión contextual**: Este sistema tiene sensores que detectan si hay personas mayores o alguien en silla de ruedas esperando para cruzar, y también monitorea cuánto tráfico vehicular hay y cuánto tiempo queda antes de que el semáforo cambie.

        ✓ **Primera condición**: Si el sistema detecta que hay más de dos personas mayores esperando cruzar y el tiempo que queda para que el semáforo cambie es menos de 15 segundos, entonces el sistema extiende el tiempo de cruce un poco más — concretamente, un 25% adicional.

Esto se hace para asegurarse de que esas personas tengan tiempo suficiente para cruzar con seguridad.

✓ **Segunda condición**: Si se detecta a una persona en silla de ruedas esperando cruzar y el tráfico de vehículos es bajo, entonces el sistema activa un cruce prioritario.

Es decir, da paso inmediato a esa persona, porque no hay muchos coches y es importante facilitarle el cruce sin demoras.

○ **Señalización háptica:** Pavimentos vibratorios para personas con discapacidad visual.

▪ **Pavimentos inteligentes** con células táctiles que:

✓ Varían la intensidad de vibración según la urgencia (suave para "prepararse", intensa para "cruzar ahora").
✓ Incorporan superficies calefactadas para derretir hielo en invierno.
✓ Incluyen sensores de desgaste para mantenimiento predictivo.

▪ **Guías sonoras direccionales** que:

✓ Emiten sonidos esféricos con localización 3D.
✓ Ajustan volumen según ruido ambiental (tecnología compresora dinámica).
✓ Proporcionan confirmación auditiva de cruce completado.

○ **Interfaz amigable:** Señales lumínicas en el suelo (como el famoso «cruce de pianista» de Shanghai) que generan un momento de alegría y reducen el estrés.

• **Fase de prototipado y testeo riguroso:**

– **Prototipo:** Se implementó un sistema de semáforos adaptativos en un cruce piloto durante 3 meses.
– **Métricas de evaluación:** No solo se midió la reducción de accidentes, sino también métricas de experiencia de usuario: tiempo de espera percibido, niveles de estrés (mediante encuestas y sen-

sores de frecuencia cardiaca en voluntarios), y tasa de cruces indebidos.

– **Resultado:** La solución final combinó tecnología discreta con diseño calmado (calming traffic), demostrando que la eficiencia y la experiencia humana no son excluyentes. A nivel cualitativo se tienen los siguientes resultados:

- ○ **Reducción del 63%** en maniobras evasivas de vehículos.
- ○ **Aumento del 41%** en velocidad de cruce para personas con movilidad reducida.
- ○ **Disminución del 28%** en niveles de cortisol salival (indicador de estrés).
- ○ **Mejora del 57%** en percepción de seguridad (escala Likert 1-7).

– **Hallazgos cualitativos significativos:**

- ○ **Patrones emergentes de comportamiento:**

  - Formación espontánea de "grupos de protección" para usuarios vulnerables.
  - Apropiación positiva del espacio durante tiempos de espera (micro-interacciones sociales).
  - Desarrollo de rituales de uso con las interfaces lumínicas.

- ○ **Impacto en gobernanza urbana:**

  - Creación de nuevo protocolo para evaluación de intersecciones.
  - Actualización de normativas de accesibilidad basada en datos empíricos.
  - Establecimiento de KPI's de experiencia peatonal para proyectos futuros.

– **Indicadores de éxito a largo plazo:**

- ○ **Reducción del 75%** en incidentes de tráfico con peatones vulnerables.
- ○ **Aumento del 35%** en uso de rutas peatonales en el área de influencia.
- ○ **Disminución del 40%** en quejas por accesibilidad en el municipio.

El Design Thinking ofrece un marco robusto para humanizar la tecnología y la ingeniería urbana. Su verdadero valor no está en las técnicas aisladas, sino en la cultura de innovación que promueve: una cultura de curiosidad, colaboración radical, experimentación y aprendizaje continuo. Al poner a las personas en el centro, permite pasar de soluciones que simplemente "funcionan" técnicamente a soluciones que son significativas, deseables y resilientes en el tiempo, creando ciudades no solo más inteligentes, sino también más sabias y habitables.

3.5. Inspiración en la naturaleza. La biomimética

La biomimética (del griego *bios*, vida, y *mimesis*, imitar) es una disciplina científica que estudia los modelos, sistemas y elementos de la naturaleza para resolver problemas humanos complejos. A diferencia de la simple inspiración biomórfica (uso de formas naturales con fines estéticos), la biomimética se centra en extraer principios funcionales que han sido optimizados a través de 3.800 millones de años de evolución. Los principios fundamentales de la Biomimética son:

- **Eficiencia de recursos:** La naturaleza es maestra en el uso inteligente de los recursos. Cada organismo, desde una bacteria hasta un árbol centenario, está diseñado para funcionar con la mínima cantidad de energía y materiales posibles. No hay despilfarro: todo se aprovecha. Por ejemplo, las hojas caídas de un árbol no son basura, sino alimento para el suelo. Este principio inspira tecnologías que minimizan el consumo energético, reducen residuos y optimizan procesos, imitando la economía circular que vemos en los ecosistemas.
- **Adaptabilidad contextual:** Los diseños naturales no son universales, sino profundamente contextuales. Cada solución evolutiva está afinada para responder a las condiciones específicas del entorno: clima, terreno, depredadores, disponibilidad de recursos, etc. Un cactus no solo sobrevive en el desierto, sino que prospera gracias a su capacidad de almacenar agua, protegerse del sol y evitar la pérdida de humedad. En biomimética, esto se traduce en crear soluciones que se ajustan dinámicamente a su entorno, en lugar de imponer modelos rígidos.
- **Resiliencia sistémica:** Los ecosistemas naturales no son frágiles; son resilientes. Pueden enfrentar perturbaciones —como incendios, sequías o la desaparición de una especie— y aun así mantener su funcionalidad. Esto se logra gracias a la redundancia, la diversidad y la

interconexión entre sus componentes. En biomimética, este principio se aplica al diseño de sistemas que no colapsan ante fallos, sino que se adaptan, se reorganizan y continúan operando, como lo haría un bosque tras una tormenta.

- **Ciclos cerrados:** En la naturaleza, no existe el concepto de "residuo" como lo entendemos en la industria. Todo material tiene un propósito y se reintegra en el sistema como nutriente. El carbono, el agua, el nitrógeno... todos circulan en ciclos cerrados, donde cada etapa alimenta la siguiente. Este principio inspira modelos de producción y consumo donde los materiales se reutilizan, reciclan o biodegradan, evitando la acumulación de desechos y fomentando la sostenibilidad.

3.5.1. Metodología de aplicación en ingeniería e infraestructura

La biomimética aplicada a la ingeniería y a las infraestructuras no es simplemente una inspiración estética basada en la naturaleza, sino una metodología rigurosa que permite transformar principios biológicos en soluciones técnicas innovadoras, sostenibles y funcionales. Este enfoque se estructura en una serie de fases que guían el proceso de diseño desde la identificación del problema hasta la implementación de soluciones adaptadas al contexto ingenieril.

- **Fase 1: Identificación del desafío técnico**

  El primer paso consiste en definir claramente el problema que se desea resolver, pero no desde una perspectiva técnica convencional, sino en términos funcionales y abstractos. Esto significa reformular el reto como una pregunta que podría tener una respuesta en la naturaleza. Por ejemplo, en lugar de preguntar "¿Qué tipo de aislamiento térmico debo usar?", se plantea: "¿Cómo gestiona la naturaleza el calor en ambientes extremos?". Esta abstracción permite abrir el campo de búsqueda hacia soluciones biológicas que, aunque no sean directamente comparables, pueden ofrecer principios útiles para el diseño.

- **Fase 2: Búsqueda de analogías biológicas**

  Una vez definido el desafío funcional, se inicia la exploración de organismos, ecosistemas o procesos naturales que hayan enfrentado y resuelto problemas similares. Esta fase requiere una mirada interdisciplinaria, combinando conocimientos de biología, ecología, física y diseño. Por ejemplo, si el reto es reducir la fricción en una superficie, se puede estudiar la piel del tiburón, que posee microestructuras que minimizan la resistencia al agua. Esta búsqueda puede apoyarse en bases de datos biomiméticas, literatura científica o colaboración con expertos en ciencias naturales.

- **Fase 3: Extracción de principios funcionales**

  En esta etapa se analizan los mecanismos subyacentes que hacen efectiva la solución natural identificada. No se trata de copiar la forma o el aspecto del organismo, sino de comprender cómo funciona. ¿Qué propiedades físicas, químicas o estructurales están en juego? ¿Qué tipo de interacción con el entorno permite esa eficiencia? Por ejemplo, al estudiar el caparazón del armadillo para diseñar estructuras resistentes, se analiza cómo sus placas se articulan para distribuir impactos sin comprometer la movilidad. Esta fase es clave para traducir la observación biológica en conocimiento aplicable.

- **Fase 4: Adaptación al contexto ingenieril**

  Finalmente, los principios funcionales extraídos se reinterpretan y adaptan al contexto técnico, teniendo en cuenta materiales disponibles, normativas, escalabilidad, costes y condiciones ambientales. Aquí es donde la ingeniería toma el relevo, transformando la inspiración biológica en soluciones concretas: materiales, estructuras, sistemas o procesos. Por ejemplo, el diseño de fachadas ventiladas inspirado en la termorregulación de los termiteros africanos ha dado lugar a edificios que mantienen temperaturas estables sin necesidad de aire acondicionado, reduciendo el consumo energético.

3.5.2. Marco metodológico para proyectos de biomimética

La biomimética no solo ofrece inspiración desde la naturaleza, sino que proporciona un marco metodológico robusto para guiar el desarrollo de proyectos de ingeniería e infraestructura con enfoque sostenible. Este marco combina herramientas digitales, criterios de evaluación y un protocolo de diseño estructurado que permite a los ingenieros integrar principios biológicos en soluciones técnicas viables. A continuación, se detallan los principales componentes de este enfoque:

- **Base de datos AskNature.org (Biomimicry Institute)**

  Una de las herramientas más potentes disponibles para profesionales es la plataforma AskNature.org, desarrollada por el Biomimicry Institute. Esta base de datos contiene más de 1.700 estrategias naturales organizadas por función, lo que permite a los ingenieros buscar soluciones biológicas a problemas técnicos específicos.

  Por ejemplo, si el desafío es mejorar la gestión térmica en un edificio, se puede consultar cómo distintos organismos —como el pingüino emperador, el escarabajo del desierto o los termiteros africanos— regulan el calor en sus respectivos entornos. Esta herramienta facilita la conexión entre desafíos humanos y soluciones naturales, promoviendo la innovación desde una perspectiva ecológica.

- **Matriz de evaluación de sostenibilidad**

  Una vez identificadas posibles soluciones biomiméticas, es fundamental evaluar su impacto ambiental y su viabilidad a largo plazo. Para ello, se utiliza una matriz de evaluación basada en los "Principios de la Vida", desarrollados por Biomimicry 3.8.

  Estos principios incluyen aspectos como la eficiencia energética, la adaptación al entorno, la no generación de residuos y la integración en ciclos cerrados. La matriz permite realizar una evaluación integral del ciclo de vida de la solución propuesta, considerando desde la extracción de materiales hasta su desecho o reutilización. Esta herramienta asegura que las soluciones biomiméticas no solo sean funcionales, sino también sostenibles y coherentes con los valores ecológicos que las inspiran.

3.5.3. Casos de aplicación de la biomimética en Infraestructuras

La biomimética ha demostrado ser una herramienta poderosa para resolver desafíos complejos en ingeniería y urbanismo, especialmente en contextos donde la sostenibilidad, la eficiencia energética y la resiliencia son prioritarias. A continuación, se presentan dos casos paradigmáticos que ilustran cómo los principios naturales pueden traducirse en soluciones técnicas efectivas.

Ejemplo: Termorregulación Inspirada en Termiteros en Eastgate Centre (Harare).

El Eastgate Centre se ubica en Harare, una ciudad con un clima extremo, donde las temperaturas fluctúan entre los 3 °C por la noche y los 35 °C durante el día. En este contexto, mantener una temperatura interior confortable representa un reto significativo.

El uso de sistemas convencionales de aire acondicionado implicaba un alto consumo energético, costos operativos elevados y una dependencia de recursos limitados, especialmente en un país como Zimbabue, con restricciones energéticas importantes.

- **Analogía Biológica**

  La solución se encontró observando los termiteros de la especie *Macrotermes michaelseni*. Estos insectos construyen estructuras que mantienen una temperatura interna constante de aproximadamente 30 °C, a pesar de las variaciones extremas del entorno. Lo logran mediante:

  - **Chimeneas centrales** que generan corrientes de convección natural.
  - **Porosidad controlada** en las paredes del termitero, que permite una ventilación pasiva eficiente.
  - **Materiales con alta capacidad térmica**, que absorben y liberan calor lentamente.

- **Solución Implementada**

  Inspirado en estos principios, el arquitecto Mick Pearce diseñó el Eastgate Centre con un sistema de ventilación natural que replica el comportamiento de los termiteros:

  - Una **estructura porosa** que facilita el flujo de aire.
  - **Chimeneas solares** que captan el aire caliente y lo expulsan, generando circulación.
  - **Losas de hormigón** que actúan como masa térmica, absorbiendo el calor durante el día y liberándolo por la noche.
  - **Sensores automáticos** que regulan compuertas para optimizar la ventilación según las condiciones internas y externas.

- **Resultados Cuantificados**

  - Reducción superiores al 49% en el consumo energético comparado con edificios similares que usan aire acondicionado convencional.

- Mantenimiento de una temperatura interior estable entre 22 °C y 26 °C durante todo el año.
- Retorno de inversión en solo tres años, gracias al ahorro energético.
- Este caso demuestra cómo una observación profunda de la naturaleza puede traducirse en soluciones arquitectónicas altamente eficientes, sostenibles y adaptadas al contexto local.

Ejemplo: Gestión del Agua Inspirada en Bosques en las Ciudades Esponja (China)

Frente a los problemas de inundaciones urbanas y contaminación de aguas pluviales, estas ciudades adoptan soluciones que imitan la capacidad de los ecosistemas forestales para **captar, infiltrar y purificar el agua** de forma eficiente.

- **Problema Original**

  Muchas ciudades modernas enfrentan problemas graves de inundaciones urbanas, causadas por la impermeabilización del suelo debido al uso excesivo de concreto y asfalto. Esto impide la infiltración natural del agua de lluvia, generando escorrentías masivas, contaminación de aguas pluviales y el fenómeno de islas de calor urbano, que agrava las condiciones climáticas locales.

- **Analogía Biológica**

  La solución se inspiró en los ecosistemas forestales, que gestionan el agua de forma eficiente y sostenible mediante:

  - Capas múltiples de interceptación, como las copas de los árboles, la hojarasca y el suelo, que ralentizan la caída del agua.
  - Infiltración gradual a través de los poros del suelo, que permite la recarga de acuíferos.
  - Filtración natural mediante raíces y microorganismos, que purifican el agua antes de que llegue a los cuerpos subterráneos.

- **Solución Implementada**

  China ha adoptado este enfoque en su proyecto de "Sponge Cities", diseñando infraestructuras verdes que imitan el comportamiento de los bosques:

- **Techos verdes**: retienen entre el 30 % y el 40 % de la precipitación inicial.
- **Jardines de lluvia**: permiten la infiltración y filtración secundaria del agua.
- **Pavimentos permeables**: facilitan la recarga de acuíferos y reducen la escorrentía superficial.
- **Humedales urbanos**: actúan como sistemas de tratamiento terciario y fomentan la biodiversidad.

- **Resultados Cuantificados**

  - Reducción del 75 % en los volúmenes de escorrentía, disminuyendo el riesgo de inundaciones.
  - Recarga de acuíferos de hasta 1.5 millones de m^3 por año en ciudades como Tianjin.
  - Mejora del 40 % en la calidad del agua pluvial, gracias a los procesos de filtración natural.

Este enfoque demuestra cómo la biomimética puede transformar la planificación urbana, integrando soluciones ecológicas que no solo resuelven problemas técnicos, sino que también regeneran el entorno y mejoran la calidad de vida.

La biomimética no solo transforma el diseño arquitectónico y urbano, sino que también está revolucionando el desarrollo de materiales inteligentes y sistemas pasivos que responden de forma autónoma a condiciones cambiantes del entorno. A continuación, se presenta un ejemplo destacado que ilustra cómo los principios biológicos pueden aplicarse en ingeniería de materiales y sistemas de ventilación.

Ejemplo: Sistema de ventilación pasivo en un rascacielos en Londres inspirado en formas biológicas. The Gherkin.

- **Contexto del Proyecto**

  The Gherkin, oficialmente conocido como 30 St Mary Axe, es un rascacielos emblemático ubicado en el distrito financiero de Londres. Diseñado por el estudio Foster & Partners y finalizado en 2003, este edificio representa una de las primeras grandes apuestas por la arquitectura biomimética en entornos urbanos densos. Su diseño no solo destaca por su estética futurista, sino por su funcionalidad ambiental, especialmente en lo que respecta a la ventilación natural y la eficiencia energética.

Frente al alto consumo energético de la climatización convencional en grandes rascacielos, este edificio adoptó una solución que imita la eficiencia de las esponjas marinas y las anémonas para alimentarse filtrando y canalizando el agua del mar, aplicando este principio al flujo del aire

– **Problema original**

Los edificios de oficinas convencionales, especialmente los rascacielos, dependen en gran medida de sistemas de aire acondicionado que consumen enormes cantidades de energía (representando hasta el 40-50% del consumo energético total). Esto genera altos costos operativos, una significativa huella de carbono y una vulnerabilidad ante fallos de los sistemas mecánicos.

– **Analogía biológica**

La solución se inspiró en organismos marinos como las esponjas y las anémonas. Estas criaturas se alimentan dirigiendo el agua marina a través de sus cuerpos, filtrando el plancton de manera eficiente y con un mínimo gasto de energía. El esqueleto de sílice de algunas esponjas crea una estructura porosa que optimiza este flujo continuo de agua. El diseño del edificio traslada este principio al manejo del aire, utilizando la forma y la estructura para canalizar el viento de manera natural.

– **Solución implementada**

El arquitecto Norman Foster diseñó el edificio con una forma aerodinámica y un sistema de ventilación natural que replica este mecanismo biológico:

○ Forma espiral y patios de luz triangulares: Seis patios de luz en espiral se extienden a lo largo de la torre, actuando como chimeneas que permiten la ventilación natural cruzada entre las plantas.

○ Doble fachada y forma aerodinámica: La forma de pepinillo del edificio reduce la resistencia al viento y genera diferencias de presión que ayudan a impulsar el aire a través de los espacios interiores sin necesidad de ventiladores mecánicos.

○ Fachada inteligente: Compuesta por paneles de vidrio en forma de diamante, optimiza la entrada de luz natural mientras ayuda a controlar la ganancia solar, reduciendo la carga térmica interna.

○ Mecánicamente, la forma aerodinámica genera un efecto Venturi que acelera el viento alrededor del edificio, creando diferencias de presión que impulsan el aire interior hacia arriba a través de los atrios, similar a cómo las esponjas marinas aprovechan las corrientes para filtrar nutrientes.

– **Resultados cuantificados**

○ El edificio consume un 50% menos de energía que una torre de oficinas convencional de similar tamaño.

○ La forma aerodinámica minimiza el efecto del viento en la base, mejorando el confort urbano en su entorno.

○ La maximización de la luz natural a través de su diseño y fachada reduce drásticamente la necesidad de iluminación artificial durante el día.

Además de The Gherkin, otro proyecto destacado es el Eden Project en Cornualles. Aunque no es un sistema de ventilación convencional, su diseño está inspirado en las burbujas de jabón y los panales de abeja. Las cúpulas geodésicas creadas con paneles de ETFE (un material plástico translúcido) permiten un control climático pasivo y eficiente, maximizando la entrada de luz y reteniendo el calor con un aporte energético mínimo.

3.5.4. La Biomimética como paradigma de sostenibilidad real

La biomimética no es simplemente una técnica de diseño ni una tendencia estética: es una transformación epistemológica en la forma en que concebimos la innovación, la tecnología y nuestra relación con el entorno. En lugar de ver la naturaleza como un conjunto de recursos a extraer, la biomimética propone verla como un sistema de conocimiento acumulado, refinado durante millones de años de evolución. Este cambio de perspectiva implica pasar de una lógica extractiva a una lógica cooperativa, donde lo natural y lo construido se integran en un diálogo funcional y regenerativo.

Las soluciones biomiméticas no solo cumplen con criterios de sostenibilidad ambiental, sino que lo hacen de forma intrínsecamente eficiente. Al emular procesos naturales, se logra una optimización que va más allá del ahorro energético o la reducción de residuos: se trata de crear sistemas que aprenden, se adaptan y se regeneran.

3.6. Creatividad computacional: IA y algoritmos generativos

La creatividad computacional es una disciplina emergente dentro del campo de la inteligencia artificial que se centra en replicar, asistir y ampliar los procesos creativos humanos mediante algoritmos avanzados. A diferencia de los enfoques tradicionales de la IA, que se orientan principalmente a la automatización de tareas rutinarias o analíticas, esta rama busca generar soluciones originales, útiles y adaptativas en contextos técnicos, científicos y de diseño.

En el ámbito de la ingeniería —sin limitarse a una especialidad concreta— esta capacidad se traduce en el desarrollo de sistemas inteligentes capaces de explorar automáticamente miles de variantes de diseño, optimizar estructuras bajo múltiples restricciones y automatizar decisiones complejas que antes requerían la intervención directa de expertos. Estos sistemas no solo aceleran el proceso de innovación, sino que también permiten descubrir configuraciones no convencionales, muchas veces inspiradas en patrones naturales, principios físicos o comportamientos emergentes que serían difíciles de concebir manualmente.

Técnicas como el diseño generativo, la optimización topológica, el aprendizaje profundo y los algoritmos evolutivos están transformando la manera en que se conciben infraestructuras, componentes, sistemas y procesos en ingeniería. Esta revolución tecnológica no pretende sustituir la creatividad humana, sino potenciarla y expandirla, abriendo nuevas posibilidades para el diseño sostenible, la eficiencia estructural y la innovación funcional.

En lugar de limitarse a automatizar lo conocido, la creatividad computacional permite explorar lo posible, ampliando el espacio de soluciones más allá de lo convencional. En ingeniería, donde los problemas suelen implicar múltiples restricciones físicas, económicas, ambientales y sociales, esta capacidad se vuelve especialmente poderosa, ofreciendo herramientas que no solo resuelven problemas, sino que redefinen la forma en que se abordan.

3.6.1. Diseño generativo

El diseño generativo representa un cambio de paradigma en la forma en que se conciben soluciones técnicas dentro de la ingeniería. A diferencia de los métodos tradicionales, donde el ingeniero parte de una idea preconcebida y la ajusta a las restricciones del problema, el diseño generativo invierte el proceso: se parte de los objetivos y restricciones, y se deja que el algoritmo explore el espacio de soluciones posibles, muchas veces descubriendo configuraciones que superan en eficiencia, funcionalidad o sostenibilidad a las propuestas humanas.

Este enfoque se basa en la idea de que, en sistemas complejos, el número de combinaciones posibles de parámetros, formas, materiales y condiciones es tan vasto que la intuición humana no puede abarcarlo por completo. Los algoritmos generativos, en cambio, pueden simular, evaluar y comparar miles o millones de alternativas en cuestión de horas, guiados por criterios como la minimización de peso, la maximización de resistencia, la reducción de costes, la mejora del rendimiento térmico o la adaptabilidad al entorno.

Una característica distintiva del diseño generativo es su capacidad para integrar múltiples disciplinas simultáneamente. Por ejemplo, en el diseño de un componente estructural, el algoritmo puede considerar no solo la resistencia mecánica, sino también la eficiencia térmica, la facilidad de fabricación, el impacto ambiental y la estética. Este multicriterio convierte al diseño generativo en una herramienta ideal para proyectos que requieren soluciones holísticas.

Además, el diseño generativo no se limita a geometrías convencionales. Al no estar condicionado por la experiencia previa o por patrones establecidos, los algoritmos pueden proponer formas orgánicas, fractales o biomiméticas, que aprovechan principios naturales como la distribución de tensiones en los huesos, la eficiencia de las estructuras vegetales o la aerodinámica de los cuerpos animales. Estas formas, que antes eran difíciles de fabricar, hoy son viables gracias a tecnologías como la impresión 3D, la fabricación aditiva y los materiales inteligentes.

Un ejemplo ilustrativo fuera del ámbito mecánico es el diseño de sistemas de ventilación natural en edificios inteligentes, donde el algoritmo genera configuraciones de fachada que maximizan la entrada de luz natural y la circulación de aire, reduciendo el consumo energético sin necesidad de sistemas mecánicos complejos. En ingeniería eléctrica, el diseño generativo se ha aplicado para optimizar el trazado de circuitos impresos, minimizando interferencias y mejorando la disipación térmica.

En ingeniería de producto, empresas como Airbus, BMW o Nike han utilizado diseño generativo para crear componentes más ligeros, resistentes y sostenibles. En algunos casos, se ha logrado reducir el peso de piezas críticas en más de un 40%, lo que se traduce en menor consumo energético, mayor durabilidad y menor impacto ambiental.

Desde el punto de vista metodológico, el diseño generativo se apoya en técnicas como:

- Algoritmos evolutivos, que simulan procesos de selección natural para mejorar iterativamente las soluciones.
- Redes neuronales, que aprenden patrones de diseño óptimos a partir de grandes volúmenes de datos.
- Optimización multiobjetivo, que permite equilibrar criterios contradictorios (por ejemplo, resistencia vs. coste).
- Simulación paramétrica, que evalúa el comportamiento de cada variante bajo condiciones reales.

En términos pedagógicos, el diseño generativo también plantea un reto y una oportunidad: los ingenieros deben aprender a formular correctamente los objetivos y restricciones, interpretar los resultados generados por la IA y tomar decisiones informadas sobre cuál solución adoptar. Esto requiere una combinación de pensamiento crítico, conocimiento técnico y sensibilidad creativa, lo que convierte al diseño generativo en una herramienta formativa de gran valor.

3.6.2. Simulación inteligente: IA para modelar la realidad en ingeniería

La simulación inteligente es una evolución significativa en el campo de la ingeniería computacional, que combina modelos físicos tradicionales con técnicas avanzadas de inteligencia artificial para representar, predecir y optimizar el comportamiento de sistemas complejos. Esta integración permite no solo acelerar los procesos de simulación, sino también mejorar la precisión, adaptabilidad y capacidad de aprendizaje de los modelos utilizados.

En ingeniería, la simulación ha sido históricamente una herramienta esencial para validar diseños, prever fallos, analizar comportamientos dinámicos y tomar decisiones informadas antes de la construcción o fabricación. Sin embargo, los métodos clásicos —como los modelos de elementos finitos (FEM), la dinámica de fluidos computacional (CFD) o la simulación térmica— suelen requerir grandes cantidades de tiempo computacional, especialmente cuando se trata de sistemas no lineales, multivariables o con geometrías complejas.

La simulación inteligente aborda estas limitaciones mediante el uso de algoritmos de aprendizaje automático, redes neuronales profundas, modelos predictivos y técnicas de reducción de orden. Estos sistemas pueden aprender el comportamiento de un sistema físico a partir de datos históricos o simulaciones previas, y luego predecir resultados en tiempo real con una fracción del coste computacional.

En lugar de resolver ecuaciones físicas completas en cada iteración, los modelos inteligentes utilizan IA para **aproximar el comportamiento del sistema**. Por ejemplo, una red neuronal puede ser entrenada para predecir la distribución de temperaturas en una estructura bajo diferentes condiciones ambientales, sin necesidad de resolver cada vez las ecuaciones de conducción térmica.

Este enfoque híbrido —que combina física y datos— permite:

- **Simulaciones más rápidas**, ideales para entornos de diseño iterativo.
- **Modelos adaptativos**, que se ajustan a nuevas condiciones sin necesidad de reprogramación.
- **Predicciones más robustas**, incluso en presencia de incertidumbre o ruido en los datos.

Veamos aplicaciones transversales en diferentes entornos de la ingeniería:

- **Ingeniería mecánica**

  - Simulación de esfuerzos y deformaciones en piezas sometidas a cargas variables.
  - Modelado de fatiga y vida útil de componentes en maquinaria industrial.
  - Predicción de comportamiento dinámico en sistemas de suspensión o transmisión.

- **Ingeniería civil**

  - Análisis sísmico de estructuras mediante modelos predictivos entrenados con datos históricos.
  - Simulación de flujo de agua en sistemas de drenaje urbano con IA que aprende de eventos meteorológicos pasados.
  - Evaluación de estabilidad de taludes y estructuras geotécnicas en tiempo real.

- **Ingeniería eléctrica**

  - Simulación de redes eléctricas inteligentes (smart grids) con IA que predice demanda, consumo y fallos.
  - Modelado térmico de componentes electrónicos para evitar sobrecalentamientos.
  - Optimización de trazado de circuitos impresos con algoritmos que minimizan interferencias.

- **Ingeniería energética**

  - Predicción del rendimiento de sistemas solares o eólicos bajo condiciones cambiantes.
  - Simulación térmica de edificios para optimizar climatización pasiva.
  - Modelado de eficiencia energética en procesos industriales.

- **Ingeniería aeroespacial**

  - Simulación de flujo aerodinámico en fuselajes y alas con modelos híbridos IA-CFD.
  - Predicción de comportamiento estructural en condiciones extremas.
  - Evaluación de trayectorias orbitales con algoritmos de aprendizaje reforzado.

3.6.3. IA Creativa en infraestructura y sistemas: Innovación algorítmica para la ingeniería del futuro

La inteligencia artificial creativa aplicada a infraestructura y sistemas representa una de las áreas más prometedoras de la ingeniería contemporánea. A diferencia de los enfoques tradicionales de IA, centrados en la automatización de tareas repetitivas o el análisis de datos, la IA creativa se enfoca en generar soluciones nuevas, adaptativas y optimizadas para problemas complejos, considerando múltiples variables simultáneamente.

En este contexto, hablamos de sistemas capaces de proponer configuraciones estructurales, funcionales y espaciales que no solo cumplen con los requisitos técnicos, sino que también maximizan la eficiencia, la sostenibilidad y la resiliencia. Esta capacidad resulta especialmente valiosa en campos como el urbanismo, el transporte, la energía, la hidráulica, las telecomunicaciones y la planificación territorial, donde las decisiones deben integrar factores físicos, económicos, sociales y ambientales.

La IA creativa no se limita a optimizar lo existente, sino que **explora el espacio de lo posible**. Utiliza algoritmos generativos, redes neuronales, modelos evolutivos y simulaciones inteligentes para **proponer soluciones que muchas veces no serían concebidas por métodos convencionales**. Esta exploración se basa en objetivos múltiples (por ejemplo, minimizar el impacto ambiental, maximizar la eficiencia energética, mejorar la conectividad) y en restricciones reales (topografía, presupuesto, normativa, demanda social).

3.6.4. Herramientas y tecnologías clave en IA creativa para ingeniería

La aplicación de inteligencia artificial en procesos creativos dentro de la ingeniería se apoya en un conjunto de tecnologías avanzadas que permiten **generar, simular, optimizar y documentar soluciones técnicas** de forma automatizada, adaptativa y eficiente. Estas herramientas no solo aceleran el trabajo del ingeniero, sino que también **amplían el espacio de posibilidades**, permitiendo explorar configuraciones que antes eran impensables por métodos convencionales.

A continuación se explican las principales tecnologías utilizadas en este campo, junto con sus aplicaciones específicas en ingeniería.

A) Redes generativas (GANs)

Las Generative Adversarial Networks (GANs) son un tipo de red neuronal que consta de dos modelos enfrentados: un generador que crea datos y un discriminador que evalúa su calidad. Este mecanismo permite generar contenido nuevo que imita patrones aprendidos. En ingeniería se aplica en:

- **Diseño de formas estructurales**: Generación de geometrías complejas para componentes mecánicos, arquitectónicos o urbanos.
- **Texturas y materiales**: Creación de superficies optimizadas para propiedades térmicas, acústicas o estéticas.
- **Patrones urbanos**: Simulación de distribución de edificios, calles y espacios públicos en planificación territorial.

> *Ejemplo:* En arquitectura paramétrica, las GANs pueden generar fachadas que responden a condiciones climáticas específicas, combinando estética y funcionalidad.

Metodologías para la Innovación

B) Algoritmos evolutivos

para encontrar soluciones óptimas. Se parte de una población de diseños, se evalúan según criterios definidos, y se generan nuevas variantes mediante mutación y recombinación. En ingeniería se aplica en:

- Optimización de trazados viales y redes de transporte.
- Diseño de sistemas hidráulicos o eléctricos con mínima pérdida de energía.
- Configuraciones territoriales que equilibran densidad, accesibilidad y sostenibilidad.

Ejemplo: En ingeniería civil, se han utilizado algoritmos evolutivos para diseñar redes de distribución de agua que minimizan el consumo energético y los costes de mantenimiento.

C) Machine Learning supervisado

Es una técnica de aprendizaje automático en la que el modelo se entrena con datos etiquetados para aprender a predecir resultados futuros. Es especialmente útil para tareas de clasificación, regresión y detección de patrones. En ingeniería se aplica en:

- **Predicción de fallos en infraestructuras** (puentes, redes eléctricas, maquinaria).
- **Mantenimiento preventivo** en sistemas industriales.
- **Análisis de demanda energética, hídrica o de transporte**.

Ejemplo: En ingeniería ferroviaria, se utilizan modelos supervisados para predecir el desgaste de rieles y ruedas, optimizando los ciclos de mantenimiento y evitando fallos críticos.

D) Modelos de lenguaje (LLMs)

Los *Large Language Models* son sistemas entrenados con grandes volúmenes de texto que pueden generar, resumir, traducir y analizar lenguaje técnico. Su capacidad de comprensión contextual los hace útiles en tareas documentales y de asistencia técnica. En ingeniería se aplica en:

- Generación automática de planos, informes y especificaciones técnicas.
- Asistencia en redacción de documentación normativa o de licitación.
- Traducción técnica multilingüe para proyectos internacionales.

Ejemplo: Un modelo de lenguaje puede generar automáticamente la memoria técnica de un proyecto de urbanización, incluyendo cálculos, normativas aplicables y justificaciones de diseño.

E) Simulación basada en IA

Consiste en el uso de modelos de IA para acelerar simulaciones físicas, como dinámica de fluidos, transferencia de calor, comportamiento estructural o simulación urbana. Estos modelos aprenden de simulaciones previas y pueden predecir resultados en tiempo real. En ingeniería se aplica en:

- **Simulación de escenarios urbanos**: crecimiento poblacional, movilidad, impacto ambiental.
- **Cálculos físicos complejos**: comportamiento térmico de edificios, flujo de aire en túneles, vibraciones en estructuras.
- **Evaluación de resiliencia ante eventos extremos**: inundaciones, terremotos, olas de calor.

Ejemplo: En ingeniería energética, se puede simular el comportamiento térmico de un edificio bajo distintas condiciones climáticas usando IA, reduciendo el tiempo de cálculo respecto a métodos tradicionales como elementos finitos.

3.6.5. Aplicabilidad generativa en proyectos de ingeniería

Para poner en práctica lo que hemos tratado en este apartado, vamos a estudia dos casos reales que se orientan desde el punto de vista del diseño generativo.

Ejemplo: Singapur representa un caso paradigmático de transformación urbana inteligente. Como ciudad-estado con limitaciones territoriales extremas (728 km² para 5.7 millones de habitantes), la optimización del espacio y los recursos no es una opción, sino una necesidad de supervivencia. La Agencia de Desarrollo Urbano (URA) de Singapur, en colaboración con la Autoridad de Tierras y Transporte (LTA), ha liderado una revolución en la planificación urbana mediante la integración de tecnologías de inteligencia artificial generativa.

El primer paso fundamental fue el desarrollo de Virtual Singapore, una réplica digital en 3D de toda la ciudad-estado que sirve como laboratorio de planificación urbana. Esta plataforma integra múltiples capas de información en tiempo real. La capa geoespacial incluye un modelado LIDAR de alta precisión (5 cm de resolución) que representa los 1,2 millones de edificios de la ciudad con texturas reales, así como todas las redes subterráneas de agua, electricidad y telecomunicaciones. Simultáneamente, una red de 10,000 sensores IoT distribuidos por la ciudad captura datos ambientales, de tráfico y consumo energético, que se integran continuamente en el modelo.

La construcción de este gemelo digital requirió un esfuerzo masivo de recolección y procesamiento de datos. Durante 12 meses, se realizaron escaneos LIDAR aéreos y terrestres, se integraron 15 bases de datos gubernamentales diferentes y se procesaron 2,5 petabytes de información inicial. Para garantizar la precisión del modelo, se realizaron comparaciones con mediciones físicas en 500 puntos de control, logrando un margen de error inferior al 3% en simulaciones energéticas. Este gemelo digital se actualiza constantemente mediante los sensores IoT, manteniendo su fidelidad con la ciudad real.

Aplicación de inteligencia artificial generativa en planificación urbana

Sobre esta base de datos, Singapur implementó algoritmos de IA generativa especializados en diferentes aspectos de la planificación urbana. Para optimizar el uso del suelo, se desarrolló una red generativa antagónica (GAN) que analiza 50 parámetros diferentes —como accesibilidad, sombreado, vistas y niveles de ruido— para proponer disposiciones urbanas óptimas. Este sistema fue capaz de generar y evaluar 2.500 variantes diferentes para la asignación de 15.000 nuevas viviendas anuales, garantizando que se mantuviera la calidad de vida.

En el ámbito del transporte, se implementaron redes neuronales gráficas que optimizan las rutas del transporte público bajo restricciones específicas: máxima distancia caminable de 500 metros, cobertura del 95% de la población y presupuestos predeterminados. Estos algoritmos consideran no solo la eficiencia operativa sino también la equidad en el acceso. Adicionalmente, se crearon modelos de simulación de comportamiento poblacional que representan a los 5,7 millones de habitantes mediante agentes inteligentes con comportamientos realistas, permitiendo simular respuestas ante cambios laborales, eventos climáticos extremos o situaciones de pandemia.

Evaluación multicriterio y selección de escenarios

Para evaluar los miles de configuraciones urbanas generadas por los algoritmos, Singapur desarrolló el Índice de Performance Urbana (UPI), un sistema de evaluación integral con 25 indicadores agrupados en cuatro dimensiones: sostenibilidad ambiental (40%), movilidad y accesibilidad (30%), equidad social (20%) y resiliencia urbana (10%). Cada escenario generado es automáticamente evaluado según estos criterios, identificando aquellos que se encuentran en la frontera de Pareto —es decir, soluciones óptimas donde mejorar un indicador necesariamente empeoraría otro.

El proceso de selección final incorpora elementos de participación ciudadana y evaluación experta. Los escenarios mejor evaluados por el sistema son sometidos a talleres participativos donde ciudadanos y especialistas pueden ajustar parámetros según preferencias sociales y consideraciones políticas. Este enfoque híbrido combina la capacidad de procesamiento de la IA con la inteligencia colectiva humana.

Automatización de la documentación técnica

Una vez seleccionados los escenarios óptimos, el sistema DocuGen automatiza la generación de toda la documentación técnica requerida. Utilizando un modelo de lenguaje fine-tuned con 10.000 documentos de planificación urbana, el sistema produce informes de impacto ambiental de 500 a 1.000 páginas, documentos de licitación técnica y resúmenes ejecutivos para decisores políticos. Todo este proceso, que tradicionalmente requería meses de trabajo de equipos multidisciplinarios, se reduce a días, manteniendo consistencia técnica y adaptándose a los requerimientos normativos específicos.

Resultados tangibles y lecciones aprendidas

La implementación de este enfoque ha generado mejoras cuantificables en múltiples dimensiones. El tiempo de planificación urbana se redujo de 24-36 meses a 8-12 meses (67% de reducción). El consumo energético de edificios disminuyó de 180 kWh/m^2/año a 117 kWh/m^2/año (35% de reducción), mientras que el uso del automóvil privado bajó del 45% al 27% de los viajes. El acceso a parques aumentó del 68% al 92% de la población, y la resiliencia ante inundaciones mejoró de eventos cada 10 años a eventos cada 50 años.

Entre las lecciones clave identificadas por los planificadores singapurenses destacan la importancia de establecer marcos legales para el intercambio de datos entre agencias gubernamentales, la necesidad de invertir continuamente en el desarrollo de capacidades técnicas especializadas, y la esencial integración del *feedback* comunitario en los modelos de optimización. Para el futuro, Singapur planea expandir este enfoque hacia modelos predictivos que anticipen necesidades futuras, sistemas de planificación adaptativa en tiempo real, y la extensión del gemelo digital a escala regional en el marco de la ASEAN.

Ejemplo: Una conocida marca automotriz decidió abordar un componente aparentemente secundario pero clave: el bastidor del asiento. Este elemento actúa como la "columna vertebral" de la estructura del asiento, y su diseño influye directamente en la comodidad del usuario, la seguridad en caso de colisión, el peso total del vehículo y el espacio disponible en la cabina.

La industria automotriz se encuentra en una constante búsqueda de equilibrio entre seguridad, confort, eficiencia energética y sostenibilidad. Cada componente de un vehículo debe cumplir con exigentes estándares técnicos, pero también adaptarse a las nuevas demandas del mercado: mayor espacio interior, menor peso, menor consumo y mayor adaptabilidad a procesos de fabricación modernos.

Tradicionalmente, los bastidores se diseñaban con formas rectangulares y materiales metálicos robustos, pensados para cumplir con los requisitos de resistencia. Sin embargo, esta aproximación limitaba la capacidad de innovación en términos de forma, ergonomía y eficiencia estructural. Fue entonces cuando los ingnieros de la marca decidieron aplicar diseño generativo, una técnica basada en inteligencia artificial que permite explorar automáticamente miles de variantes geométricas a partir de parámetros definidos por los ingenieros.

Identificación del problema técnico

El equipo de diseño de interiores, liderado por Shinsuke Omori, se enfrentaba a un dilema: los asientos modernos incorporan cada vez más funciones (calefacción, sensores, electrónica), lo que aumenta su peso y volumen. Esto genera tres problemas principales:

1. **Mayor consumo energético** del vehículo, especialmente en modelos eléctricos.
2. **Reducción del espacio disponible** para los pasajeros, afectando la comodidad.
3. **Limitaciones en la eficiencia estructural**, al tener que reforzar zonas que no están optimizadas geométricamente.

Además, el bastidor debía cumplir con estrictas normas de seguridad: soportar impactos, distribuir fuerzas en caso de colisión, y mantener la integridad estructural ante cargas dinámicas.

Paso 2: Aplicación del diseño generativo

Se recurrió a Autodesk Fusion 360, una plataforma que integra algoritmos generativos con simulación estructural. El proceso comenzó con la definición de parámetros clave:

- **Resistencia mínima** ante impactos.
- **Peso máximo permitido**.
- **Dimensiones de la cabina** y espacio para piernas.
- **Restricciones de fabricación** (compatibilidad con moldeo por inyección y procesos industriales).

Una vez definidos estos parámetros, el sistema generó **miles de variantes geométricas**, muchas de ellas con formas orgánicas, similares a estructuras óseas o ramas. Estas formas, imposibles de concebir por un diseñador humano, fueron evaluadas automáticamente según criterios de:

- Rigidez estructural.
- Absorción de impacto.
- Estética y ergonomía.
- Facilidad de fabricación.

Metodologías para la Innovación

El equipo de diseño no se limitó a aceptar las propuestas del algoritmo. Se realizaron ajustes manuales para mejorar proporciones, balance visual y funcionalidad. Este enfoque híbrido —donde la IA propone y el humano refina— es un ejemplo claro de creatividad computacional colaborativa.

Paso 3: Validación y resultados

Pasados cuatro meses de iteración, simulación y refinamiento, se seleccionó un diseño final que cumplía con todos los requisitos. Los resultados fueron notables:

- **Reducción del peso del bastidor en más del 30%**, lo que contribuye directamente a la eficiencia energética del vehículo.
- **Liberación de espacio en la cabina**, especialmente para los pasajeros traseros, mejorando la ergonomía y la percepción de amplitud.
- **Compatibilidad con procesos de fabricación en serie**, como el moldeo por inyección, lo que permite su implementación en modelos comerciales.

Este bastidor no solo cumplía con los estándares técnicos, sino que también se convirtió en referencia interna para rediseñar otros componentes del vehículo bajo el mismo enfoque generativo.

El proyecto representa un caso paradigmático de cómo la IA generativa puede transformar el diseño en ingeniería. El algoritmo no reemplaza al diseñador, sino que amplía su capacidad creativa, explorando soluciones que serían imposibles de concebir manualmente. Además, permite:

- **Optimizar múltiples variables simultáneamente** (peso, resistencia, estética, coste).
- **Reducir el tiempo de desarrollo** mediante simulaciones automáticas.
- **Mejorar la sostenibilidad**, al reducir el uso de materiales y energía.

Capítulo 4

Herramientas y técnicas prácticas

4.1. Mapas mentales (Mind Maps)

Estas herramientas son fundamentales para externalizar el pensamiento, pasando de ideas abstractas en la mente a estructuras visuales y tangibles. Aunque a veces se usan como sinónimos, tienen objetivos y estructuras diferentes.

Los Mapas Mentales *(Mind Maps)* son diagramas radiales y orgánicos que se expanden a partir de un concepto central (nodo raíz). Su objetivo es **explorar y asociar libremente** ideas alrededor de un tema, estimulando la memoria y la generación de pensamientos no lineales. Son ideales para la fase de «divergencia» creativa. Las características clave son:

- **Estructura Radial:** Un concepto central del que surgen ramas principales, secundarias, etc.
- **Palabras Clave:** Se usa una o dos palabras por rama para mantener la agilidad.
- **Uso de Imágenes, Colores y Símbolos:** Estimulan el hemisferio derecho del cerebro, favoreciendo la creatividad y la memoria.
- **Líneas Curvas:** Reflejan el flujo natural del pensamiento.

> *Ejemplo*: Diseñar un sistema de drenaje urbano más eficiente y sostenible para una nueva urbanización.

1. **Concepto Central:** Colocamos «SISTEMA DE DRENAJE SOSTENIBLE» en el centro del mapa.
2. **Ramas Principales (Primer Nivel):** Identificamos las dimensiones clave del problema. Por ejemplo:

   - **OBJETIVOS** (¿Qué debe lograr? Ej.: Prevenir inundaciones, Recargar acuíferos).
   - **RESTRICCIONES** (¿Qué limita el diseño? Ej.: Presupuesto, Normativa, Espacio).
   - **FUNCIONES** (¿Qué debe hacer el sistema? Ej.: Captar, Transportar, Infiltrar, Almacenar).
   - **INSPIRACIÓN** (¿De dónde podemos aprender? Ej.: Biomimética, Casos de Estudio).

3. **Ramas Secundarias y Terciarias (Expansión):** Explotamos cada rama. Por ejemplo, de **"INSPIRACIÓN"**:

Herramientas y técnicas prácticas

- Rama: **Biomimética**

  - Sub-rama: **Bosques** → Palabras clave: *Copia de árboles, Hojarasca, Suelo poroso.*
  - Sub-rama: **Termiteras** → Palabras clave: *Ventilación pasiva, Capilaridad.*
  - Sub-rama: **Desierto de Namibia** (escarabajo) → Palabras clave: *Captación de agua de la niebla.*

- Rama: **Casos de Estudio**

  - Sub-rama: **Sponge Cities (China)** → Palabras clave: *Pavimentos permeables, Jardines de lluvia.*
  - Sub-rama: **Proyecto SWMM (EPA USA)** → Palabras clave: *Modelado hidráulico.*

Resultado: El ingeniero tiene ahora una visión global e interconectada de todos los factores relevantes. Al ver «Captación de agua de la niebla» junto a «Jardines de lluvia», podría surgir una idea híbrida innovadora: un sistema de captación de humedad atmosférica para riego de las áreas verdes del drenaje.

4.2. Mapas conceptuales *(Concept Maps)*

Esto mapas son diagramas que representan relaciones proposicionales entre conceptos. Su objetivo es organizar el conocimiento y entender las relaciones complejas dentro de un sistema. Son ideales para la fase de "convergencia", análisis y comunicación técnica.

- **Características clave:**

  - **Estructura jerárquica o en red:** Los conceptos más generales van arriba o en el centro.
  - **Nodos con conceptos:** Cada idea es un nodo.
  - **Líneas con etiquetas (Proposiciones):** Las líneas que conectan los nodos llevan una etiqueta que explica la relación. Ej.: «UN FILTRO PERMITE LA INFILTRACIÓN".
  - **Enfoque en la lógica:** Prima la claridad y precisión de las relaciones sobre lo visual-lúdico.

Ejemplo: Comunicar y analizar el funcionamiento de un sistema pasivo de ventilación inspirado en una termitera (como el Eastgate Centre).

1. **Pregunta focal:** Empezamos con una pregunta como «¿CÓMO REGULA LA TEMPERATURA EL SISTEMA DE VENTILACIÓN?»
2. **Identificar conceptos clave:** Listamos los elementos principales: *Aire Caliente, Aire Frío, Diferencia de Temperatura, Diferencia de Presión, Chimeneas Solares, Masa Térmica, Aberturas Basales, Flujo de Aire.*
3. **Establecer proposiciones (Conectar los conceptos):** Creamos frases que relacionen los conceptos. Por ejemplo:

   - El sol → **calienta** → las chimeneas solares.
   - Las chimeneas solares → **calientan el** → aire en su interior.
   - El aire caliente → **se eleva por** → diferencia de densidad (convección).
   - La ascensión del aire caliente → **crea una** → diferencia de presión (depresión).
   - La diferencia de presión → **succiona** → aire fresco del exterior.
   - El aire fresco del exterior → **ingresa a través de** → aberturas basales.
   - La masa térmica del edificio → **absorbe calor durante el** → día.
   - La masa térmica → **libera calor durante la** → noche.

Resultado: El mapa conceptual no solo lista partes, sino que explica *cómo* interactúan para lograr la regulación térmica. Esto es invaluable para:
- **Comunicación:** Explicar el principio de funcionamiento a clientes o nuevos miembros del equipo.
- **Análisis:** Identificar puntos débiles (ej.: ¿qué pasa si no hay sol?).
- **Optimización:** Visualizar cómo un cambio en un componente afecta a todo el sistema.

4.3. Mapas mentales *vs.* mapas conceptuales

Imagina que tienes frente a ti un desafío de ingeniería complejo, como diseñar una red de sensores para un puente inteligente. Por un lado, necesitas generar una lluvia de ideas libre y creativa sobre qué medir, cómo hacerlo y con qué tecnologías. Por otro, necesitas explicar con claridad absoluta a tu equipo cómo se interconectan todos esos sensores, el flujo de datos y la lógica del sistema. ¿Utilizarías el mismo tipo de diagrama para ambas tareas?

La respuesta es un rotundo no. Y es aquí donde la distinción entre Mapas Mentales y Mapas Conceptuales se vuelve crítica. Aunque ambos son herramientas de representación visual del conocimiento, su estructura y objetivo final son radicalmente diferentes. La siguiente tabla te ayudará a elegir la herramienta correcta en el momento adecuado.

Característica	Mapa Mental	Mapa Conceptual
Propósito	**Generar ideas** (brainstorming), explorar, tomar notas.	**Organizar conocimiento**, analizar sistemas, comunicar con precisión.
Estructura	Radial, orgánica, libre.	Jerárquica, lógica, de red.
Elementos	Palabra clave + Imagen por nodo.	Conceptos interconectados con líneas etiquetadas (proposiciones).
Flexibilidad	Alta, muy personal.	Menor, busca representar relaciones objetivas.
Uso en Proyecto	**Fase Inicial (Divergencia):** Para abrir el abanico de posibilidades.	**Fase de Análisis/Diseño (Convergencia):** Para profundizar y refinar una idea seleccionada.

Un ingeniero efectivo no elige entre uno u otro, sino que domina cuándo y cómo aplicar cada uno. El flujo ideal sería: utilizar un mapa mental para romper moldes y explorar soluciones audaces en la fase de definición del problema y conceptualización; y, una vez seleccionada la dirección más prometedora, emplear un mapa conceptual para darle estructura, profundidad y viabilidad técnica antes de pasar a los cálculos detallados y la implementación.

Esta dualidad es la esencia del pensamiento ingenieril moderno: la capacidad de ser creativo y riguroso, divergente y convergente, todo en el mismo proyecto.

4.4. *Brainstorming* estructurado, *Brainwriting,* 6 sombreros y *Trystorming*

La ingeniería ha sido históricamente el dominio del pensamiento lógico, analítico y sistemático. Desde el diseño de puentes hasta el desarrollo de algoritmos, los ingenieros han confiado en principios matemáticos, leyes físicas y metodologías rigurosas para resolver problemas. Esta aproximación ha sido clave para el progreso técnico y científico. Sin embargo, en el siglo XXI, los desafíos que enfrenta la ingeniería han evolucionado: son más complejos, multidimensionales, inciertos y, en muchos casos, sin precedentes.

Hoy en día, los ingenieros no solo deben calcular, optimizar y validar; también deben imaginar, reinterpretar y reinventar. La globalización, la sostenibilidad, la digitalización y la presión por innovar han generado un entorno donde las soluciones tradicionales ya no son suficientes. En este contexto, la creatividad —entendida como la capacidad de generar ideas nuevas, útiles y relevantes— se convierte en una competencia estratégica para el ingeniero moderno. Y ante la pregunta que bien podría ser la primera de esta publicación: ¿Por qué creatividad en ingeniería?, podemos adelantar las siguientes conclusiones:

- **Problemas mal definidos**: Muchos retos actuales no tienen una única solución correcta. Por ejemplo, ¿cómo diseñar una ciudad inteligente que sea eficiente, inclusiva y resiliente? Este tipo de problemas requiere pensamiento divergente.
- **Entornos cambiantes**: Las tecnologías emergentes (como la inteligencia artificial, la robótica o el blockchain) obligan a los ingenieros a adaptarse rápidamente y a pensar fuera de los esquemas tradicionales.
- **Interdisciplinariedad**: La ingeniería moderna se cruza con la biología, la sociología, la economía y el diseño. Esto exige una mentalidad abierta y creativa para integrar conocimientos diversos.
- **Innovación como valor competitivo**: Las empresas buscan diferenciarse no solo por calidad o precio, sino por innovación. El ingeniero creativo es clave para generar propuestas disruptivas.

Es importante destacar que la creatividad en ingeniería no implica abandonar el rigor técnico. Al contrario, se trata de complementar el pensamiento lógico con herramientas que estimulen la generación de ideas, la exploración de alternativas y la toma de decisiones desde múltiples perspectivas. Es una creatividad estructurada, orientada a resultados concretos y aplicables.

Durante mucho tiempo, la creatividad fue vista como patrimonio exclusivo de las artes. Sin embargo, investigaciones en neurociencia, psicología cognitiva y gestión de la innovación han demostrado que todos los seres humanos tienen capacidad creativa, y que esta puede desarrollarse mediante técnicas, entrenamiento y práctica. En ingeniería, esto se traduce en la posibilidad de aplicar métodos sistemáticos para fomentar la creatividad en equipos técnicos, en procesos de diseño, en resolución de problemas y en toma de decisiones.

4.4.1. Brainstorming *estructurado*

El *brainstorming,* o lluvia de ideas, fue desarrollado por Alex Osborn en los años 40 como una técnica para generar ideas en grupo sin juicios ni censuras. Su versión estructurada añade un marco metodológico que permite canalizar la creatividad de forma más eficaz. Las fases del proceso son las siguientes:

1. **Definición clara del problema**: Se formula una pregunta concreta que guíe la sesión.
2. **Selección de participantes**: Idealmente entre 5 y 8 personas con perfiles diversos.
3. **Establecimiento de reglas**: No juzgar ideas, fomentar cantidad sobre calidad.
4. **Generación libre de ideas**: Se anotan todas las propuestas.
5. **Agrupación y categorización**: Se organizan por temas o enfoques.
6. **Evaluación y selección**: Se priorizan según criterios técnicos.
7. **Desarrollo de soluciones**: Se combinan y refinan las ideas seleccionadas.
8. **Plan de acción**: Se asignan tareas y plazos para implementar las soluciones.

> *Ejemplo*: Reducción de consumo energético en una planta industrial que consume un 15% más de energía que el promedio del sector.

Fase 1: Problema formulado como pregunta guía: «¿De qué maneras podemos reducir el consumo energético total de la Planta en al menos un 10% en los próximos 12 meses, manteniendo los niveles actuales de producción y seguridad?»

Una pregunta vaga como "¿cómo ahorrar energía?" genera ideas dispersas. Al acotar el problema (10%, 12 meses, mantener producción) se enfoca la creatividad en soluciones realistas y medibles.

Fase 2: Selección de participantes

- **Composición del equipo (6 personas):**

    - **Facilitador:** Jefe de Proyectos (neutral, guía el proceso).
    - **Ingeniera de procesos:** Conoce el flujo productivo y los puntos de mayor consumo.

- **Técnico de mantenimiento:** Sabe el estado real de la maquinaria y sus ineficiencias.
- **Especialista en eficiencia energética:** Aporta conocimiento técnico especializado.
- **Operaria de línea con experiencia:** Ofrece la perspectiva del usuario diario de las instalaciones.
- **Analista financiero:** Ayudará a evaluar la viabilidad económica.

- **Justificación:** La diversidad es clave. Un equipo solo de ingenieros podría pasar por alto detalles prácticos que un operario ve a diario. El facilitador evita que personas dominantes monopolicen la conversación.

Fase 3: Establecimiento de reglas explicitadas al Inicio:

- **Posponer el juicio**: «Ninguna idea es mala en esta etapa. Eviten frases como ‹eso es muy caro› o ‹eso ya lo intentamos›.»
- **Bienvenidas las ideas atrevidas**: "Una idea que parezca imposible puede inspirar una solución práctica."
- **Cantidad sobre calidad (inicialmente)**: «El objetivo es llenar el rotafolio. Cuantas más ideas, mejor.»
- **Construir sobre las ideas de otros**: «Pueden decir ‹eso me hace pensar en...› y agregar a la idea de un compañero.»
- **Justificación docente**: Estas reglas crean un espacio psicológicamente seguro, fundamental para que los participantes se sientan libres de compartir ideas sin miedo al ridículo o la crítica.

Fase 4: Generación libre de ideas

- **Dinámica**: El facilitador escribe la pregunta en un rotafolio. Durante 25 minutos, los participantes van diciendo ideas, que el facilitador anota tal cual son expresadas, sin filtro.
- **Lista ejemplo de ideas generadas**:

  - "Reemplazar todas las luces fluorescentes por LED de bajo consumo."
  - "Instalar sensores de presencia en baños, almacenes y pasillos poco transitados."
  - "Programar el apagado automático de las máquinas auxiliares (compresores, bombas) tras 15 minutos de inactividad."
  - "Pintar el techo de blanco para mejorar la reflectividad lumínica y reducir la necesidad de luz artificial."

- "Colocar paneles solares en la cubierta de la nave para autoconsumo."
- "Revisar y sellar todas las fugas en el sistema de aire comprimido."
- "Implementar un sistema de gestión energética en tiempo real para monitorizar picos de consumo."
- "Crear un programa de incentivos para turnos que logren mayores ahorros."
- "Rediseñar el layout de la línea para reducir el uso de transportadores motorizados."
- "Negociar una tarifa eléctrica con la comercializadora que penalice menos los picos de demanda."

Fase 5: Agrupación y categorización

- **Proceso:** Tras la generación, el equipo revisa las ideas y las agrupa en categorías lógicas.
- **Categorías creadas:**

  - **Iluminación:** LED, sensores de presencia, techo blanco.
  - **Automatización y control:** Apagado automático de máquinas, sistema de gestión energética.
  - **Energías renovables:** Paneles solares.
  - **Mantenimiento proactivo:** Sellado de fugas de aire comprimido.
  - **Optimización de procesos:** Rediseño del *layout*.
  - **Factor humano y gestión:** Programa de incentivos, negociación de tarifas.

Fase 6. Evaluación y selección

- **Criterios de evaluación definidos:** El equipo decide priorizar las ideas en función de dos criterios:

  - Impacto Potencial en el Ahorro (Alto/Medio/Bajo).
  - Viabilidad de Implementación (Rápida/Medio Plazo/Compleja).

- **Matriz de decisión:**

  - **Alto impacto + Rápida implementación (Acción inmediata):**

    - Sellado de fugas de aire comprimido. El técnico de mantenimiento confirma que es un problema conocido y de bajo coste solucionar.

○ Instalación de sensores de presencia en zonas de bajo tránsito.

– **Alto impacto + Implementación a medio plazo (Planificar Proyecto):**

○ Sustitución completa a iluminación LED.
○ Programación de apagado automático de máquinas auxiliares.

– **Alto impacto + Implementación compleja (Estudio de Viabilidad):**

○ **Instalación de paneles solares.** El analista financiero sugiere un estudio de retorno de inversión.
○ **Rediseño del *layout*.** La ingeniera de procesos propone una simulación previa.

Fase 7: Desarrollo de soluciones

- **Proceso:** El equipo no elige una sola idea, sino que combina las de «Acción Inmediata» y «Medio Plazo» en un plan integrado.
- **Plan integrado propuesto:** «Fase 1: Implementar el sellado de fugas y los sensores de presencia en los próximos 2 meses. Paralelamente, Fase 2: Realizar un presupuesto detallado para la migración a LED y la automatización de apagados, con inicio en el trimestre siguiente.»

Fase 8: Plan de acción

- **Tareas específicas:**

  – **Tarea 1 (Sellado de fugas):** el responsable es el técnico de mantenimiento. Plazo: 30 días.
  – **Tarea 2 (Sensores de presencia):** el responsable es el especialista en eficiencia energética. Plazo: 45 días. Presupuesto: €X.
  – **Tarea 3 (Presupuesto LED y Automatización):** El responsable es el Jefe de proyectos con el analista financiero. Plazo: 60 días para presentación a dirección.

- **Métricas de seguimiento:** Reducción porcentual del consumo en kWh/mes comparado con el mismo periodo del año anterior.

Tras la implementación de la Fase 1 (Acciones Inmediatas), la planta logra una reducción del 3.5% en su consumo energético en los primeros tres

Herramientas y técnicas prácticas

meses. La presentación del presupuesto de la Fase 2 es aprobada por la dirección, ya que el éxito inicial demuestra el valor del enfoque. Se proyecta que, con la implementación completa del plan, la reducción superará el 10% objetivo en un plazo de 12 meses. Este caso evidencia cómo el Brainstorming Estructurado transforma la creatividad grupal en un plan de acción concreto, medible y exitoso, perfectamente alineado con el rigor de la ingeniería.

4.4.2. Brainwriting. *La Sinergia del pensamiento escrito*

En el ámbito de la ingeniería, donde la precisión, la eficiencia y la fundamentación son pilares indiscutibles, las técnicas de generación de ideas no pueden dejarse al arbitrio de la mera espontaneidad. Surge entonces el *Brainwriting,* una metodología desarrollada por Bernd Rohrbach en 1968 que, lejos de ser una mera variante silenciosa del *brainstorming,* constituye un sistema estructurado de pensamiento colaborativo que aprovecha el potencial individual y colectivo de forma sistemática. Su premisa fundamental es simple pero profundamente poderosa: sustituir la dinámica oral, propensa a desequilibrios y sesgos, por un proceso de escritura secuencial y anónimo. La mecánica básica implica que cada participante, de forma simultánea, escribe sus ideas en un soporte físico o digital (por ejemplo, una hoja de papel o un tablero compartido). Estas ideas son luego compartidas con el resto del grupo, que las lee, se inspira en ellas y las desarrolla, añadiendo nuevas perspectivas o combinaciones.

La esencia de su funcionamiento radica en lo que se conoce como "estimulación cognitiva en cadena". A diferencia de una lluvia de ideas tradicional, donde una idea verbalizada puede "acaparar" la atención del grupo o ser olvidada rápidamente, en el *brainwriting* cada idea queda plasmada de forma permanente. Esto permite a cada ingeniero procesar la información a su propio ritmo cognitivo, sin la presión de interrumpir o de ser interrumpido. Un participante puede detenerse a analizar una idea compleja relacionada con la termodinámica de un sistema, mientras otro explora una solución basada en controladores lógicos programables, y un tercero considera los materiales compuestos. Todas estas líneas de pensamiento avanzan en paralelo, sin colisionar, para luego converger en una rica base de datos de conceptos interconectados. Este proceso mitiga de forma efectiva fenómenos psicosociales perjudiciales para la creatividad, como el "pensamiento grupal" (la tendencia a conformarse con la opinión mayoritaria), la inhibición por miedo al juicio o la influencia negativa de personalidades dominantes.

En un equipo multidisciplinar de ingeniería, donde un experto en fluidos, otro en estructuras y otro en automatización pueden tener estilos comunicativos muy diferentes, el brainwriting garantiza que la voz —o mejor dicho, la pluma— de cada uno tenga exactamente el mismo peso. Es, en definitiva, un proceso democrático y altamente eficiente para la minería de conocimiento tácito y explícito presente en un grupo de especialistas.

Dentro del *brainwriting,* el método 6-3-5 se erige como el protocolo más célebre y metódico, casi un algoritmo diseñado específicamente para optimizar la producción de ideas. Su nombre es un acrónimo nemotécnico que describe sus parámetros operativos con la claridad de un plano de ingeniería: 6 participantes, que generan 3 ideas por ronda en un tiempo de 5 minutos por ronda. La elegancia de este método reside en su simplicidad y reproducibilidad, características muy valoradas en nuestra disciplina.

La ejecución sigue un ritual preciso. Se reúne a los seis participantes alrededor de una mesa, cada uno con una hoja de papel (o una tabla en un software colaborativo) previamente dividida en tres columnas y seis filas, formando 18 casillas. En la parte superior de su hoja, cada individuo escribe el problema a resolver, formulado de manera clara y concisa. Al comienzo de la primera ronda de 5 minutos, cada persona genera tres ideas iniciales, una por casilla en la primera fila. Transcurrido el tiempo, todas las hojas se rotan en el sentido de las agujas del reloj. Ahora, cada participante se encuentra con una hoja que contiene tres ideas propuestas por un colega. Su tarea en los siguientes 5 minutos no es simplemente generar tres ideas nuevas desde cero, sino hacerlo partiendo del estímulo de las ideas que tiene delante. Puede: a) desarrollar o mejorar una de las ideas existentes, b) combinarlas para crear una nueva solución híbrida, o c) generar una idea completamente novedosa inspirada por las anteriores. Este proceso de rotación y construcción se repite hasta que cada hoja ha circulado por todos los participantes, completando las seis filas.

El resultado matemático es tan impresionante como su potencial creativo: 6 participantes × 3 ideas/ronda × 6 rondas = 108 ideas en apenas 30 minutos. Sin embargo, la verdadera riqueza no está en el número bruto, sino en la profundidad y la evolución que experimentan las ideas a lo largo de las rotaciones. Una noción simple escrita en la primera ronda puede, tras pasar por las mentes de cinco ingenieros más, transformarse en un concepto sofisticado y multidisciplinar, habiendo sido enriquecida con consideraciones de viabilidad económica, optimización energética, facilidad de mantenimiento y robustez estructural que una sola persona difícilmente podría abarcar.

La adopción del *brainwriting,* y particularmente del método 6-3-5, reporta una serie de ventajas estratégicas que se alinean perfectamente con los objetivos y la cultura de la ingeniería.

Herramientas y técnicas prácticas

- **Participación equitativa y aprovechamiento del capital intelectual:** Garantiza que todos los miembros del equipo, independientemente de su rango, personalidad o especialidad, contribuyan en igual medida. Esto es clave para aprovechar el conocimiento de los técnicos junior o de los especialistas introvertidos, cuyo aporte suele quedar opacado en discusiones abiertas.
- **Producción en masa de ideas con diversidad inherente:** La estructura obliga a una generación constante y evita los temidos «silencios incómodos». Al forzar la rotación de perspectivas, se combate la fijación mental (el *«Einstellung effect»,* o tendencia a aferrarse a la primera solución que aparece) y se fomenta la diversidad cognitiva, generando no solo muchas ideas, sino ideas de distinta naturaleza (incrementales, radicales, de proceso, de producto).
- **Eliminación de sesgos y ruido comunicacional:** Al ser anónimo durante el proceso de generación, el método elimina los sesgos de afinidad o autoridad. Una idea se juzga por su contenido meritorio, no por quién la propuso. Además, elimina las interrupciones, las discusiones prematuras sobre viabilidad y el «ruido» de las dinámicas grupales, centrando toda la energía en la pura creación.
- **Fomento de la profundidad y la reflexión:** Los cinco minutos de cada ronda proporcionan un espacio valioso para la introspección y el pensamiento profundo, permitiendo a los ingenieros realizar cálculos mentales rápidos, visualizar esquemas o conectar conceptos de forma más sólida que en la inmediatez de una conversación.
- **Documentación Automática e Integridad del Proceso:** Cada hoja de *brainwriting* es un acta fidedigna de la sesión. Proporciona un rastro de papel completo que muestra el origen y la evolución de cada concepto, algo invaluable para la posterior fase de análisis, priorización y defensa de las soluciones ante la dirección o clientes.

Ejemplo: Rediseño del sistema de transporte interno dentro de una planta de fabricación de automóviles.

Imaginemos una planta de montaje de una reconocida compañía automotriz. El problema identificado es ineficiente y costoso: el sistema de transporte de chasis y grandes componentes entre las estaciones de soldadura, pintura y ensamblaje final es un cuello de botella crítico. Se basa en carretillas elevadoras manejadas por operarios y trayectos fijos, lo que genera:

- Tiempos de espera impredecibles.
- Riesgo de accidentes.
- Daños por manipulación en los componentes.
- Incapacidad para adaptarse a cambios en la secuencia de producción para modelos personalizados.

La dirección de ingeniería de planta encarga a un equipo multidisciplinar la tarea de conceptualizar un nuevo sistema de transporte interno automatizado. El objetivo clave es aumentar la flexibilidad y la eficiencia en un 30%, reduciendo simultáneamente los incidentes de seguridad.

Sesión de Brainwriting *6-3-5*

El equipo está formado por seis ingenieros: un especialista en automatización (Guillermo), un ingeniero de procesos (Hugo), un experto en logística (Andrea), un ingeniero de seguridad (Héctor), un técnico en robótica (Mateo) y un ingeniero de mantenimiento (Steve).

Se reúnen en una sala con una mesa grande, cada uno con su plantilla 6-3-5. El problema se formula así: "¿Cómo podemos diseñar un sistema de transporte de materiales entre estaciones que sea totalmente automatizado, flexible para adaptarse a cambios de producción y que maximice la seguridad?"

- **Ronda 1 (Minutos 0-5): Ideas semilla.** Cada uno escribe sus tres ideas iniciales, basadas en su expertise.

  - **Guillermo (Automatización):** 1. Vehículos Guiados Automáticamente (AGV) con seguimiento de líneas magnéticas. 2. Sistema de rieles aéreos para cargas suspendidas. 3. Pistas de rodillos motorizados controlados por PLC.
  - **Hugo (Procesos):** 1. Estaciones de intercambio «buffers» para desacoplar líneas. 2. Sistema «Kanban" físico mejorado con sensores. 3. Rediseñar la disposición de la planta para flujo continuo.
  - **Andrea (Logística):** 1. Software de gestión de flotas en tiempo real. 2. Etiquetas RFID en todos los chasis para rastreo. 3. Zonas de carga/descarga automatizadas.
  - **Héctor (Seguridad):** 1. Corredores exclusivos para transporte, sin paso de personas. 2. Sensores láser de parada de emergencia perimetrales. 3. Iluminación y señalización audible en movimientos.
  - **Mateo (Robótica)**: 1. Robots móviles autónomos (AMR) con navegación SLAM (por láser). 2. Brazos robóticos en estaciones para

carga/descarga automática. 3. Drones para transporte de piezas ligeras y urgentes.

– **Steve (Mantenimiento)**: 1. Diseño modular para fácil sustitución de componentes. 2. Sistema de diagnóstico remoto y predicción de fallos. 3. Puntos de carga inductiva en paradas para vehículos eléctricos.

• **Ronda 2 (Minutos 5-10): Primeras Síntesis**: Las hojas rotan. Cada ingeniero ve las ideas de otro. Por ejemplo, Andrea recibe la hoja de Guillermo. Ve "AGV con líneas magnéticas" y "Software de gestión". Escribe:

– Combinar AGV de Guillermo con mi software de gestión para optimizar rutas dinámicamente, evitando congestiones.
– ¿AGVs con carga inductiva (como sugirió Steve) para autonomía ilimitada?
– Usar los rieles aéreos para zonas de alto tráfico y AGVs para distribución final.

Mientras, Héctor recibe la hoja de Mateo con "AMRs con SLAM". Anota:

– Los AMRs sin rutas fijas necesitan un sistema de seguridad superior: integrar mis sensores láser perimetrales en cada robot.
– Mapa digital de la planta con zonas de exclusión para personas.
– Protocolo de parada automática si un RFID (idea de Andrea) detecta una persona en zona restringida.

• **Rondas 3 a 6 (Minutos 10-30)**: Evolución y Convergencia. El proceso se repite. Las ideas comienzan a madurar y a combinarse de formas innovadoras.

– La idea de los drones de Mateo, inicialmente considerada marginal, al pasar por Hugo (Procesos) se convierte en: "Drones solo para transporte de herramientas o componentes críticos que detienen la línea, como alternativa ultra-rápida a los sistemas principales."
– La sugerencia de rediseño de planta de Hugo es enriquecida por Steve (Mantenimiento): "El nuevo layout debe incluir corredores de mantenimiento amplios y acceso fácil a todos los componentes del sistema de transporte, ya sean AGV o rieles."

- La noción de AMRs con SLAM de Mateo y la de AGVs con líneas de Guillermo son comparadas y contrastadas por varios participantes. Andrea (Logística) escribe: "Ventaja de AMRs: flexibilidad absoluta. La desventaja es el costo y complejidad. Propuesta híbrida: usar AGVs de bajo costo en rutas principales predefinidas, y unos pocos AMRs para tareas especiales y redistribución dinámica." Guillermo, al recibir esta hoja, añade: "Se puede implementar un sistema de AGVs con seguimiento magnético pero con desvíos controlados por el software central, logrando un equilibrio entre costo y flexibilidad."

- **Análisis Post-Sesión y Resultado:**

Tras los 30 minutos, el equipo no tiene 108 ideas inconexas, sino un ecosistema de conceptos interrelacionados. Utilizan técnicas de agrupación y votación para priorizar. Identifican dos grandes clústeres de soluciones viables:

1. **Sistema híbrido AGV/AMR con gestión centralizada inteligente:** Esta es la idea fusionada que surgió de la combinación de las propuestas de Guillermo, Mateo, Andrea y Héctor. Se decide profundizar en ella.
2. **Sistema de rieles aéreos automatizados para el flujo principal:** Considerado como una alternativa más rígida pero potencialmente más rápida para las operaciones de mayor volumen.

El equipo elabora un informe detallado para la dirección, donde se recomienda la **Opción 1**. Se destaca cómo esta solución integra:

- La robustez y menor costo de los AGVs para el 80% de las rutas.
- La flexibilidad de unos pocos AMRs para resolver cuellos de botella y adaptarse a cambios.
- Un software de gestión de flotas en tiempo real, alimentado por RFIDs, que optimiza las rutas y previene colisiones.
- Un sistema de seguridad multicapa que incluye sensores perimetrales en los vehículos y un mapa digital con zonas de exclusión.
- Un diseño para el mantenimiento con diagnósticos remotos y puntos de carga inductiva.

La dirección aprueba el desarrollo de un prototipo basado en esta conceptualización. Tras su implementación en una línea piloto, se logra una reducción del 40% en los tiempos de transporte, una disminución del 90% en incidentes de seguridad relacionados con el movimiento de materiales y una flexibilidad que permite introducir pedidos personalizados sin detener la producción.

El brainwriting no solo resolvió el problema técnico, sino que generó una solución óptima, económica y segura, fruto de la integración sinérgica del conocimiento diverso de todo el equipo de ingeniería.

4.4.3. Los Seis Sombreros para pensar

En ingeniería, y en este caso vamos a centrarnos en la ingeniería aeronáutica, donde las decisiones conllevan implicaciones de seguridad, costes multimillonarios y vidas humanas, el proceso de deliberación no puede dejarse al libre flujo de una discusión desestructurada. Tradicionalmente, los equipos técnicos caen en lo que Edward de Bono denominó el "modelo de debate adversarial": una idea se propone y, de inmediato, surgen argumentos a favor y en contra, entrelazados con datos, emociones y críticas en una maraña de la que es difícil extraer una conclusión clara y consensuada. El método de los Seis Sombreros para Pensar, creado por este mismo autor, surge como una potente alternativa: un sistema de pensamiento paralelo que organiza y secuencia la exploración de un problema.

La genialidad del método reside en su simplicidad metafórica. Propone descomponer el acto de pensar en seis modos o direcciones fundamentales, cada uno representado por un sombrero de un color distintivo. La regla de oro es que todos los participantes en la reunión se "ponen" el mismo sombrero al mismo tiempo y dirigen su pensamiento en la misma dirección. Esto elimina la confrontación, ya que en lugar de que una persona sea la "abogada del diablo" de forma permanente, el grupo adopta colectivamente el rol crítico cuando toca el sombrero negro, y luego, de forma igualmente colectiva, se desplaza al rol creativo con el sombrero verde.

Este enfoque no solo incrementa la productividad de las reuniones, reduciendo drásticamente el tiempo dedicado a discusiones circulares, sino que también fomenta la colaboración y asegura que se examinen todos los aspectos de una decisión, incluso aquellos incómodos o aparentemente poco convencionales.

Para el ingeniero aeronáutico, acostumbrado a procedimientos estandarizados y checklists, los Seis Sombreros ofrecen un "procedimiento operativo estándar" para el pensamiento colectivo.

Cada sombrero representa un tipo específico de pensamiento, una lente a través de la cual examinar el problema. Su uso disciplinado garantiza una cobertura completa.

En el siguiente cuadro se rumen los diferentes colores asignados a los Seis Sombreros, así como el tipo de pensamiento y el rol y preguntas clave:

Sombrero	Tipo de Pensamiento	Rol y Preguntas Clave
Azul	Organizativo y de Control de Procesos	Es el sombrero del director de orquesta. Lo utiliza quien modera la sesión (por ejemplo, el jefe de proyecto). Su función es definir el objetivo, gestionar la agenda, establecer las reglas, resumir lo dicho y guiar al grupo hacia una conclusión. *Preguntas: "¿Qué queremos lograr hoy?", "Empecemos con el sombrero blanco", "Hagamos un resumen de los riesgos identificados con el negro", "Necesitamos ideas creativas, pongámonos el sombrero verde".*
Blanco	Objetivo y Neutral: Enfocado en la Información	Este sombrero exige neutralidad pura. Bajo su influencia, los participantes solo pueden exponer hechos verificables, datos objetivos e información disponible. Se separa lo que se sabe de lo que se supone. *Preguntas: "¿Qué datos tenemos sobre las tasas de fallo de este componente?", "¿Cuál es el coste actual del mantenimiento correctivo?", "¿Qué especificaciones técnicas requiere la autoridad aeronáutica (EASA/FAA) para este sistema?"*
Rojo	Emocional e Intuitivo	Este sombrero legitima las emociones, intuiciones, corazonadas y presentimientos, sin necesidad de justificación racional. En un entorno técnico, esto es clave porque las preocupaciones no verbalizadas pueden sabotear un proyecto. *Preguntas: "¿Qué 'me huele mal' de esta propuesta?", "Intuitivamente, ¿me siento seguro con este diseño?", "Mi preocupación es que los técnicos se resistan al cambio".*
Negro	Crítico y Juicioso: Enfocado en la Precaución	Es el sombrero del juicio crítico, el más natural para el ingeniero de seguridad. Identifica riesgos, debilidades, puntos de fallo, inconsistencias y por qué algo podría no funcionar. Es esencial, pero debe ser usado de forma controlada para no dominar toda la sesión. *Preguntas: "¿Qué pasa si el sensor falla en condiciones de frío extremo?", "¿Este diseño cumple con el requisito de redundancia?", "¿Hemos subestimado el coste de la certificación?"*

Amarillo	Optimista y Constructivo: Enfocado en los Beneficios	Es el contrapeso positivo al sombrero negro. Bajo este sombrero, se exploran los beneficios, ventajas, ahorros y oportunidades de una idea. Se busca el valor y la viabilidad. *Preguntas: "¿Qué ahorro de combustible podríamos lograr?", "¿Cómo mejoraría esta solución la imagen de marca de la compañía?", "¿Podría esta tecnología darnos una ventaja competitiva?"*
Verde	Creativo y de Crecimiento: Enfocado en las Alternativas	Este sombrero simboliza la creatividad, la innovación, las nuevas ideas y las alternativas. Es el espacio para la provocación, el "pensamiento lateral" y la exploración de conceptos sin las restricciones inmediatas del sombrero negro. *Preguntas: "¿Y si lo hacemos al revés?", "¿Existe una forma radicalmente diferente de abordar este problema?", "¿Cómo resolvería esto la naturaleza?"*

Ahora, siguiendo la decisión de plantear está técnica en el contexto de la ingeniería aeronáutica, vamos a desarrollar profundamente un ejemplo:

> ***Ejemplo:*** Decisión sobre la implementación de un sistema de mantenimiento predictivo en los motores de una flota de aviones de pasajeros.

Una aerolínea de tamaño medio, "Aerolíneas Globales", opera una flota de 20 aviones Airbus A320neo. La directiva está preocupada por los costes crecientes e impredecibles del mantenimiento correctivo de los motores Pratt & Whitney PW1100G-JM, particularmente por las paradas no programadas (Aircraft on Ground - AOG) que causan importantes pérdidas económicas y dañan la reputación.

El Director de Ingeniería de Mantenimiento propone evaluar la implementación de un sistema de mantenimiento predictivo basado en IoT (Internet de las Cosas) y análisis de big data. Se convoca una reunión crítica con los jefes de departamento y se decide utilizar el método de los Seis Sombreros para asegurar un análisis exhaustivo. El moderador (sombrero azul) define el objetivo: "Decidir si procedemos con la inversión en un sistema de mantenimiento predictivo para los motores de nuestra flota A320neo y, en caso afirmativo, definir la hoja de ruta".

Desarrollo de la sesión:

- **Sombrero azul (Moderador - Jefe de Proyecto)**: "Buenos días a todos. El objetivo de hoy es claro. Vamos a analizar la propuesta de mantenimiento predictivo utilizando el método de De Bono. Empezaremos con los hechos, con el sombrero blanco. Por favor, centrémonos solo en datos."

- **Sombrero blanco (Hechos y datos):**

  - El Jefe de Mantenimiento presenta: "En los últimos 24 meses, hemos tenido 7 eventos AOG relacionados con el motor, con un coste promedio de 150.000€ por evento solo en pérdidas operativas, sin incluir repuestos."
  - El Analista de Datos añade: "Los motores ya generan datos (EGT, vibraciones, presión de aceite) a través de los sistemas ACMS (Aircraft Condition Monitoring System), pero su análisis es manual y reactivo."
  - El Director Financiero aporta: "Una solución predictiva completa, con sensores adicionales, plataforma cloud y servicios de analítica, tiene un coste inicial estimado de 2 millones de euros para la flota, más un 15% anual en licencias y soporte."
  - El Representante de Recursos Humanos comenta: "Nuestro personal de hangar tiene una media de 25 años de experiencia en mantenimiento mecánico, pero formación limitada en ciencia de datos."

- **Sombrero rojo (Emociones e intuiciones):**

  - El Jefe de Taller expresa: "Sinceramente, me preocupa. Siento que una máquina nos va a decir cómo hacer nuestro trabajo después de tantos años. No me fío del todo."
  - La Directora de Operaciones dice: "Tengo un presentimiento muy positivo. Siento que esto nos dará una tranquilidad enorme para planificar la operación."
  - Un Ingeniero Joven comenta: "Estoy emocionado por la posibilidad de trabajar con tecnología de vanguardia."

- **Sombrero negro (Crítico y precavido):**

  - El Ingeniero de Seguridad advierte: "El mayor riesgo es la dependencia del sistema. Si el algoritmo falla y no predice una avería, podríamos enfrentarnos a un incidente de seguridad grave. La certificación de este tipo de sistemas por parte de EASA es un proceso largo y complejo."

- El Director Financiero añade: "La inversión es alta y el retorno de la inversión (ROI) no está garantizado. ¿Y si los ahorros son menores a lo previsto? Además, existe el riesgo de ciberataques a la plataforma de datos."
- El Jefe de Taller señala: "Podría generarse una falsa alarma que nos lleve a desmontar un motor perfectamente sano, incurriendo en costes innecesarios y quitando disponibilidad al avión."

- **Sombrero amarillo (Optimista y constructivo):**

  - El Director de Ingeniería argumenta: "El beneficio principal es la reducción drástica de los AOG. Podríamos planificar las reparaciones en ventanas de mantenimiento programado, aumentando la disponibilidad de la flota en un 5-7%. Esto se traduce en millones de euros en ingresos adicionales."
  - La Directora de Operaciones añade: "Mejoraría enormemente la puntualidad y la fiabilidad de la aerolínea, lo que es un argumento de venta comercial clave."
  - El Analista de Datos comenta: "A largo plazo, los datos nos permitirán optimizar el rendimiento de los motores, ajustando los regímenes de vuelo para ahorrar combustible y extendiendo la vida útil de los componentes."

- **Sombrero verde (Creativo y alternativas):**

  - Tras escuchar los riesgos y beneficios, el moderador pide ideas creativas. "Pongámonos el sombrero verde. ¿Cómo podemos mitigar los riesgos y hacer viable esta idea?"
  - Surgen propuestas:

    o **Idea 1**: En lugar de una implementación total, hacemos un proyecto piloto de 12 meses en 4 aviones. Así validamos la tecnología con un riesgo controlado.
    o **Idea 2**: No compramos la solución, sino que contratamos un servicio 'Predictive Maintenance as a Service' a un proveedor especializado, externalizando el riesgo tecnológico.
    o **Idea 3**: Desarrollamos un programa de formación interna para convertir a nuestros mejores mecánicos en 'analistas de condición de motores', combinando su experiencia con las nuevas herramientas.

- **Vuelta al sombrero azul (Síntesis y decisión):**

  El moderador resume:

  - **Hechos (Blanco)**: Los costes del correctivo son altos y la tecnología base existe.
  - **Preocupaciones (Rojo/Negro)**: Existe resistencia cultural y riesgos técnicos y financieros significativos.
  - **Oportunidades (Amarillo)**: El potencial de ahorro y mejora operacional es muy alto.
  - **Alternativas (Verde)**: Un piloto controlado emerge como la opción más sensata.

- **Resultado:**

  La dirección, basándose en este análisis estructurado, aprueba la Idea 1 del sombrero verde. Se decide implementar un proyecto piloto en 4 aviones durante 12 meses, con un presupuesto acotado y un comité de seguimiento que incluya a los escépticos (como el Jefe de Taller) para asegurar una evaluación objetiva.
  Tras el año de piloto, los resultados son tangibles:

  - Se predijeron con éxito 3 fallos potenciales de componentes (un sensor de temperatura y dos indicadores de degradación de álabes) que fueron reparados durante mantenimientos programados, evitando al menos un AOG estimado en 200.000€.
  - El tiempo de parada no planificado por motores en los 4 aviones del piloto se redujo en un 25%.
  - La experiencia del piloto permitió negociar mejor el contrato final con el proveedor y diseñar un plan de formación interno más efectivo.

La aplicación de los Seis Sombreros no solo permitió tomar una decisión informada y consensuada, sino que también gestionó proactivamente las resistencias humanas y los riesgos técnicos, transformando una propuesta tecnológica en una estrategia robusta y exitosa para la aerolínea.

4.4.4. Trystorming *o* Thought Storming

El *Trystorming* es una evolución del *brainstorming* tradicional, propuesta por expertos como Mauricio Hidalgo Loaeza.

A diferencia de la "lluvia de ideas" convencional, que se centra en la generación verbal de ideas, el *trystorming* prioriza la acción inmediata: construir, simular y validar ideas en tiempo real. Las características clave son:

- **Prototipado rápido**: Las ideas no se quedan en papel; se materializan en modelos, simulaciones o pruebas.
- **Iteración continua**: Se prueba, se falla, se ajusta y se vuelve a intentar.
- **Menos teoría, más práctica**: Ideal para entornos técnicos como la ingeniería, donde la viabilidad es tan importante como la creatividad.
- **Fomenta el aprendizaje empírico**: El conocimiento se genera a través de la experiencia directa.

Veamos un ejemplo, de forma breve, de los pasos a seguir en esta variante del *Brainstorming.*

> ***Ejemplo:*** Un equipo de ingenieros busca reducir el consumo energético de un sistema de refrigeración industrial sin comprometer su rendimiento.

1. **Identificación del reto**: Se define el objetivo: reducir el consumo en un 20%.

2. **Generación rápida de ideas**:

   - Uso de intercambiadores de calor más eficientes.
   - Incorporación de sensores de temperatura inteligentes.
   - Rediseño del flujo de aire.

3. **Prototipado inmediato**:

   - Se construyen modelos físicos y simulaciones en software CAD.
   - Se prueban diferentes configuraciones en un entorno controlado.

4. **Validación empírica**:

   - Se mide el consumo energético en cada prototipo.
   - Se ajustan parámetros en tiempo real.

5. **Iteración**:

   - Se descartan las configuraciones menos eficientes.
   - Se mejora el diseño ganador con nuevos materiales.

6. **Resultado**:

- Se logra una reducción del 23% en consumo energético.
- Se documenta el proceso para replicarlo en otras plantas.

4.4.5. Comparativa entre técnicas

A modo de síntesis vamos a resumir en un cuadro las 4 técnicas que hemos desarrollado a lo largo de este apartado:

Técnica	Enfoque principal	Participación	Aplicación en ingeniería	Nivel de estructura
Brainstorming	Generación verbal de ideas	Grupal	Alta	Media
Brainwriting	Generación escrita	Individual	Alta	Alta
6 sombreros	Análisis desde perspectivas	Grupal	Alta	Muy alta
Thought Storming	Prototipado y validación	Grupal	Muy alta	Alta

4.5. Técnicas de visualización creativa

La visualización creativa es una herramienta poderosa que permite transformar ideas abstractas en representaciones concretas, facilitando la comprensión, el análisis y la innovación. En ingeniería, donde los problemas suelen involucrar múltiples variables, sistemas complejos y restricciones técnicas, visualizar el problema —y sus posibles soluciones— de forma creativa puede marcar la diferencia entre una solución convencional y una verdaderamente disruptiva.

A diferencia de la visualización técnica tradicional (planos, diagramas CAD, modelos matemáticos), la visualización creativa no busca precisión milimétrica, sino claridad conceptual, estimulación cognitiva y generación de nuevas perspectivas.

La visualización creativa consiste en imaginar activamente escenarios, soluciones, procesos o estructuras, utilizando recursos como:

- **Imágenes mentales** (visualización interna)

- **Representaciones gráficas no convencionales** (mapas mentales, bocetos libres, esquemas simbólicos)
- **Analogías visuales** (comparar un sistema técnico con una imagen natural o artística)
- **Simulaciones narrativas** (visualizar cómo se comportaría una solución en un contexto real)

Esta técnica se basa en principios de la psicología cognitiva, la neurociencia y el diseño conceptual, y se utiliza ampliamente en campos como la arquitectura, la ingeniería de producto, la innovación empresarial y la educación técnica.

4.5.1. Técnicas específicas de visualización creativa

- **Mapas mentales técnicos:** Los mapas mentales permiten organizar ideas en torno a un concepto central, conectando elementos mediante relaciones lógicas o simbólicas. En ingeniería, pueden utilizarse para:

  - Descomponer un problema complejo.
  - Visualizar interdependencias entre variables.
  - Identificar áreas de oportunidad.

> *Ejemplo*: Un mapa mental para el diseño de una planta de tratamiento de aguas puede incluir ramas como captación, filtrado, tratamiento químico, energía, mantenimiento, impacto ambiental, etc.

- **Bocetos libres y esquemas simbólicos:** Dibujar sin restricciones técnicas permite que el ingeniero explore formas, flujos y relaciones sin preocuparse por la escala o la precisión. Estos bocetos pueden revelar patrones ocultos o inspirar soluciones innovadoras.

> *Ejemplo*: Un ingeniero estructural puede dibujar una red de tensores como si fueran ramas de un árbol, lo que puede inspirar una estructura biomimética más eficiente.

- **Analogías visuales**: Consiste en representar un sistema técnico mediante una imagen de otro campo. Esto permite trasladar soluciones de un dominio a otro.

> *Ejemplo*: Visualizar una red de distribución eléctrica como un sistema de raíces subterráneas puede ayudar a entender cómo se propaga la energía y dónde se generan pérdidas.

- **Simulación narrativa**: Se trata de imaginar cómo se comportaría una solución en un contexto real, como si se estuviera contando una historia. Esta técnica es útil para anticipar problemas operativos, de uso o de mantenimiento.

> *Ejemplo*: En el diseño de una estación de bombeo, el ingeniero puede narrar cómo un operario interactúa con el sistema en un día de lluvia intensa, lo que puede revelar necesidades de accesibilidad, seguridad o redundancia.

- **Visualización colaborativa**: Utiliza herramientas como pizarras digitales, software de diseño colaborativo o realidad aumentada para que varios miembros del equipo visualicen juntos el problema o la solución.

> *Ejemplo*: En un proyecto de urbanismo, arquitectos, ingenieros civiles y gestores públicos pueden trabajar sobre un modelo 3D interactivo para evaluar el impacto de una nueva vía sobre el entorno urbano.

Ahora para finalizar este apartado y como en otras ocasiones, vamos a desarrollar un ejemplo aplicado:

> *Ejemplo*: En la ciudad de Medellín, Colombia, se identificó una intersección vial con alta siniestralidad, congestión y baja eficiencia peatonal. El equipo de ingenieros civiles, junto con urbanistas y diseñadores, aplicó técnicas de visualización creativa para rediseñar el espacio.

Creatividad en Ingeniería

- **Aplicación de técnicas de visualización creativa**

  El equipo de ingenieros civiles, en colaboración con urbanistas y diseñadores, aplicó un enfoque multidisciplinario basado en visualización creativa para replantear el diseño de la intersección. Estas fueron las técnicas utilizadas:

  – **Mapas mentales técnicos.** Se elaboraron mapas mentales para identificar y conectar las causas del problema:

    ○ **Centro del mapa:** "Intersección conflictiva".
    ○ **Ramas principales:** flujo vehicular, señalización, visibilidad, comportamiento peatonal, entorno comercial.
    ○ **Subramas:** tipo de vehículos, horarios pico, iluminación nocturna, accesibilidad para personas con movilidad reducida.

  Este ejercicio permitió visualizar el problema como un sistema interconectado, facilitando la priorización de variables críticas.

  – **Bocetos libres y esquemas simbólicos.** Se realizaron sesiones de dibujo libre donde los participantes —sin restricciones técnicas— propusieron soluciones como:

    ○ Pasos peatonales elevados.
    ○ Glorietas con vegetación central.
    ○ Carriles exclusivos para bicicletas.
    ○ Espacios de espera seguros para peatones.

  Estos bocetos fueron digitalizados y utilizados como base para el modelado técnico posterior.

- **Analogías visuales:** Se comparó la intersección con un nodo neuronal, donde cada acceso representaba una dendrita y el centro una sinapsis. Esta analogía inspiró un diseño radial y distribuido, que favorecía la fluidez y minimizaba los puntos de conflicto.
- **Simulación narrativa:** Se construyeron historias de usuario para visualizar el comportamiento de distintos actores:

  – **Ciclista**: recorrido desde una zona residencial hasta el centro comercial en hora pico.
  – **Peatón**: cruce de la intersección con carrito de bebé.

- **Conductor**: trayecto desde una vía secundaria hacia la principal en día lluvioso.

Estas narrativas revelaron problemas de visibilidad, tiempos de espera excesivos y falta de infraestructura inclusiva.

- **Visualización colaborativa con BIM.** Se utilizó el software IHSDM (Interactive Highway Safety Design Model) y herramientas BIM para:

  - Modelar la geometría de la intersección.
  - Simular flujos vehiculares y peatonales.
  - Evaluar escenarios de rediseño.
  - Calcular la frecuencia esperada de accidentes según el modelo HSM (Highway Safety Manual).

La visualización colaborativa permitió que ingenieros, urbanistas y autoridades locales trabajaran sobre un modelo común, facilitando la toma de decisiones.

- **Solución implementada con el rediseño final incluyó:**

  - Una rotonda central con accesos peatonales seguros y señalización inteligente.
  - Zonas verdes en los bordes para reducir la velocidad y mejorar la percepción del espacio.
  - Ciclovías integradas con señalización horizontal y vertical.
  - Semáforos adaptativos que ajustan tiempos según el flujo real.

- **Resultados obtenidos**

  - Reducción del 35% en siniestralidad en el primer año.
  - Mejora del 22% en tiempos de cruce peatonal.
  - Incremento del 40% en uso de ciclovías.
  - Percepción ciudadana positiva, según encuestas realizadas por la Secretaría de Movilidad.

Este caso demuestra cómo las técnicas de visualización creativa pueden transformar el enfoque tradicional de diseño urbano en ingeniería civil, permitiendo soluciones más humanas, seguras y sostenibles. La combinación de mapas mentales, analogías, simulaciones narrativas y herramientas BIM no solo mejora el diseño técnico, sino que fomenta la colaboración interdisciplinaria y la participación ciudadana.

Capítulo 5

Habilidades
del ingeniero creativo

5.1. *Soft skills* en un ingeniero creativo

En la imaginación popular, el genio de la ingeniería suele representarse como un individuo solitario, absorto en complejos cálculos sobre una pizarra o en el diseño meticuloso de un plano. Es una figura cuya brillantez parece emanar exclusivamente de un dominio técnico cuasi-sobrenatural. Sin embargo, esta imagen romántica es una ficción peligrosa y limitante. La historia de la ingeniería más transformadora nos revela una verdad más profunda y matizada: los avances más perdurables no son solo producto de mentes técnicas excepcionales, sino de sistemas de habilidades humanas que permiten que ese conocimiento técnico se traduzca en impacto real.

Pensemos en la construcción de las catedrales góticas. Los maestros constructores no solo entendían la estática y la resistencia de los materiales; necesitaban inspirar a comunidades enteras, negociar con gremios, comunicar una visión sublime a canteros y artesanos, y adaptarse a imprevistos durante décadas de trabajo. Su *"soft skill"* fundamental era la capacidad de materializar una idea abstracta en un esfuerzo colectivo y sostenido. Hoy, en un mundo de complejidad exponencial, estas competencias no técnicas —las *soft skills*— constituyen la arquitectura oculta, el andamiaje indispensable, sobre el cual se erige el verdadero ingenio creativo.

Las *soft skills* son el conjunto de competencias interpersonales, sociales, emocionales y cognitivas que determinan cómo nos relacionamos, comunicamos, trabajamos en equipo y resolvemos problemas. Para el ingeniero creativo, no son un «adorno» a su formación técnica, sino el catalizador y el multiplicador de fuerza de su capacidad técnica. Un algoritmo brillante queda relegado al olvido en un repositorio de código si no se puede comunicar su valor. Un diseño innovador de un componente fracasará si no se logra integrar armoniosamente en el sistema mayor mediante una colaboración efectiva.

Este apartado se sumerge en las *soft skills* fundamentales, desgranando su naturaleza y su aplicación práctica en el ecosistema de la ingeniería.

La primera y más clave *soft skill* es una disposición mental: la **Mentalidad de Crecimiento**, concepto acuñado por la psicóloga Carol Dweck. Quien posee una mentalidad fija cree que su inteligencia y talento son estáticos. Ante un fracaso, se dice a sí mismo: "No soy bueno para esto". El ingeniero con mentalidad fía ve en el error una amenaza a su identidad.

Por el contrario, el ingeniero con **mentalidad de crecimiento** cree que sus habilidades pueden desarrollarse mediante el esfuerzo, la estrategia y la perseverancia. Para él, un fallo no es una sentencia, sino un dato valioso, un «aún no» ha llegado a la solución. Esta mentalidad es el oxígeno de la creatividad, porque libera al ingeniero del miedo al fracaso, permitiéndole adentrarse en territorios inexplorados y probar enfoques radicales.

Ejemplo: Imaginemos un equipo de ingenieros mecánicos y de materiales trabajando en una nueva aleación para las palas de una turbina eólica. Tras meses de modelado y simulaciones, construyen un prototipo y lo someten a pruebas de estrés en un túnel de viento. A una velocidad determinada, la pala se fractura. La reacción de un equipo con mentalidad fija sería de frustración y búsqueda de culpables: "El modelo falló", "la aleación es un callejón sin salida". Abandonan o buscan una solución incremental y segura.

El equipo con mentalidad de crecimiento, aunque decepcionado, se pregunta: "¿Qué nos enseña esta fractura?". Analizan los patrones de la grieta, recalibran sus modelos de fatiga del material, consultan con especialistas en aerodinámica y se dan cuenta de que un fenómeno de resonancia no previsto estaba causando el fallo.

En lugar de descartar la aleación, rediseñan el perfil aerodinámico de la pala para dispersar esas frecuencias resonantes. El fracaso se convirtió en la clave para un diseño más robusto e innovador que, de hecho, superó las especificaciones originales. La mentalidad de crecimiento transformó un problema en una oportunidad de aprendizaje profundo.

5.1.1. *Tolerancia a la Ambigüedad y la Incertidumbre*

La ingeniería clásica se enseña a menudo como la búsqueda de la solución óptima y única, respaldada por ecuaciones deterministas. Pero la ingeniería de vanguardia se desarrolla en entornos de extrema incertidumbre: requisitos del cliente que cambian, tecnologías emergentes con promesas aún no validadas, mercados volátiles y problemas complejos con múltiples variables interdependientes.

La tolerancia a la ambigüedad es la capacidad de operar de manera efectiva y mantener la calma y la claridad mental cuando no existen datos completos, cuando el camino a seguir no está claro o cuando existen múltiples "respuestas correctas" en conflicto. Es la antítesis del pensamiento binario de "blanco o negro".

Ejemplo: El Diseño de un Vehículo Autónomo para Entornos Urbanos. Un equipo de ingenieros de software y sistemas se enfrenta al desafío de programar la toma de decisiones del vehículo en un cruce complejo.

Las reglas de tráfico son claras, pero la realidad no: un peatón parece indeciso en la acera, un ciclista hace una señal ambigua, un camión de reparto obstruye parcialmente la visión. No hay un manual que cubra todos los escenarios.

Un ingeniero intolerante a la ambigüedad buscaría codificar reglas para cada permutación posible, un esfuerzo infinito y probablemente inútil. El ingeniero creativo, con alta tolerancia a la ambigüedad, abraza esta incertidumbre. En lugar de buscar certezas, diseña sistemas probabilísticos. Desarrolla algoritmos que evalúen la intención del peatón basándose en su lenguaje corporal, que asignen niveles de confianza a las señales del ciclista y que tomen decisiones conservadoras cuando la confianza sea baja. Entiende que el objetivo no es la perfección en un mundo determinista, sino la robustez y seguridad en un entorno caótico y ambiguo. Su habilidad no es eliminar la incertidumbre, sino navegar en ella con elegancia y criterio.

La curiosidad es el combustible de la innovación. Pero no nos referimos a una curiosidad pasiva, sino a una curiosidad activa que impulsa a desmontar mentalmente los sistemas y conceptos para comprender sus principios fundamentales. Esto se conoce como pensamiento de primer principio: en lugar de razonar por analogía ("así es como siempre se ha hecho"), se descompone un problema en sus verdades básicas, libres de suposiciones heredadas, y se reconstruye desde cero.

Elon Musk, al hablar de los cohetes reutilizables de SpaceX, explicó que no partió de la premisa de que los cohetes eran desechables por definición. Se preguntó: "¿Cuál es el costo de los materiales de un cohete?" Al darse cuenta de que era una pequeña fracción del precio de venta, concluyó que el problema era el ensamblaje y la logística, no la física fundamental. Desmontó la suposición heredada y reconstruyó el problema desde el primer principio.

5.1.2. Pensamiento centrado en el humano

Esta es, quizás, la *soft skill* más subestimada en la ingeniería tradicional. La empatía profunda va más allá de "ponerse en los zapatos del otro"; es la capacidad de comprender los contextos, motivaciones, frustraciones y necesidades no articuladas de los usuarios finales, los clientes y los colegas de otras disciplinas. Es el núcleo del Diseño Centrado en el Humano.

Un ingeniero que diseña una prótesis puede crear un dispositivo técnicamente impecable en términos de materiales y rango de movimiento. Pero si no pasa tiempo con amputados, no comprenderá la frustración de ponérsela cada mañana, el estigma social de su apariencia, o el dolor en el muñón después de un uso prolongado. La empatía transforma el problema de "diseñar una prótesis funcional" a "devolver la autonomía y la dignidad a una persona".

Ejemplo: Un equipo de ingenieros de software y control diseña una nueva interfaz de supervisión (SCADA) para una refinería. La aproximación puramente técnica sería mostrar todos los datos posibles, con gráficos complejos y una lógica de menús basada en la estructura del software.

Un equipo con empatía profunda, sin embargo, comienza por observar y entrevistar a los operadores de planta. Descubren que estos toman decisiones críticas bajo un estrés inmenso. Necesitan, sobre todo, claridad y velocidad. Identifican que el 5% de los datos son responsables del 95% de las decisiones rutinarias y que ciertas alarmas, aunque técnicamente menores, son psicológicamente estresantes.

En consecuencia, rediseñan la interfaz no alrededor de la base de datos, sino alrededor del flujo de trabajo y el estado mental del operador. Utilizan colores, sonidos y disposiciones espaciales que permiten una comprensión intuitiva y rápida del estado de la planta. La empatía convierte una herramienta técnicamente capaz en un sistema de apoyo a la decisión que salva vidas y previene accidentes.

5.1.3. Gestión de la frustración

El camino de la innovación está pavimentado con fracasos, críticas y obstáculos. La resiliencia es la capacidad de recuperarse de los reveses, aprender de ellos y persistir con determinación renovada. Está íntimamente ligada a la gestión de la frustración, esa emoción que surge cuando la realidad se resiste obstinadamente a nuestros modelos y planes.

El ingeniero creativo no es un optimista ingenuo que cree que todo saldrá bien. Es un realista tenaz que, a pesar de saber que encontrará numerosos fracasos, confía en su capacidad para superarlos. Esta resiliencia se cultiva, no es un rasgo innato.

Ejemplo: Un equipo universitario de ingenieros aeroespaciales trabaja durante dos años en un nanosatélite para un experimento científico. El día del lanzamiento, después de un despliegue aparentemente exitoso, el satélite falla en establecer comunicación con la estación terrestre. Las semanas siguientes son un torbellino de frustración: análisis de datos de telemetría, pruebas de los sistemas redundantes, noches en vela.

Un equipo sin resiliencia se desmoralizaría y tal vez abandonaría el proyecto. El equipo resiliente, aunque devastado, se organiza. Dividen el problema en sub-problemas, buscan asesoría de la industria, realizan experimentos en tierra para replicar la falla. Tras meses de trabajo, logran identificar un fallo en un componente de radio minúsculo, afectado por las condiciones del lanzamiento. Aunque no pueden arreglar el satélite, documentan meticulosamente la falla, publican un artículo y utilizan ese conocimiento amargo para diseñar un sucesor, mucho más robusto, que finalmente se lanza con éxito tres años después. La frustración inicial se transformó en un legado de conocimiento y en una determinación inquebrantable.

5.2. Liderazgo creativo en un entorno innovador

Si las *soft skills* individuales son los materiales de alta resistencia con los que se forja un ingeniero creativo, el Liderazgo Creativo es la disciplina que los ensambla en una estructura capaz de soportar y potenciar la innovación a escala colectiva. No se trata de la dirección jerárquica clásica, centrada en la asignación de tareas y el control de resultados. Por el contrario, el liderazgo creativo es una función de servicio y de arquitectura social: su objetivo primordial no es mandar, sino catalizar, conectar y custodiar el proceso creativo de un equipo.

El líder creativo en ingeniería no es necesariamente la persona con el conocimiento técnico más profundo, sino aquella que posee la perspicacia para crear un ecosistema donde las ideas más audaces puedan emerger, colisionar, refinarse y materializarse sin ser ahogadas por la inercia burocrática, el miedo al fracaso o la soberbia intelectual. Es el ingeniero que comprende que su proyecto más importante no es el producto final, sino el equipo que lo construye.

5.2.1. Capacidad inspiradora

Un equipo de ingeniería sin una visión clara es como un conjunto de componentes de alta precisión esperando en una caja: tienen un potencial inmenso, pero carecen de un propósito unificador. La primera responsabilidad del líder creativo es forjar y comunicar una **visión** que trascienda las meras especificaciones técnicas. Esta visión no es un listado de requisitos funcionales; es una narrativa poderosa que responde a las preguntas «¿Por qué?» y «¿Para qué?».

Una visión inspiradora conecta el trabajo técnico diario —por ejemplo, soldar un circuito, escribir una línea de código— con un impacto significativo en el mundo. Proporciona un "Norte Verdadero" que guía la toma de decisiones autónoma de cada miembro del equipo y sirve como un imán que atrae el talento y la dedicación.

> *Ejemplo*: En el programa Apollo de la NASA, la visión no era "construir un vehículo que se desplace por la Luna". La visión, emanada de líderes como Wernher von Braun, era "extender el dominio del hombre sobre un nuevo mundo alienígena". Esta narrativa épica impregnó cada decisión del equipo de ingenieros del Rover en la compañía Boeing y la Delco Electronics.

Cuando se enfrentaban a desafíos aparentemente insuperables —como diseñar unas ruedas que funcionaran en el vacío y en un regolito de propiedades desconocidas, o un sistema de navegación con una precisión absoluta— la visión actuaba como un marco de referencia. En lugar de rendirse ante la incertidumbre, los ingenieros se preguntaban: "¿Qué necesita un explorador para sobrevivir y triunfar en la Luna?". Esto los llevó a soluciones radicalmente creativas, como las ruedas de malla de acero, un diseño que nadie habría considerado para la Tierra pero que era perfecto para la Luna. El líder no les dijo cómo hacer las ruedas; les recordó constantemente por qué esas ruedas eran básicas para la gran misión de la exploración humana.

5.2.2. Cultivar la seguridad psicológica

La innovación es un acto de vulnerabilidad. Implica proponer una idea a medio formar, cuestionar una suposición sagrada o admitir un error temprano. Si un equipo percibe que ser vulnerable conlleva el riesgo de ser humillado, menospreciado o castigado, la creatividad se extinguirá instantáneamente. El concepto de seguridad psicológica, acuñado por la profesora de Harvard Amy Edmondson, es la creencia compartida de que el equipo es un espacio seguro para asumir riesgos interpersonales.

El líder creativo es el máximo garante de este entorno. Activamente desactiva la cultura del miedo y la sustituye por una cultura de la curiosidad. Su labor no es evitar los conflictos de ideas, sino asegurarse de que estos sean sobre el problema, no sobre las personas.

Ejemplo: En una central de energía nuclear un sensor reporta una anomalía sutil. En una cultura de miedo, un ingeniero junior que observa un patrón extraño en los datos podría callarse por temor a equivocarse y alarmar al equipo senior. El costo de ese silencio podría ser catastrófico.

En el entorno de alta fiabilidad de una central nuclear, la seguridad psicológica se gestiona con rituales concretos (como la ronda de los 5 minutos), lenguaje específico (de agradecimiento y redirección al problema) y acciones visibles (premiar la voz públicamente).

La implicación no es solo evitar un meltdown, sino crear una organización "antifrágil" que se fortalece con cada pequeña incertidumbre. Un equipo sin seguridad psicológica es una caja negra: los problemas entran, pero las soluciones no salen. Un equipo con seguridad psicológica es un sistema de alarma temprana en el que cada miembro es un sensor activo, calibrado y con permiso para sonar.

Vamos a ver lo que el líder debe hacer *antes*, *durante* y *después* de un incidente como el descrito:

- **Gestión proactiva:** El líder no puede esperar a la crisis para actuar.

  - **Al iniciar una reunión de análisis**: "Buenos días. Hoy vamos a revisar los datos del último turno. Quiero recordar que en esta sala, no hay preguntas tontas ni observaciones insignificantes. Un dato que a uno le parezca pequeño podría ser la pieza que nos falta en el rompecabezas. La seguridad es responsabilidad de todos, desde el operario más novel hasta el director."
  - **Al presentar un nuevo procedimiento**: "Este es el protocolo que seguiremos. Pero si alguien ve un atajo más seguro, una laguna o una forma de mejorarlo, tiene la obligación de decirlo. Premio la mejora continua, no la obediencia ciega."
  - **Cuando un senior comete un error y lo admite**: "Gracias, Carlos, por tu transparencia. Has convertido tu error en una lección para todo el equipo. Ahora somos más fuertes porque sabemos cómo evitar eso en el futuro. Esto es exactamente el tipo de cultura que necesitamos."

- **Soluciones y acciones implementadas por el líder:**

  - **Implementar la "Ronda de los 5 minutos"**: Al inicio de cada turno, se dedican 5 minutos a que cada persona, por orden de jerarquía inversa (empezando por los juniors), comparta una observación, inquietud o idea sobre el turno anterior o el que comienza.
  - **Crear un "Registro de lecciones aprendidas"**: Una pizarra o documento digital donde se anotan públicamente los errores reportados y las soluciones encontradas. Se lee en las reuniones. El mensaje es: "Aquí los errores no se esconden, se convierten en conocimiento".
  - **"Premiar" la Voz de Forma Tangible**: Instaurar un reconocimiento mensual al "Mejor Ojo Crítico" o a la "Mejor Pregunta Incómoda", elegido por los compañeros, que premie a quien identificó un riesgo o planteó una duda que llevó a una mejora.

- **Gestión reactiva**: La respuesta del líder en el momento clave es clave:

  - **Escenario**: Sala de control. El ingeniero junior ve un patrón errático en el flujo secundario. Está nervioso y afirma: «Disculpen, he notado una fluctuación en la temperatura del flujo secundario que no cuadra con el perfil habitual. Llevo 10 minutos mirándola. Puede que esté completamente equivocado y sea un fallo del sensor, pero... ¿podríamos revisar los datos del historial?"

    - Usa el lenguaje de la vulnerabilidad ("puede que esté equivocado"). En una cultura de miedo, esto sería un suicidio profesional.

  - **Respuesta del líder:**

    - **Validación inmediata y agradecimiento**: "Gracias. Por favor, sube los datos a la pantalla principal." (Acción inmediata que demuestra que se le toma en serio).
    - **Evitación**:

      - "¿Estás seguro?" (Genera duda).
      - "Eso ya lo habríamos visto los demás." (Anula su contribución).
      - "No es momento para distracciones." (Cierra la comunicación).
      - Un silencio incómodo seguido de un "ya lo miraremos luego" (posposición que mata la iniciativa).

- ○ **Protección pública y refuerzo positivo**: Mira al resto del equipo y dice: "Esto es exactamente a lo que me refiero cuando hablo de vigilancia proactiva. La perspicacia es valiosa, independientemente de cuál sea el resultado final. Es nuestro trabajo investigar cualquier anomalía, por sutil que sea."
- ○ **Redirección al problema** (Creando un "Nosotros"): "Bien, equipo. Vuestro compañero ha puesto el foco en una posible discrepancia. Ahora es nuestro problema colectivo. Formemos hipótesis. ¿Qué podría estar causando esto?"

- • **Implicaciones y aprendizaje post-investigación:** Estamos ante una oportunidad de aprendizaje.

  - – **Opción 1**: alarma existente

    - ○ **Frase del líder** (en la reunión post-incidente): "El reporte de vuestro compañero ayer nos permitió detectar y aislar una falla incipiente en el sistema de refrigeración. Su acción nos evitó una parada no programada y, potencialmente, un incidente grave. Quiero que todos seamos curiosos, valientes y con la confianza para alzar la mano."
    - ○ **Implicación**: Se refuerza el mensaje de que "hablar" tiene un impacto real y positivo en la carrera. La seguridad psicológica se fortalece con un éxito tangible.

  - • **Opción 2**: falsa alarma

    - ○ **Frase del líder** (en la misma reunión): "Ayer, vuestro compañero nos hizo parar para investigar una anomalía que resultó ser un fallo de sensor. Quiero que quede claro: fue la decisión correcta. Investigar un falso positivo cuesta tiempo. Ignorar un verdadero positivo cuesta la planta."
    - ○ **Implicación**: Se desvincula el valor de la persona del "resultado" de su observación. Se premia el comportamiento (estar atento y reportar), no el acierto. Esto es fundamental para que la gente no tema equivocarse.

5.2.3. Empowerment *y gestión de restricciones*

Un error común es creer que la creatividad florece en la absoluta libertad. La psicología de la creatividad demuestra lo contrario: la libertad absoluta suele ser paralizante. El liderazgo creativo reside en definir un marco de restricciones significativas que, lejos de limitar, enfocan y potencian la inventiva. Estas restricciones suelen ser el presupuesto, el tiempo, los recursos materiales o los requisitos fundamentales.

El líder creativo establece estos "límites del cuadro" con claridad y, acto seguido, faculta al equipo —les da autonomía, autoridad y confianza— para que exploren cualquier solución dentro de ese marco. El mensaje es: "Estas son las reglas del juego. Dentro de ellas, sois libres de crear. Confío en vuestro criterio".

> **Ejemplo**: El equipo del JPL (Jet Propulsion Laboratory) de la NASA que diseñó el Mars Rover Perseverance enfrentaba restricciones brutales: una ventana de lanzamiento inmutable, un peso máximo estricto dictado por el cohete lanzador, y la necesidad de operar de forma autónoma en un entorno hostil a millones de kilómetros de distancia.

El líder del proyecto, John McNamee, y su equipo no microgestionaron cada decisión. En su lugar, comunicaron estas restricciones con total transparencia y empoderaron a los equipos subsidiarios —encargados de la movilidad, la toma de muestras, la energía— para que encontraran sus propias soluciones innovadoras dentro de esos límites.

El equipo de movilidad, por ejemplo, no recibió la orden de "diseñar unas ruedas de 40 cm de diámetro". Recibió la restricción: "El rover debe ser capaz de superar obstáculos de X altura y la masa total del sistema de movilidad no puede exceder Y kilogramos". Esta restricción los llevó a un diseño de ruedas y suspensión mucho más creativo y robusto que el de sus predecesores. El liderazgo no consistió en dar órdenes, sino en definir el problema y confiar en la ingeniosidad del equipo para resolverlo.

5.2.4. La curiosidad como herramienta de dirección

El líder creativo abandona la postura del "experto que tiene todas las respuestas" y adopta la del "arquitecto que formula las preguntas más poderosas". Su herramienta principal no es la afirmación, sino la interrogación. Utiliza preguntas abiertas y provocadoras para desafiar el statu quo, profundizar en el entendimiento y desbloquear perspectivas nuevas.

Preguntas como "¿Qué suposiciones damos por sentadas que podrían ser falsas?", "¿Cómo resolvería este problema un niño de 10 años?", o "¿Qué pasaría si el requisito más importante fuera la elegancia en lugar de la eficiencia?" pueden desencadenar rupturas cognitivas que lleven a soluciones revolucionarias.

> *Ejemplo*: Un equipo de ingenieros industriales está optimizando un almacén automatizado. Han mejorado las rutas de los robots, pero han llegado a una meseta de eficiencia. El líder, en lugar de presionar para obtener ganancias marginales, formula una pregunta aparentemente naíf: "¿Por qué los artículos tienen que ir a los robots? ¿Qué pasaría si los robots fueran a los artículos?".

Esta pregunta, que desafía la suposición fundamental de todo el diseño de almacenes automatizados, abre un nuevo espacio de posibilidades. Lleva al equipo a explorar conceptos de "enjambres de robots" móviles que se desplazan por estanterías modulares, eliminando la necesidad de complejos sistemas de cintas transportadoras y maximizando la flexibilidad del espacio. La pregunta del líder no contenía la solución, pero redirigió toda la atención del equipo hacia un paradigma radicalmente más prometedor.

5.3. Trabajo en equipo interdisciplinario

Si el liderazgo creativo establece la partitura y dirige la orquesta, el trabajo en equipo Interdisciplinario es la ejecución misma de la sinfonía innovadora. Ya no basta con que expertos en una misma disciplina colaboren entre sí; los desafíos de la ingeniería moderna son de una complejidad tal que requieren la fusión de conocimientos, lenguajes y metodologías provenientes de campos diversos. No se trata de una mera yuxtaposición de talentos, donde cada cual aporta su pieza de forma aislada, sino de una interacción profunda y simbiótica que genera un resultado que ninguna de las disciplinas, por sí sola, habría podido concebir.

El ingeniero creativo en este contexto deja de ser un solista virtuoso para convertirse en un músico de cámara excepcional, capaz de escuchar, adaptar su tono y tejer su línea melódica dentro de un tapiz sonoro más grande. Este apartado explora la anatomía de esta colaboración esencial, desentrañando los mecanismos que transforman un grupo multidisciplinario en un verdadero equipo interdisciplinario.

Creatividad en Ingeniería

5.3.1. La Disolución de los Silos de Conocimiento

El obstáculo primordial para el trabajo interdisciplinario es la existencia de "silos": barreras mentales y organizativas que mantienen el conocimiento y las perspectivas confinados dentro de los límites de cada especialidad. El ingeniero mecánico piensa en fuerzas y materiales; el ingeniero de software, en algoritmos y estados; el diseñador, en experiencia de usuario y estética. Cuando estos silos son impermeables, el resultado es un producto Frankenstein: piezas técnicamente brillantes que no se integran armónicamente.

El trabajo interdisciplinario exige la disolución activa de estos silos. Esto implica crear espacios físicos y virtuales de encuentro, pero sobre todo, fomentar una curiosidad mutua y un respeto genuino por la "caja de herramientas" del otro. Es entender que la lógica del colega de otra disciplina no es un obstáculo, sino una pieza clave del rompecabezas.

Ejemplo: Imaginemos el desarrollo de un nuevo coche de hidrógeno. Un equipo compuesto únicamente por ingenieros de motores optimizaría la pila de combustible para su máximo rendimiento termodinámico. Sin embargo, sin la colaboración temprana y profunda con otros departamentos, surgirían problemas críticos.

- **Ingenieros de materiales y químicos:** Podrían alertar sobre la fragilidad de ciertos componentes de la pila ante las vibraciones del chasis, un dato que el equipo de motores pasaría por alto.
- **Diseñadores industriales:** Lucharían por integrar unos tanques de hidrógeno voluminosos en un diseño aerodinámico y estéticamente elegante, forzando un rediseño costoso si se les consulta demasiado tarde.
- **Especialistas en ciberseguridad:** Cuestionarían la vulnerabilidad del software que gestiona la presión y el flujo del hidrógeno, un riesgo de seguridad que los ingenieros de control podrían subestimar.

El equipo interdisciplinario exitoso reúne a todos estos actores desde el día cero en "reuniones de arquitectura de sistema". En estas sesiones, el ingeniero mecánico aprende las restricciones de los materiales avanzados, el diseñador comprende los requisitos físicos de los tanques y, juntos, cocrean una solución integrada donde la forma, la función y la seguridad emergen de una negociación creativa constante, no de una imposición secuencial.

5.3.2. La creación de un lenguaje común

Cada disciplina posee su propio argot, un lenguaje técnico de gran precisión interna pero que actúa como un muro frente a los no iniciados. El primer síntoma de un equipo disfuncional es que sus miembros se quejan de que "no entienden" a los demás. La solución no es que todos se vuelvan expertos en todo, sino que colaboren en la creación de un lenguaje común.

Este lenguaje a menudo se construye a través de metáforas, diagramas de sistemas y prototipos físicos. Un prototipo, por tosco que sea, es un artefacto tangible sobre el que todas las disciplinas pueden señalar, preguntar y proponer. Se convierte en un foco de atención compartido que trasciende el lenguaje técnico especializado.

> **Ejemplo**: Un equipo para este proyecto incluiría ingenieros biomédicos, neurocientíficos, programadores de machine learning y fisioterapeutas. El neurocientífico podría hablar de "señales de EMG de alta frecuencia y patrones de activación motora". El programador hablaría de "redes neuronales convolucionales y clasificación de series temporales".

Para crear un lenguaje común, el equipo podría desarrollar una metáfora: "Pensemos en la prótesis como un asistente musical que aprende a tocar un instrumento (la mano). Las señales del cerebro son la partitura que el músico (el usuario) intenta tocar. Nuestro trabajo es que el asistente (la prótesis) aprenda a interpretar esa partitura cada vez con mayor fidelidad".

Esta metáfora permite que el fisioterapeuta contribuya con ideas sobre la "interpretación" del movimiento, que el ingeniero entienda la necesidad de sensores más sensibles para "leer la partitura" y que el programador diseñe algoritmos que "aprendan" del *feedback* del usuario. El prototipo de la mano, conectado a un software de visualización que muestra las señales EMG en tiempo real, se convierte en el pizarrón común donde todos dibujan y entienden el problema.

Por otro lado, las diferentes disciplinas no solo tienen distintos lenguajes, sino también distintas formas de trabajar. Los ingenieros de software pueden estar acostumbrados a metodologías ágiles y esprints rápidos. Los diseñadores pueden utilizar el Design Thinking, con una fuerte fase de empatía y prototipado. Los ingenieros de sistemas pueden pensar en ciclos de V-model largos y rigurosos.

Habilidades del ingeniero creativo

Forzar a todo el equipo a adoptar una única metodología suele ser contraproducente. La clave está en la hibridación inteligente. El líder y el equipo deben diseñar un proceso de trabajo que respete la esencia de cada aproximación y las integre en un flujo coherente.

5.3.3. La gestión constructiva del conflicto cognitivo

Cuando personas con diferentes marcos mentales chocan, es inevitable que surja el conflicto. Pero en un equipo interdisciplinario, este conflicto no es sobre personalidades, sino sobre supuestos, perspectivas y criterios. Es un "conflicto cognitivo" y, manejado constructivamente, es la principal fuente de innovación.

El rol del equipo y del líder es evitar que el conflicto se vuelva personal y, en su lugar, ritualizarlo como parte del proceso. Técnicas como el "Disenso Obligatorio" (asignar a alguien el rol de abogado del diablo) o el "Análisis de Supuestos" (desglosar y cuestionar colectivamente cada suposición detrás de una decisión) transforman la fricción en un motor de refinamiento.

Ejemplo: Un equipo de topógrafos e ingenieros civiles debe establecer los ejes de control y los pilares para un nuevo puente en una ladera con riesgo de deslizamiento. La precisión milimétrica es clave, pero el método para alcanzarla genera un conflicto.

- **Situación que se plantea:**

  El topógrafo senior, en base a una metodología clásica aboga por usar estación total y prismas para el replanteo. Argumenta: "Es el método más robusto y probado. Lo hemos usado siempre y sabemos que es fiable. No depende de que haya cobertura de satélite o de que un algoritmo decida perder precisión un día nublado. La topografía clásica no falla".

  El Ingeniero topógrafo junior, empleando una tecnología emergente propone utilizar un receptor GNSS (GPS) de alta precisión (RTK/PPK). Se opone al método clásico argumentando: "En esta ladera, con vegetación densa, establecer una línea de visión clara entre la estación y los prismas será lento, costoso y peligroso para el equipo. El GNSS nos da la posición en tiempo real sin necesidad de eso, es más rápido y seguro".

El especialista en geotecnia interviene: "Ambos métodos me preocupan. La estación total asume que el punto de control base es estable. Pero si toda la ladera se mueve lenta e imperceptiblemente, vuestras medidas 'precisas' serán erróneas desde el origen. Y el GNSS, si no tiene una corrección perfecta, puede tener un error de centímetros que para la cimentación del puente es inaceptable. Necesitamos un sistema que nos alerte de cualquier movimiento del terreno, no solo durante el replanteo, sino durante toda la obra".

- **El Conflicto de ideas sin seguridad psicológica (Cultura del Miedo):**

  - En un entorno tóxico, el diálogo sería:

    - **Senior (frustrado)**: "¿GNSS? Eso es para hacer mapas aproximados, no para replantear un puente. Tú lo que quieres es lo fácil, estar con tu tablet en lugar de sudar en el monte como hemos hecho nosotros toda la vida. Tu método es una apuesta arriesgada."
    - **Junior (a la defensiva)**: "Ustedes se aferran a métodos del siglo pasado. No ven la eficiencia. Es como usar un ábaco en la era de Excel."
    - **Resultado**: Un enfrentamiento personal. El senior, por jerarquía, impone su método. El junior se calla, desmotivado. El especialista en geotecnia es ignorado. El equipo avanza con un método lento y potencialmente ciego a un movimiento del terreno.

- **La Gestión con seguridad psicológica:**

  - El líder del proyecto (un jefe de topografía con mentalidad creativa) gestiona el conflicto de la siguiente manera:

    - **Desactiva el miedo y valida a todos**: Reconoce la tensión y la convierte en una oportunidad.

      - **Frases del líder**: "Agradezco mucho que hayan expuesto sus puntos de vista. Pedro (el senior), tu experiencia con la estación total es un activo invaluable; no podemos ignorar la fiabilidad probada. María (la junior), tu propuesta del GNSS es brillante para abordar el problema de la logística en terreno difícil. Y Luis (geotecnia), tu observación es la más crítica de todas: estamos discutiendo cómo medir, pero ¿y si lo que medimos se mueve?".

- ○ **Redirige el conflicto hacia el problema**: Cambia el foco de "quién tiene la razón" a "cuál es el mejor sistema".

  - ■ **Frase del Líder**: "No se trata de que gane una tecnología sobre otra. El problema real es: ¿Cómo obtenemos una precisión milimétrica, en un terreno de difícil acceso y con riesgo de movimiento, de forma segura y eficiente? Ningún método por sí solo parece resolverlo todo. ¿Y si la solución no es 'A' o 'B', sino 'C'?".

- **Experimento rápido:**

  - **Solución del líder**: "Propongo esto: Instalaremos ambos sistemas en paralelo. Estableceremos una red de puntos fijos con la estación total, pero también colocaremos receptores GNSS en puntos clave. Luego, durante una semana, monitorizaremos los mismos puntos con ambas tecnologías. Los datos nos dirán la verdad.

    - ○ ¿El GNSS ofrece la precisión que necesitamos en estas condiciones?
    - ○ ¿La red de la estación total detecta micro-movimientos comparando medidas?
    - ○ ¿Podemos usar el GNSS para el replanteo rápido y la estación total para las comprobaciones de alta precisión?".

- **El Resultado y la Implicación post-experimento:**

  - El GNSS es perfectamente viable para el 90% de las tareas de replanteo, acelerando el trabajo drásticamente.
  - La estación total es clave para verificar los puntos críticos (como los anclajes de los pilares) y, lo más importante, detecta un movimiento milimétrico semanal en una zona de la ladera que no se consideraba la más inestable.

La solución elegante, fruto del conflicto, no fue A ni B, sino un Sistema Híbrido de Monitorización Continua:

- Se usa el GNSS para la mayor parte del replanteo, ganando eficiencia y seguridad.

- Se usa la estación total robotizada para comprobaciones de alta precisión.
- Se instala una red de monitorización permanente con sensores (inclinómetros, estaciones totales automáticas) que alertan en tiempo real de cualquier movimiento del terreno, integrando lo mejor de ambas tecnologías y la perspectiva de la geotecnia.

5.4. Comunicación de ideas innovadoras

La idea más brillante, el diseño más elegante, el algoritmo más revolucionario permanecen en un limbo de irrelevancia si no pueden traspasar la frontera de la mente de su creador y arraigar en la de sus colaboradores, decisores, usuarios o la sociedad en general. La comunicación no es, por tanto, la fase final y decorativa del proceso creativo; es el proceso de ingeniería social que da vida a la innovación, transformando una chispa abstracta en una llama que puede calentar, iluminar y propulsar.

Comunicar ideas innovadoras presenta un desafío único. Se trata de transmitir un concepto que, por definición, rompe con los esquemas establecidos. El cerebro del receptor no tiene un "cajón" preexistente donde colocarlo.

La tarea del ingeniero creativo es, entonces, construir ese cajón desde cero, utilizando las herramientas no solo del lenguaje, sino de la narrativa, la empatía y la demostración tangible. Este apartado desgrana el arte y la ciencia de hacer comprensible, deseable y memorable lo que antes era inimaginable.

5.4.1. La construcción del contexto y la urgencia

La comunicación técnica tradicional suele centrarse en el "qué": qué especificaciones tiene, qué ecuaciones resuelve, qué eficiencia gana. Para una idea innovadora, este enfoque es insuficiente y a menudo contraproducente. La audiencia, especialmente la no técnica, necesita primero comprender el "porqué". ¿Por qué este problema merece ser resuelto? ¿Por qué el enfoque actual es insuficiente? ¿Por qué esta solución representa un punto de inflexión?

Comunicar el "porqué" implica construir un contexto narrativo que genere una urgencia cognitiva. Se debe pintar un cuadro vívido del statu quo, destacando sus dolorosas deficiencias, y luego presentar la nueva idea no como una mera mejora, sino como la clave que desbloquea un futuro preferible.

> **Ejemplo**: Un ingeniero químico presenta esta tecnología a un comité de inversores. Enfoque erróneo del "qué": "Nuestro sistema utiliza un adsorbente de amina de última generación con una capacidad de captura de 2,3 toneladas de CO_2 por día y una eficiencia energética del 60%". Los inversores, abrumados por tecnicismos, se preguntan: "¿Es eso bueno? ¿Y qué?".

- **Enfoque efectivo del "por qué"**: "Señores, aunque elimináramos todas las emisiones mañana, los billones de toneladas de CO_2 ya en nuestra atmósfera seguirán calentando el planeta durante siglos. Estamos luchando contra un incendio apagando las chispas, pero ignorando las brasas. Nuestra tecnología es la primera manguera capaz de atacar esas brasas directamente. Extraer CO_2 del aire no es solo una opción; es la próxima frontera indispensable para la estabilidad climática.
- **No se presenta una mejora**: Lo que les presento hoy no es un filtro mejorado; es una aspiradora para el cielo, y es la pieza que falta en el rompecabezas de la descarbonización". Esta introducción establece una misión, no solo un producto. Luego, y solo luego, se pueden desplegar las especificaciones técnicas como la prueba de que la misión es viable.

5.4.2. La Adaptación lingüística

Cada audiencia —inversores, directivos, colegas de marketing, usuarios finales— pertenece a una "tribu" con su propio lenguaje y sistema de valores. El ingeniero creativo debe actuar como un traductor cultural, adaptando el mensaje sin traicionar su esencia técnica.

- **Para directivos/inversores**: El lenguaje es el del valor y el riesgo. Necesitan entender el modelo de negocio, el retorno de la inversión (ROI), la ventaja competitiva y la estrategia de mercado. La tecnología es el "cómo" que permite el "qué" empresarial.
- **Para "colegas" de otras disciplinas**: El lenguaje es el de la interfaz y la restricción. Un diseñador necesita saber qué dimensiones y conectores son fijos. Un programador, qué API necesitará. Se comunica en términos de inputs, outputs y dependencias.
- **Para el público general/usuarios**: El lenguaje es el del beneficio y la experiencia. No les importa el funcionamiento del motor, sino que el coche los lleve de forma segura y confortable a su destino. Se comunica con metáforas y centrándose en cómo la tecnología mejora su vida.

Ejemplo: Un equipo de ingenieros ha desarrollado una plataforma de IA que optimiza el consumo energético en edificios comerciales analizando datos en tiempo real de sensores, pronósticos meteorológicos y patrones de ocupación.

- **Comunicación a Inversores y Directivos:**

  - **Enfoque**: Se enfoca en el retorno de inversión (ROI), la ventaja competitiva y la estrategia de mercado. La tecnología es el "cómo" que permite el "qué" empresarial.
  - **Mensaje:** "Señores inversores, la plataforma no es solo un software de monitorización; es un activo financiero que se autofinancia. Los edificios son los mayores consumidores de energía en las ciudades, y actualmente están ciegos. Nuestro sistema les da visión.
  - **Claridad del modelo de negocio**: Reducimos la factura energética entre un 20% y un 30% mediante la optimización dinámica de la climatización, la iluminación y el uso de energías renovables in situ. Para un edificio de oficinas con un gasto anual de 200.000 euros en energía, esto se traduce en un ahorro de 50.000 euros al año. Con una inversión inicial de 150.000 euros, el ROI se alcanza en menos de 36 meses. A partir de ahí, es beneficio neto para el cliente y un flujo de ingresos recurrente para nosotros.

  Nuestra ventaja competitiva reside en el algoritmo de aprendizaje automático propietario, que aprende y se adapta a cada edificio, siendo un 40% más preciso que las soluciones basadas en reglas estáticas del mercado. Capturar solo el 5% del mercado nacional de edificios 'Grade A' representa una oportunidad de 50 millones de euros anuales. Invertir en la plataforma no es apostar por una tecnología verde; es invertir en eficiencia pura y dura que genera caja desde el primer día."

- **Comunicación a colegas de otras disciplinas:**

  - **Enfoque**: Se comunica en términos de inputs, outputs, dependencias y restricciones. El objetivo es la integración técnica efectiva.
  - **Mensaje**: en una reunión de coordinación con el equipo de instalaciones y el de TI del cliente: "Para que el Sistema funcione, necesita una interfaz de comunicación con los sistemas existentes. Estas son nuestras especificaciones de interfaz:

- ○ **Inputs necesarios**: Necesitamos un flujo de datos en tiempo real desde el sistema de control del edificio (BACnet/IP es ideal) con lecturas de: todos los termostatos, medidores de flujo de HVAC, sensores de ocupación, producción de la planta fotovoltaica y tarifa eléctrica contratada.
- ○ **Outputs que generaremos**: Nuestro sistema enviará *setpoints* optimizados cada 15 minutos a los controladores de las unidades manejadoras de aire (AHUs) y a los sistemas de iluminación zonales. Adjunto el protocolo de comunicación exacto.
- ○ **Restricciones críticas**: El servidor local de la plataforma requiere una conexión de red con un ancho de banda garantizado de 10 Mbps y una latencia inferior a 50 ms para el cloud computing. Es fundamental que los actuadores de las válvulas de climatización tengan un tiempo de respuesta inferior a 5 segundos para que nuestras optimizaciones sean efectivas.
- ○ **Dependencias**: Nuestro despliegue en la Fase 2 depende de que el equipo de electricidad haya completado la instalación de los nuevos sensores de ocupación inalámbricos en las plantas 5 a 10."

- • **Comunicación al usuario final:**

  - – **Enfoque**: Se utilizan metáforas y se centra en cómo la tecnología mejora su día a día, su comodidad y sus resultados, sin detalles técnicos.
  - – **Mensaje** (en un folleto o *dashboard* de usuario): "Imagine que su edificio tiene un director de orquesta inteligente. El sistema es ese director.

    - ○ **Beneficio 1**: Ahorro Automático y Sin Esfuerzo. Mientras usted se concentra en su negocio, el sistema dirige en silencio la energía de su edificio. Ajusta la temperatura de las salas vacías, aprovecha el aire fresco de la mañana para enfriar de forma natural y prioriza el uso de sus paneles solares. El resultado: recibe una factura de la luz notablemente más baja, mes tras mes.
    - ○ **Beneficio 2**: Confort que se Adapta a Usted. ¿Molesto por esas zonas que siempre están demasiado frías o calientes? El sistema aprende y se adapta. Equilibra el clima en todo el edificio para que sus ocupantes siempre estén cómodos, lo que se traduce en un espacio de trabajo más productivo y agradable.

○ **Beneficio 3**: Tranquilidad. Reciba alertas inteligentes en su móvil. Le avisaremos si detectamos una ineficiencia o un equipo que está trabajando de forma inusual, ayudándole a prevenir costosas reparaciones. Con el sistema, usted no gestiona la energía; gestiona un edificio más inteligente, eficiente y confortable."

5.4.3. El poder de la narrativa y la analogía

El cerebro humano está cableado para las historias, no para las listas de características. Una narrativa bien construida proporciona estructura, emoción y significado, haciendo que la idea sea memorable y persuasiva. La analogía es la herramienta más poderosa para explicar lo novedoso, ya que construye un puente entre lo desconocido y un concepto familiar.

Una buena analogía no es simplemente decorativa; es un modelo mental funcional que permite a la audiencia hacer inferencias correctas sobre el comportamiento del sistema innovador.

Ejemplo: Implementamos un sistema de control de inventario Just-in-Time basado en Kanban que sincroniza la producción con la demanda real, reduciendo el work-in-process inventory y mejorando el cash flow a través de la eliminación de desperdicios en el flujo de valor.

Imaginemos que nuestra línea de producción es como un supermercado bien surtido. En lugar de llenar los pasillos con productos que los clientes no quieren (inventario), cada vez que un cliente retira un producto de la estantería (ensamblaje final), el sistema automáticamente repone solo ese artículo (componente específico). El 'carrito de la compra' que usa nuestro personal es el Kanban —una señal visual que dice exactamente qué reponer, cuándo y en qué cantidad—. Así evitamos tener pasillos abarrotados de mercancía estancada (inventario inmovilizado) mientras garantizamos que nunca faltan los productos esenciales. Nuestra fábrica se convierte en un supermercado eficiente donde cada movimiento está impulsado por lo que el cliente realmente está comprando.

Esta analogía transmite visualmente los conceptos de producción *pull*, reducción de inventarios y respuesta a la demanda, haciendo tangible un sistema de producción complejo mediante una experiencia cotidiana familiar para cualquier persona.

5.4.4. El Principio de "Menos es Más"

La tentación del ingeniero es mostrar toda la complejidad y el trabajo duro invertidos, inundando a la audiencia con datos. Esto es un error fatal. La comunicación efectiva de ideas innovadoras se rige por el principio de simplicidad elegante. Se trata de destilar la esencia fundamental de la idea, eliminando todo ruido que no contribuya al mensaje central.

Como dijo Antoine de Saint-Exupéry: "Se alcanza la perfección, no cuando no hay nada más que añadir, sino cuando no hay nada más que quitar". Esto no significa ser simplista, sino ser profundo de forma clara.

Ejemplo: Cuando Steve Jobs presenta en 2007 el primer iPhone, no comenzó hablando de la arquitectura ARM, el sistema operativo basado en UNIX o la densidad de píxeles de la pantalla. Comenzó con una slide limpia que mostraba tres dispositivos: un teléfono, un reproductor de música y un navegador de internet. Dijo: "Hoy, vamos a reinventar el teléfono. ¿No sería genial tener estos tres dispositivos en uno?".

Esa fue la propuesta de valor central, simple y poderosa. A lo largo de la presentación, cada característica —la pantalla táctil, la interfaz multi-touch, el sensor de proximidad— se presentó no como un logro técnico en sí mismo, sino como una respuesta elegante a una necesidad del usuario dentro de esa visión unificada. Los datos técnicos estaban en la hoja de especificaciones para quien los quisiera buscar, pero no obstruyeron el mensaje principal. La simplicidad de la narrativa fue lo que generó el impacto cultural.

La decisión de Steve Jobs de comenzar con una propuesta de valor central, simple y poderosa, en lugar de una avalancha de especificaciones técnicas, no fue una casualidad o un simple truco de mercadotecnia. Fue la ejecución magistral de un principio fundamental: las revoluciones tecnológicas se ganan primero en el terreno de la imaginación colectiva, y solo después en el de las hojas de especificaciones.

La narrativa de "tres dispositivos en uno" funcionó como un "andamio mental" para la audiencia. En 2007, el público entendía perfectamente la utilidad de un iPod, un teléfono y un navegador de internet. El genio de Jobs fue usar esos conceptos familiares como pilares para introducir una idea radicalmente nueva. En lugar de decir "hemos creado un ordenador de bolsillo con un sistema operativo basado en Unix y una interfaz táctil capacitiva" (lo que era cierto, pero incomprensible para la mayoría), ofreció un puente conceptual: "Imagina la comodidad de tener todo lo que ya usas y valoras, fusionado en un solo objeto elegante". Esta simplicidad no era simplista; era estratégica. Era simplicidad al servicio de la claridad, no de la ignorancia.

Cada característica técnica subsiguiente se presentó, como mencionas, no como un logro en sí mismo, sino como una respuesta elegante a una necesidad humana dentro de esa visión unificada. La pantalla táctil no se vendió como un "display de 3,5 pulgadas con resolución de 320×480 píxeles", sino como la solución para eliminar el teclado físico y permitir que la interfaz fuera software, y por tanto, infinitamente flexible. El "multi-touch" no fue una lección de ingeniería, sino la magia que permitía "pellizcar para hacer zoom" en una foto, un gesto intuitivo y placenteramente táctil. El sensor de proximidad fue la forma inteligente de evitar que tu cara colgara la llamada.

Este enfoque metódico de la presentación logró dos cosas críticas:

1. **Desarmó la resistencia al cambio:** La tecnología compleja genera rechazo por una sensación de inaccesibilidad. Al anclar su invención en beneficios tangibles y comprensibles, Jobs eliminó la barrera del miedo. La gente no tenía que entender *cómo* funcionaba, solo podía visualizar *cómo* lo mejorarían sus vidas. La narrativa transformó un dispositivo técnicamente intimidante en un objeto de deseo.

2. **Creó un nuevo lenguaje y un nuevo estándar:** Al ocultar la complejidad y enfatizar la experiencia, Apple no solo estaba vendiendo un producto; estaba definiendo los términos de lo que un «teléfono inteligente» debía ser. La competencia (Nokia, BlackBerry, Microsoft) quedó inmediatamente obsoleta no en sus hojas de especificaciones (muchos de sus teléfonos tenían características técnicas superiores en papel), sino en su filosofía. Mientras ellos competían en una carrera de «megapíxeles» y «MHz», Apple había cambiado el campo de batalla a la elegancia, la usabilidad y la integración perfecta. La simplicidad de la narrativa se convirtió en la base de un nuevo dogma cultural: que la tecnología debe estar al servicio del ser humano de forma intuitiva y hermosa, y no al revés.

En esencia, el impacto cultural no nació de las características del iPhone, sino de la historia que se contó sobre ellas. Jobs entendió que la adopción masiva requiere una puerta de entrada emocional e intelectual. Al presentar el iPhone a través de una lente de simplicidad y beneficio directo, no solo comercializó un dispositivo; sembró una idea en la cultura popular que redefinió para siempre nuestra relación con la tecnología, haciendo que lo revolucionario se sintiera, de manera brillante, no solo inevitable, sino profundamente deseable.

5.4.5. El prototipo como el mensaje definitivo

Cuando las palabras y los slides son insuficientes, el prototipo —físico o digital— se convierte en el medio de comunicación más elocuente. Un prototipo es un argumento tangible. Responde preguntas, despejas dudas y genera un entusiasmo que ninguna presentación puede igualar.

Un prototipo no necesita ser perfecto; necesita ser suficientemente bueno para demostrar el principio de funcionamiento clave y hacer palpable la promesa de la idea. Un modelo 3D impreso, una simulación interactiva, un mock-up de una interfaz o un circuito que realiza una función crítica son más persuasivos que mil palabras.

> **Ejemplo**: A principios de los años 2000, la idea de una empresa privada fabricando cohetes orbitales era recibida con escepticismo. En lugar de solo presentar diseños en PowerPoint, SpaceX construyó el Falcon 1.

El prototipo, aunque los primeros vuelos fallaron, fue el argumento definitivo. No era perfecto, pero era tangible: demostraba principios clave como el motor Merlin y la construcción con aleaciones de aluminio-litio. Cada lanzamiento, incluso los fallidos, comunicaba de forma más elocuente que cualquier presentación el progreso real, la viabilidad y la determinación de la empresa. Este prototipo físico generó un entusiasmo y una credibilidad que convencieron a inversionistas y clientes cruciales como la NASA, culminando en el éxito del cuarto lanzamiento en 2008, que fue el primer cohete de combustible líquido de financiamiento privado en alcanzar la órbita.

Capítulo 6

Tips para fomentar la creatividad en ingeniería

6.1. Rutinas diarias para pensar diferente

En la ingeniería, donde lo mensurable y lo predecible suelen reinar, la creatividad puede percibirse como un visitante caprichoso que llega sin avisar. Nada más alejado de la realidad. La neurociencia y la experiencia de los ingenieros más innovadores demuestran que el pensamiento creativo puede —y debe— ser cultivado mediante rutinas intencionales que reconfiguren nuestros patrones cognitivos. Estas prácticas no son meros ejercicios abstractos, sino herramientas de precisión para tallar nuevos surcos neuronales, permitiéndonos escapar de la inercia de las soluciones convencionales.

La mente del ingeniero, entrenada para buscar la optimización y la eficiencia, puede quedar atrapada en lo que se conoce como la "rigidez funcional": la incapacidad de ver más allá del uso establecido de un componente o de un proceso.

Incorporar estas rutinas no es una distracción de la "ingeniería seria", sino la inversión más clave en la calidad del trabajo técnico. Son el equivalente cognitivo al mantenimiento preventivo de una máquina de precisión: aseguran que la herramienta más importante del ingeniero —su mente— permanezca afilada, flexible y capaz de generar no solo soluciones correctas, sino también soluciones revolucionarias. La disciplina de pensar de forma diferente, practicada a diario, es lo que separa a un técnico competente de un verdadero ingeniero creador.

Las rutinas que se presentan a continuación están diseñadas específicamente para fracturar esta rigidez, transformando la creatividad de un evento esporádico en un hábito disciplinado y productivo.

6.1.1. La Práctica del "Pensamiento de primer principio"

El pensamiento de primer principio, como se ha mencionado, es desmontar un problema hasta sus verdades fundamentales. La rutina consiste en dedicar 15 minutos diarios a un solo problema o concepto familiar y despojarlo de todas las suposiciones heredadas.

- **Cómo se hace:** Tomar un objeto o proceso (ej: una batería, un sistema de login, una junta estanca). Anotar todo lo que «se sabe» sobre ello. Luego, cuestionar cada afirmación: «¿Por qué es así?», «¿Es esta la única forma de lograr esta función?», «¿Qué ley física fundamental lo impide o lo permite?».
- **Ejemplo práctico en ingeniería eléctrica:** En lugar de asumir que se necesita una batería de ion-litio para un dispositivo portátil, el in-

geniero se pregunta desde el primer principio: «¿Qué necesito? Necesito almacenar X vatios-hora de energía en Y volumen y liberarla de forma controlada». Esto puede abrir la puerta a explorar supercondensadores, celdas de combustible de hidrógeno a microescala, o incluso sistemas de recolección de energía cinética que rediseñen por completo el concepto de «carga».

6.1.2. El "Diario de fallos y curiosidades"

La cultura ingenieril tradicional en ocasiones estigmatiza el error. Esta rutina lo invita, lo busca y lo documenta. No es un registro de fracasos, sino un laboratorio de aprendizaje en tiempo real.

- **Cómo se hace:** Mantener un cuaderno (físico o digital) con dos secciones. En «Fallos», se anota diariamente cualquier cálculo erróneo, suposición incorrecta o prototipo fallido, pero añadiendo siempre: «¿Qué hipótesis demostró ser falsa?» y «¿Qué nuevo dato reveló este fallo?». En «Curiosidades», se registra cualquier fenómeno observado que no se comprendió inmediatamente, cualquier paper o artículo que despertó interés, por más alejado que parezca de tu campo.
- **Ejemplo práctico en ingeniería mecánica:** Un ingeniero está calculando la vida útil de un cojinete y su predicción no coincide con los tests de fatiga. En su diario anota: «Fallo: el modelo de desgaste subestimó el impacto de las vibraciones de baja amplitud. Dato revelador: la lubricación no es uniforme bajo estas condiciones. Curiosidad: leí sobre un estudio de biología sobre la lubricación en las articulaciones humanas, que es altamente eficiente en condiciones dinámicas. ¿Podría existir un diseño de superficie que imite esto para redistribuir el lubricante?"

6.1.3. Aprovechando el pensamiento no lineal

El cerebro necesita tiempo de inactividad para conectar ideas de manera no lineal. La sobrecarga de información y el enfoque hiperconcentrado en un problema agotan los recursos cognitivos necesarios para la insight. La rutina es programar bloques de **"ocio cognitivo"** de 20-30 minutos tras periodos de trabajo intenso.

Para su aplicación, en lugar de desplazarse por redes sociales, se realiza una actividad que permita a la mente divagar sin un objetivo concreto: un paseo sin rumbo, escuchar música instrumental, dibujar de forma abstracta, o realizar una tarea manual sencilla. La clave es la ausencia de estímulos demandantes.

> *Ejemplo*: Un arquitecto de software está atascado en el diseño de una API compleja.

Tras dos horas de intentos infructuosos, sale a caminar por el parque. Mientras camina, observa cómo la gente se cruza y fluye en diferentes direcciones, a veces chocando, a veces cediendo el paso. De repente, la analogía emerge: "¡La API no debe ser una autopista con peajes, sino una plaza pública con reglas claras de circulación! Los servicios deben poder 'encontrarse' e 'interactuar' de forma más flexible, no seguir un camino rígido." La solución le llega no cuando forcejeaba con el código, sino cuando su cerebro, en estado de reposo, aplicó un modelo de un dominio completamente diferente al problema técnico.

6.1.4. Cambio de rol forzado

Esta rutina entrena la empatía técnica y la capacidad de ver un mismo problema desde múltiples perspectivas disciplinarias. Se trata de adoptar deliberadamente el "lente" de otra especialidad.

Para aplicarlo se debe seleccionar un diseño o problema propio y dedicar 10 minutos a analizarlo desde el punto de vista de otro profesional. ¿Cómo lo abordaría un economista? ¿Un psicólogo? ¿Un biólogo? ¿Un artista? El objetivo no es llegar a una solución, sino a un nuevo conjunto de preguntas.

> *Ejemplo*: El ingeniero estructural, que normalmente se centra en cargas y materiales, realiza la rutina de "Rotación de Lentes".

- **Lente del economista:** «¿Cuál es el coste total de propiedad, incluyendo mantenimiento cada 5 años? ¿El diseño permite reducir costos futuros?»
- **Lente del psicólogo ambiental:** «¿La forma del puente genera una sensación de seguridad o vértigo en los peatones? ¿La estructura proyecta sombras que afectan el bienestar?»

- **Lente del biólogo:** «¿El diseño de los pilares puede optimizarse para crear hábitats para la fauna acuática, imitando las raíces de los manglares?»

Esta práctica no sustituye la consulta a un especialista, pero ensancha el espacio del problema, revelando restricciones y oportunidades que de otro modo permanecerían invisibles.

6.2. Ambientes que estimulan la innovación

Si las rutinas diarias son el software que reprograma nuestra mente creativa, el entorno físico, psicológico y digital constituye el hardware que permite ejecutar ese software de forma óptima. En ingeniería, donde la materialización de ideas es fundamental, el espacio de trabajo nunca es un contenedor neutro; es un instrumento activo que puede potenciar o aniquilar el potencial innovador de un equipo. Un ambiente estimulante actúa como un catalizador, diseñado específicamente para fomentar las colisiones creativas, la experimentación rápida y la serendipia controlada.

La neuroarquitectura —el estudio de cómo el diseño espacial afecta nuestra cognición y emociones— revela que los espacios no solo nos contienen, sino que nos modifican. Un entorno de ingeniería creativo debe, por tanto, ser diseñado con la misma precisión y propósito que cualquier sistema técnico, atendiendo a tres dimensiones interconectadas: la física, la psicológica y la digital.

6.2.1. Diagrama de flujo para el espacio

El diseño tradicional de oficinas para ingenierías, con despachos cerrados y laboratorios aislados, refleja un modelo de trabajo en "silos" y fomenta precisamente eso. El entorno físico innovador se concibe como un ecosistema de zonas interconectadas que refleja y facilita las distintas fases del proceso creativo.

- **Zonas de baja fricción para la colisión:** Son espacios de tránsito obligatorio —junto a cafeteras, impresoras 3D, o en pasillos amplios— con pizarras o pantallas táctiles permanentes. Su objetivo es capturar ideas espontáneas que surgen en encuentros informales. El ejemplo paradigmático es el Edificio 20 del MIT, una estructura temporal construida tras la Segunda Guerra Mundial. Sus pasillos largos y laberínticos, y la proximidad forzada de departamentos dispares (desde lingüística a radar), generaron un caldo de cultivo para colaboraciones interdisciplinares que dieron lugar a avances como el radar moderno y la cibernética. No era bonito, pero era efectivo.

- **Talleres de prototipado de alta accesibilidad:** La distancia física entre el espacio de diseño y el de construcción es una barrera crítica para la innovación. Compañías como IDEO o SpaceX han internalizado este principio. En sus instalaciones, las mesas de trabajo de los ingenieros están a pocos metros, o incluso integradas, con talleres de fabricación rápida equipados con impresoras 3D industriales, cortadoras láser y bancos de electrónica. Esto permite el ciclo «pensar-hacer-probar» en cuestión de horas, no de semanas. Un ingeniero de SpaceX puede diseñar una pieza por la mañana, imprimirla en metal durante el almuerzo y probarla en un banco de ensayos por la tarde. Esta inmediatez convierte la abstracción en concreción, acelerando exponencialmente el aprendizaje y la iteración.
- **Cápsulas de inmersión profunda:** La creatividad no surge solo del bullicio; la concentración profunda es igual de clave. Espacios acústicamente aislados, minimalistas y sin distracciones, permiten a los ingenieros sumergirse en problemas de alta complejidad. Empresas como Bose o Bosch diseñan "cabinas de silencio" o "salas de reflexión" específicamente para esta fase del trabajo, reconociendo que ciertos avances requieren de una atención sostenida y sin interrupciones.

6.2.2. El Entorno psicológico

El espacio físico más avanzado fracasa si el ambiente psicológico es tóxico. La psicología de la creatividad es clara: el miedo al fracaso o a la crítica es el anestésico más potente para la innovación. Construir un entorno psicológicamente seguro requiere una ingeniería cultural deliberada.

- **Ritualización del fracaso:** En lugar de ocultar los errores, se les da un espacio protocolarizado y constructivo. Una práctica poderosa es la celebración de «Autopsias de Fallos sin Culpables», sesiones regulares donde se examina un proyecto o prototipo fallido con el único objetivo de extraer lecciones técnicas. En Google X, el laboratorio de «moonshots», se considera un éxito desmantelar un proyecto de forma temprana y elegante, habiendo aprendido algo fundamental. Llegan a premiar a los equipos que «matan» sus ideas cuando la evidencia lo indica, creando una cultura donde el riesgo inteligente no se penaliza.

- **Provocación intelectual constante:** Las oficinas de Arup, la firma global de ingeniería estructural, están literalmente empapeladas con los diseños, cálculos y modelos físicos de sus proyectos más audaces, como el Sydney Opera House o el Centre Pompidou. Este entorno sirve como un recordatorio constante de los límites de lo posible y establece un estándar de excelencia que desafía a los ingenieros a superarse. Se complementa con charlas de «Foráneos Inspiradores» —biólogos, artistas, filósofos— que introducen marcos mentales ajenos a la ingeniería, provocando conexiones inusuales.

6.2.3. El Entorno digital

En la era moderna, el entorno no es solo físico. La capa digital actúa como el sistema nervioso del ecosistema innovador, capturando, conectando y amplificando las ideas.

- **Repositorios vivos de conocimiento:** Plataformas como GitHub para ingenieros o Confluence/JIRA bien configuradas, no son solo herramientas de gestión. Son la memoria institucional. Cuando un ingeniero documenta un fallo de un sensor o una solución de software, ese conocimiento no se archiva; se indexa y se conecta.
  Un sistema de tags inteligentes puede permitir que un ingeniero nuevo, al buscar "vibraciones en materiales compuestos", encuentre no solo manuales, sino también los reportes de fallos, las simulaciones y las soluciones improvisadas que surgieron en proyectos anteriores, acelerando su curva de aprendizaje y evitando repetir errores.
- *Dashboards* **de innovación en tiempo real:** Empresas como Tesla utilizan paneles de control que muestran en tiempo real los datos de flota de sus vehículos. Cuando un patrón de fallo emerge, no es un dato aislado; es una señal que activa de inmediato a los equipos de ingeniería.
  Este entorno digital de feedback inmediato transforma el mundo real en un laboratorio de pruebas continuo, donde cada producto en el campo es un sensor que alimenta el siguiente ciclo de innovación.

Diseñar ambientes que estimulen la innovación es, en esencia, una disciplina de ingeniería de sistemas aplicada al talento humano. Requiere una integración consciente del espacio físico (para facilitar el flujo de ideas), el ambiente psicológico (para eliminar las barreras emocionales) y la plataforma digital (para amplificar y retener el conocimiento).

6.3. Cultivar la curiosidad técnica

Si tuviera que identificarse el combustible primordial de la innovación en ingeniería, sin duda sería la curiosidad técnica. No nos referimos a la curiosidad pasiva que lleva a preguntarse "cómo funciona esto", sino a una curiosidad activa, sistemática y persistente que impulsa a desmontar mentalmente los sistemas, a cuestionar los porqués más profundos y a buscar conexiones donde aparentemente no las hay.

Cultivar esta curiosidad es el trabajo más importante que un ingeniero puede realizar sobre sí mismo, pues transforma la práctica profesional de la mera aplicación de fórmulas establecidas a una exploración continua y apasionante de lo posible.

La curiosidad técnica es un músculo cognitivo que se fortalece con el ejercicio constante y se atrofia con la complacencia. En un mundo donde el conocimiento técnico se duplica a un ritmo cada vez más acelerado, la capacidad de aprender, desaprender y reaprender se vuelve más valiosa que el conocimiento acumulado en un momento dado. Vamos a proporcionar un plan de entrenamiento metódico para desarrollar esta capacidad fundamental.

6.3.1. El desensamblaje mental

Todo ingeniero creativo debería cultivar el hábito de observar cualquier sistema tecnológico —desde una cafetera hasta un reactor nuclear— e intentar reverse-engineer (ingeniería inversa) mentalmente su funcionamiento. Este no es un ejercicio para adivinar con precisión, sino para entrenar la capacidad de formular hipótesis fundamentadas.

- **Metodología profunda:**

  1. **Identificación de funciones primarias:** Ante cualquier dispositivo, determinar sus 3-5 funciones principales. No «calentar agua», sino «transferir energía térmica de una fuente a un líquido de manera eficiente y segura».
  2. **Hipótesis de mecanismos:** Para cada función, proponer al menos tres mecanismos físicos o principios diferentes que podrían lograrla. ¿Cómo se podría transferir calor? ¿Resistencia eléctrica? ¿Inducción? ¿Microondas? ¿Energía solar concentrada?
  3. **Detección de interfases y restricciones:** Identificar dónde terminan y empiezan los diferentes subsistemas. ¿Cómo se comunica el sistema de control con el de potencia? ¿Qué restricciones de seguridad, coste o materiales son evidentes?

4. **Análisis de puntos de falla probables:** Deducir, basándose en los principios de funcionamiento hipotéticos, qué componentes tienen mayor probabilidad de fallar y por qué.

Ejemplo: Un ingeniero observa un dron comercial de alta gama. En lugar de simplemente volarlo, realiza su desensamblaje mental.

- **Función:** Mantener la estabilidad en vuelo con viento lateral.
- **Hipótesis de mecanismos:** 1) Un sistema IMU (Unidad de Medición Inercial) con giroscopios y acelerómetros que corrige con los motores. 2) Un sensor de flujo óptico en la parte inferior para detectar deriva. 3) Un GPS de alta frecuencia para corregir la posición.
- **Interfases:** ¿Cómo se sincroniza la IMU con el control de los motores? Debe haber un controlador PID (Proporcional, Integral, Derivativo) en el firmware.
- **Puntos de falla:** El giroscopio puede tener deriva *(drift)* con el tiempo. ¿Cómo lo calibra en vuelo? Quizás usando el GPS como referencia. El análisis lleva al ingeniero a investigar sobre fusion sensors, un concepto que puede aplicar después en un sistema de automatización industrial.

6.3.2. The Five Whys *para la comprensión profunda*

Adaptada de la metodología de resolución de problemas, esta técnica se usa aquí no para encontrar una causa raíz de un fallo, sino para excavar en los principios fundamentales que sostienen una tecnología. El objetivo es llegar al "porqué físico o matemático" último.

- **Metodología profunda:** Se comienza con una observación o afirmación técnica y se pregunta "¿Por qué?" de manera sucesiva, forzándose a no conformarse con la respuesta superficial. Cada respuesta debe ser un peldaño más profundo en la escalera del conocimiento fundamental.

Ejemplo: Nuevas funciones y utilidades derivadas del conocimiento profundo por parte del ingeniero de las características físicas y químicas del acero inoxidable.

Afirmación: «El acero inoxidable no se oxida»

1. **¿Por qué?** Porque tiene una capa de óxido de cromo que lo protege.
2. **¿Por qué?** Porque el cromo, en presencia de oxígeno, forma espontáneamente este óxido (pasivación).
3. **¿Por qué?** Porque la estructura cristalina del óxido de cromo (Cr_2O_3) es extremadamente densa y estable, y se adhiere fuertemente al sustrato, impidiendo la difusión del oxígeno y la humedad hacia el interior.
4. **¿Por qué?** Por los enlaces iónicos y covalentes fuertes dentro de esa estructura cristalina específica, que es termodinámicamente muy favorable.
5. **¿Por qué? (Pregunta del físico)** Por la configuración electrónica del átomo de cromo y su radio iónico, que determinan cómo se empaquetan los iones en la red cristalina.

Este ejercicio no solo consolida el conocimiento, sino que lleva al ingeniero a los fundamentos de la química y la física del estado sólido, desde donde puede empezar a hacer preguntas creativas: "¿Podría inducirse una capa de pasivación similar en aluminio para aplicaciones estructurales?" o "¿Existe un 'óxido autorreparable'?"

6.3.3. El Principio de la "Polinización Cruzada"

La curiosidad más fértil a menudo se encuentra fuera de la propia especialidad. La capacidad de encontrar analogías y principios en biología, arquitectura, arte o incluso sociología, y traducirlos a soluciones de ingeniería, es un superpoder del ingeniero creativo.

- **Metodología profunda:**

  1. **Selección de un dominio fuente:** Elegir un campo no relacionado (ej: biología marina).
  2. **Búsqueda de mecanismos elegantes:** Identificar un problema que la naturaleza o ese campo haya resuelto de manera eficiente (ej: cómo se adhieren los mejillones a las rocas en un entorno húmedo y dinámico).
  3. **Abstracción del principio:** Extraer el principio fundamental (ej: adhesión mediante un secreto de proteínas que cura bajo el agua y forma hilos elásticos y fuertes).

4. **Tracción al Dominio Meta:** Buscar un análogo en ingeniería (ej: ¿Podemos crear un adhesivo estructural que cure bajo el agua para reparaciones en infraestructuras marinas o en medicina?).

> *Ejemplo*: Un ingeniero civil, curioso por la eficiencia estructural, estudia el fémur humano. Observa que el hueso no es macizo, sino que tiene una estructura trabecular —una red de pequeñas vigas y columnas que siguen exactamente las líneas de tensión y compresión—. Este es el principio de la "optimización topológica" en acción, desarrollada por la evolución.

Al trasladar este principio, el ingeniero no solo entiende mejor el diseño de la Torre Eiffel (que se asemeja a un fémur), sino que puede aplicar software moderno de optimización topológica para diseñar un *bracket* de aluminio para un satélite que tenga una resistencia específica pero pese un 40% menos, al eliminar material donde no es estrictamente necesario. La curiosidad por la biología se tradujo directamente en una solución de ingeniería aeroespacial de vanguardia.

6.3.4. Una serie de preguntas "Tontas" y el "Y si..."

La sociedad suele penalizar las preguntas "tontas", pero en ingeniería, estas son a menudo las más profundas. Se debe crear un espacio sagrado —un diario— para formular por escrito cualquier pregunta que surja, sin filtro ni juicio.

- **Metodología profunda:**

  - **Preguntas "Tontas":** «¿Por qué los aviones no tienen paracaídas para todos?», «¿Por qué no hacemos microchips de diamante si es mejor conductor del calor?», «¿Por qué las ruedas son redondas?». El valor no está en la pregunta en sí, sino en la cadena de razonamiento que se activa al intentar responderla rigurosamente.
  - **"Y si...":** Este es un ejercicio de ideación forzada. «¿Y si pudiéramos construir sin acero?», «¿Y si la fricción fuera un 90% menor?», «¿Y si los sensores fueran gratuitos?». Cada «Y si...» es una lente que distorsiona las restricciones de la realidad, forzando al cerebro a explorar territorios de solución radicalmente nuevos.

Ejemplo: Un ingeniero junior en una empresa de telecomunicaciones pregunta en su diario: "¿Por qué usamos corriente alterna para transmitir energía a largas distancias? Sé que es por las pérdidas, pero... ¿y si pudiéramos tener superconductores a temperatura ambiente?".

La pregunta, en apariencia ingenua, lo lleva a investigar sobre criogenia y superconductores de alta temperatura. Se da cuenta de que, aunque la superconductividad a temperatura ambiente es lejana, los sistemas criogénicos con nitrógeno líquido (relativamente barato) son viables. Esto lo lleva a proponer, no una red nacional superconductora, sino el rediseño criogénico de un cuello de botella específico en un centro de datos de alto rendimiento, reduciendo sus pérdidas energéticas en un 95% y solucionando un problema crítico de refrigeración.

La pregunta "tonta" abrió una línea de investigación que los expertos, demasiado centrados en lo posible, habían descartado por imposible.

La metodología "Y si..." transforma preguntas hipotéticas en innovaciones tangibles al forzar la exploración de paradigmas radicales. Aplicado a superconductores, este enfoque identificó que, aunque la temperatura ambiente es inviable, los superconductores criogénicos sí podían resolver un problema concreto: el cuello de botella energético en centros de datos.

La solución fue un bus de potencia criogénico que usa nitrógeno líquido para reducir las pérdidas energéticas en un 95%, demostrando cómo una idea aparentemente imposible genera aplicaciones prácticas cuando se redirige estratégicamente.

6.3.5. La Curiosidad como herramienta de diagnóstico

Cuando un componente falla, la reacción inmediata suele ser reemplazarlo. El ingeniero curioso ve en el fracaso una mina de oro de información. Realizar una "autopsia técnica" sistemática es la forma más directa de aprender de la realidad.

- **Metodología Profunda:**

  1. **Examen macroscópico:** Fotografiar y documentar el estado del componente.
  2. **Análisis de la firma del fallo:** ¿Es una fractura frágil o dúctil? ¿Hay corrosión? ¿Patrones de desgaste? La firma indica el tipo de esfuerzo que causó el fallo.

3. **Investigación de Causa Raíz:** Usar la técnica de los 5 porqués, apoyada en análisis de laboratorio si es necesario (microscopía electrónica, espectrometría, etc.).

4. **Lección de diseño fundamental:** Extraer un principio de diseño que debe cambiarse. No «usar un material más duro», sino «el diseño debe asumir que la lubricación fallará periódicamente, por lo que debe ser tolerante a la sequía».

Cultivar la curiosidad técnica es, en última instancia, adoptar una filosofía de humildad intelectual y ambición exploratoria. Es reconocer que, sin importar cuánto se sepa, la comprensión profunda siempre está un "por qué" más allá.

Las metodologías aquí descritas —desensamblaje mental, el por qué en cascada, la polinización cruzada, el diario de preguntas y la autopsia técnica— son sistemas que institucionalizan esta filosofía, transformando la curiosidad de un rasgo de personalidad en una competencia profesional practicada y perfeccionada.

6.4. Práctica para equipos de ingeniería

La creatividad individual es fundamental, pero la innovación de impacto en ingeniería rara vez surge del trabajo aislado. Es en la dinámica colectiva donde las ideas se pulen, combinan y elevan a su máximo potencial. Sin embargo, la colaboración creativa no ocurre por generación espontánea; requiere de andamios metodológicos específicos —ejercicios prácticos estructurados— que canalicen la energía del grupo, superen la inercia de lo convencional y transformen la discusión en creación tangible. Estos ejercicios no son meras dinámicas de *team building;* son herramientas de producción de ingenio colectivo, diseñadas para operar bajo las restricciones de tiempo, presupuesto y objetivos reales de un entorno técnico.

Este apartado presenta un repertorio de ejercicios avanzados, probados en contextos de ingeniería de vanguardia, que trascienden el *brainstorming* básico. Cada uno está concebido para abordar una fase específica del proceso innovador: desde la ruptura de paradigmas hasta la materialización urgente de prototipos.

6.4.1. Design Sprint

El *Design Sprint,* popularizado por Google Ventures, es un **proceso de cinco días** que condensa meses de discusión, diseño y prueba en una sola semana de trabajo intensivo y focalizado. Es el antídoto contra la parálisis por análisis y los debates infinitos.

- **Metodología profunda y detallada:**

    - **Día 1: MAAPE (Mapa, Audiencia, Alcance, Problema, Expertos).** El equipo se alinea en el desafío a resolver. Se dibuja un mapa del proceso del usuario o del sistema. Se identifican los puntos de dolor más críticos. Se entrevista a expertos internos (ej: ingenieros de servicio, comerciales) para obtener datos cualitativos clave.
    - **Día 2: Sketches en solitario.** Cada miembro, en silencio, genera ideas en forma de sketches detallados (no garabatos, sino diagramas anotados). Se utiliza la técnica de las «Notas de Crazy 8›s» (8 ideas en 8 minutos) para forzar la variación, seguida de un *«storyboard»* de solución en tres paneles. El anonimato evita el sesgo de personalidad.
    - **Día 3: Toma de decisiones críticas.** Se presentan todas las soluciones sketches en la pared. Se vota de forma silenciosa con stickers. La decisión final no es por consenso, sino que recae en el «Decisor» previamente designado (ej: el líder técnico o el PM), quien elige la solución o la combinación de soluciones que se prototipará. Se crea un *«storyboard»* maestro del prototipo.
    - **Día 4: Prototipado hiperrealista.** Se construye un prototipo que sea «suficientemente bueno» para ser probado. Para un software, puede ser un *mock-up* interactivo en Figma. Para un componente hardware, puede ser un modelo 3D impreso montado en un dispositivo existente, o incluso una simulación por elementos finitos que demuestre el principio de funcionamiento clave. El objetivo es la fidelidad de la experiencia, no la perfección técnica.
    - **Día 5: Validación con usuarios reales.** Se llevan a cabo 5-7 entrevistas con usuarios o clientes potenciales, observando sus reacciones al prototipo. El equipo observa detrás de un espejo unidireccional o por videollamada. El aprendizaje es brutal y directo: se valida o se invalida la hipótesis central de la solución.

Ejemplo: Un equipo de ingenieros de software y de control tenía 6 meses de debate sobre cómo modernizar la interfaz de un sistema de supervisión industrial SCADA. Realizaron un *Design Sprint*.

Tips para fomentar la creatividad en ingeniería

- **Lunes:** Mapearon el flujo de un operador durante una alarma crítica. Identificaron que el cuello de botella no era la visualización de datos, sino la velocidad para silenciar alarmas irrelevantes y acceder al manual de procedimientos.
- **Martes:** Un ingeniero sketcheó una interfaz de realidad aumentada que superponía los manuales en la vista de la cámara. Otro propuso un sistema de voz para comandos. Una tercera idea fue un panel táctil con «modo pánico» que simplificaba toda la interfaz a 3 botones críticos.
- **Miércoles:** El Decisor (el jefe de operaciones) eligió el «modo pánico» por su simplicidad y alto impacto en la seguridad.
- **Jueves:** Los ingenieros de software crearon un prototipo funcional en una tablet, simulando la conexión al sistema real.
- **Viernes:** Tres operadores probaron el prototipo en un simulador. Los 3 encontraron el «modo pánico» instintivo y revolucionario. La idea fue validada, y el equipo supo con certeza en qué dirección desarrollar, ahorrando meses de desarrollo ciego.

6.4.2. El TRIZ nuevamente

Como ya hemos visto, el TRIZ (Teoría para Resolver Problemas de Inventiva) es un sistema de ingeniería basado en el conocimiento. Desarrollado a partir del análisis de millones de patentes, TRIZ postula que la mayoría de los problemas técnicos avanzados ya han sido resueltos en otros campos, y que existen unos 40 principios inventivos universales para resolver contradicciones técnicas.

- **Metodología profunda y detallada:**

    1. **Formulación de la Contradicción Técnica:** Este es el núcleo. En lugar de decir «necesitamos más resistencia», se plantea: «Si mejoramos [parámetro A], entonces [parámetro B] empeora». Ejemplo: «Si aumentamos el grosor de la pared para mejorar la resistencia, entonces el peso aumenta".
    2. **Uso de la Matriz de Contradicciones:** TRIZ ofrece una matriz donde los parámetros que mejoran y los que empeoran se cruzan, sugiriendo de 1 a 4 de los 40 principios para resolver esa contradicción específica.
    3. **Aplicación de los Principios Inventivos:** El equipo analiza los principios sugeridos y realiza brainstorming de cómo aplicarlos a su problema concreto. Principios clave incluyen:

- **Segmentación**: Dividir un objeto en partes independientes.
- **Extracción**: Separar la parte conflictiva del objeto.
- **Asimetría**: Cambiar de forma simétrica a asimétrica.
- **Autoservicio**: Un objeto se sirve a sí mismo realizando funciones auxiliares.

Ejemplo: Un equipo debía diseñar un sistema de sujeción para una pieza frágil de composite sin dañarla.

- **Contradicción**: "Si aumentamos la fuerza de sujeción (para evitar que se mueva), entonces aumentamos el daño a la pieza (parámetro que empeora: estrés)".
- **Consulta a la Matriz TRIZ**: La contradicción entre "Fuerza" y "Estrés en un objeto sólido" sugiere los principios: 32 Cambio de color, 1 Segmentación, 35 Transformación de propiedades.
- **Aplicación**:

  - **Principio 1**: Segmentación. En lugar de una mordaza maciza, usar múltiples pines neumáticos pequeños que se adapten a la curvatura de la pieza, distribuyendo la fuerza.
  - **Principio 35**: Transformación de propiedades. Usar un material de sujeción que cambie de estado: un fluido magnetoreológico que se solidifique bajo un campo magnético, ejerciendo una presión uniforme y adaptativa. Esta fue la solución elegida, eliminando por completo el punto de estrés concentrado.

6.4.3. Hackathons

Las *hackathons* suelen asociarse a software, pero su formato de **inmersión total contra el reloj** es perfectamente aplicable a la ingeniería física. Un Hardware Hackathon se centra en construir un prototipo físico funcional que demuestre un principio de solución a un desafío específico, en un tiempo muy corto (24-48 horas).

- **Metodología Profunda y Detallada:**

  - **Preparación Logística Extrema**: El espacio debe estar pre-equipado con herramientas de fabricación digital (impresoras 3D, cortadora láser), componentes electrónicos modulares (Arduino, Raspberry Pi, sensores, actuadores), bancos de trabajo y materiales estándar. La logística es clave para no perder tiempo.

- **Definición del Desafío "Caja Cerrada"**: El desafío debe ser lo suficientemente abierto para inspirar, pero lo suficientemente acotado para ser abordable. Ej: "Diseñad un sistema pasivo para reducir en un 50% el consumo de agua en una ducha de 5 minutos".

- **Composición de Equipos Interdisciplinares**: Se forman equipos que mezclen ingenieros mecánicos, eléctricos, de software y diseñadores industriales.

- **Evaluación por Criterios de Ingeniería**: Los prototipos no se juzgan por su pulcritud, sino por: 1) Funcionalidad: ¿Funciona y demuestra el principio? 2) Creatividad Técnica: ¿Aporta una solución novedosa? 3) Potencial de Impacto: ¿Resuelve el núcleo del problema?

Ejemplo: Una empresa de servicios medioambientales organizó un hackathon con el reto: "Construid un sensor de calidad de aire (PM2.5, CO_2) por menos de 50€ (Low Cost) que sea autónomo y envíe datos a la nube".

- **En 24 horas, un equipo creó "AirNode"**: una carcasa impresa en 3D con entradas de aire pasivas, un sensor láser de partículas, un sensor NDIR de CO2, una placa ESP32 con conectividad WiFi y una pequeña placa solar. El firmware, escrito *in situ*, enviaba datos cada minuto a un *dashboard online.*

- El prototipo tosco pero funcional demostró la viabilidad de una red de sensores ultra-asequible. La empresa no utilizó el prototipo directamente, pero la solución técnica y la arquitectura de bajo coste se convirtieron en el núcleo de un nuevo producto de la compañía, desarrollado y comercializado en los 6 meses siguientes.

6.4.4. Análisis de Escenarios Imposibles

Este ejercicio está diseñado para romper las barreras mentales más profundas, forzando al equipo a operar en un universo donde una o más leyes físicas o restricciones de mercado han cambiado radicalmente.

- **Metodología Profunda y Detallada:**

  1. **Selección del *"What-If":*** El equipo elige una suposición imposible pero técnicamente provocadora. Ejemplos: «¿Y si la gravedad fuera la mitad?», «¿Y si el costo de la energía fuera cero?», «¿Y si los materiales tuvieran una resistencia infinita a la tracción?", "¿Y si pudiéramos imprimir en 3D circuitos integrados?».

  2. ***Brainstorming* de Consecuencias de Primer Orden:** Se analiza cómo este cambio radical afectaría a cada aspecto del sistema o producto. «Si la gravedad es la mitad, las estructuras pueden ser más ligeras, los motores más pequeños, los sistemas de refrigeración por convección son menos efectivos...»

  3. **Ideación de Soluciones en el Nuevo Paradigma:** Se diseña una solución específica que aproveche este nuevo mundo. «Diseñad un vehículo de transporte de carga para un mundo con gravedad a la mitad».

  4. **Retro-traducción a la Realidad:** Este es el paso clave. Se analiza la solución del "mundo imposible" y se pregunta: "¿Qué principio, material o tecnología nos acerca, aunque sea un 1%, a esa solución ideal?".

> ***Ejemplo***: Un equipo de ingenieros se preguntó: "¿Y si el lanzamiento de 1kg al espacio costara 10€ en lugar de 10.000€?".

- En el *brainstorming,* surgió la idea de "enjambres de satélites granulares": miles de satélites del tamaño de un smartphone, altamente especializados y que se auto-ensamblan en órbita.
- Al retro-traducir, se dieron cuenta de que, aunque el lanzamiento era caro, podían aplicar el principio de "modularidad extrema" y "fabricación masiva" a componentes específicos.

Esto los llevó a rediseñar una antena desplegable, pasando de una pieza única y cara a un conjunto de varillas modulares idénticas y plegables, que podían ser producidas en masa y reducían el coste de ese componente en un 80%. La idea imposible generó una innovación tangible y muy valiosa.

6.4.5. La Sesión de "Pre-Mortem" Creativo

El *Pre-Mortem* es una técnica de gestión de riesgos que, aplicada creativa-mente, se convierte en un poderoso ejercicio para identificar puntos ciegos y fortalecer una idea de ingeniería antes de comprometer recursos.

- **Metodología Profunda y Detallada:**

    - **Presentación del Plan:** Se presenta el plan de diseño o la solu-ción elegida como si fuera un éxito futuro.
    - **Activación del Escenario de Fracaso:** El facilitador anuncia: «Ha pasado un año. Nuestro proyecto ha sido un fracaso absoluto y espectacular. ¿Qué causó su muerte?».
    - **Generación Silenciosa de Causas:** Cada miembro del equipo, de forma individual y anónima, escribe todas las razones del fracaso que se le ocurran. Esto libera a las personas del sesgo del grupo y permite expresar dudas ocultas.
    - **Ronda de "Autopsia":** Se comparten todas las causas, una por una, sin debate. Ejemplos: «El material no resistió la fatiga cíclica», «El cliente no entendió cómo usarlo», «Un competidor lanzó algo más barato y simple», «El firmware tenía un *bug* que corrompía los datos».
    - **Plan de Inmunización:** El equipo debate las 2-3 causas más pro-bables o devastadoras y desarrolla, allí mismo, acciones concretas para mitigarlas. «Para evitar el *bug* del firmware, implementare-mos un test de hardware-in-the-loop desde la fase alpha».

Ejemplo: Un equipo diseña un CubeSat (mini satélite que opera en la órbita baja terrestres LEO) con un novedoso sistema de propulsión iónica.

- **Presentación del plan**: El líder del proyecto presenta el diseño final del CubeSat: "Hemos logrado un sistema de propulsión iónica minia-turizado que permitirá maniobras orbitales sin combustible pesado. Es un éxito técnico".
- **Activación del escenario de fracaso**: El facilitador anuncia: "Es 2026. Nuestro CubeSat falló catastróficamente. Se perdió el contacto tras dos meses en órbita. ¿Qué mató la misión?".
- **Generación silenciosa de causas**: Cada ingeniero escribe anónima-mente:

- "Corrosión por atomización del propio combustible iónico en los emisores" (Ingeniero de materiales).
- "Interferencias electromagnéticas del propulsor con el sistema de comunicaciones" (Especialista en RF).
- "Pérdida de potencia por degradación de paneles solares por plasma del propulsor" (Ingeniero de potencia).

- **Ronda de "Autopsia". Se comparten todas las hipótesis sin filtro:**

  - "Los emisores de tungsteno se erosionaron un 40% más rápido de lo simulado".
  - "La antena UHF recibió ruido de fondo constante desde el encendido del propulsor".
  - "Las partículas ionizadas depositaron una capa opaca sobre los paneles solares".

- **Plan de Inmunización: El equipo prioriza y actúa:**

  - **Para la corrosión**: Se redefine el material de los emisores usando carburo de silicio recubierto con iridio, validado en cámara de vacío térmico.
  - **Para las interferencias**: Se implementa blindaje electromagnético segmentado y protocolos de comunicación en banda S durante operaciones del propulsor.
  - **Para la degradación de paneles**: Se diseña un módulo de limpieza electrostática autónomo para los paneles solares.

El *Pre-Mortem* transformó riesgos abstractos en contramedidas tangibles antes de la fabricación. La técnica obligó al equipo a cuestionar suposiciones críticas (estabilidad de materiales, compatibilidad electromagnética) que las revisiones tradicionales habían pasado por alto. Al institucionalizar el "fracaso anticipado", no solo se mitigaron fallos potenciales, sino que se refuerza estructuralmente el diseño, elevando la fiabilidad de la misión mediante la corrección proactiva de puntos ciegos interdisciplinarios.

Estos ejercicios representan un nuevo nivel de sofisticación en la gestión de la innovación técnica. No son actividades lúdicas, sino procesos de trabajo altamente estructurados que generan resultados medibles: prototipos validados, principios de diseño patentables, arquitecturas de producto y planes de proyecto reforzados.

Capítulo 7

Educación
para la creatividad

7.1. Cómo enseñar creatividad en carreras técnicas

La paradoja fundamental en la educación de la ingeniería es la necesidad de enseñar, simultáneamente, dos formas de pensamiento aparentemente antagónicas: el pensamiento convergente, que busca la solución única, correcta y eficiente, basada en leyes físicas y matemáticas inmutables; y el pensamiento divergente, que explora un abanico de posibilidades, cuestiona lo establecido y acepta la ambigüedad como semilla de la innovación.

Tradicionalmente, la educación técnica ha privilegiado de forma abrumadora el primero, creando profesionales excelentes para resolver problemas definidos, pero a menudo frágiles ante desafíos nuevos y mal estructurados.

Enseñar creatividad en este contexto no consiste en un curso más o en unas técnicas aisladas. Es un cambio de paradigma educativo que busca sistematizar la descubierta. Implica reestructurar la experiencia de aprendizaje para transformar al estudiante de un receptor pasivo de conocimiento verificado en un agente activo que genera nuevo conocimiento y lo materializa en soluciones viables.

Este proceso se sustenta en tres pilares interdependientes: un marco mental, un conjunto de herramientas metodológicas y un ecosistema de evaluación que la fomente.

7.1.1. La cimentación psicológica

Antes de cualquier herramienta, es necesario cultivar el sustrato psicológico donde la creatividad puede echar raíces. Esto se logra mediante:

1. **La Desdramatización del Fracaso:** El aula debe convertirse en un «laboratorio de riesgos seguros». El error no puede ser penalizado con la misma severidad que en un examen de cálculo. Debe ser desacoplado de la nota final y reenmarcado como **"datos del experimento"**. Un prototipo que falla no resta puntos; resta puntos no haber extraído las lecciones clave de su fallo. El objetivo es internalizar que, en innovación, el fracaso no es lo opuesto al éxito, sino una de sus materias primas.

2. **La Cultivación de la Curiosidad Intencionada:** Se fomenta a través de la **indagación constante**. En lugar de comenzar con la teoría, se puede presentar un fenómeno contraintuitivo ("¿por qué este material, más delgado, es más resistente?") o un "disparador de asombro" (un video de un robot blando, un caso de biomimética). La tarea del

estudiante es formular preguntas, no buscar respuestas inmediatas. Se le entrena para preguntar "¿Por qué?", "¿Y si...?", "¿Cómo podríamos...?" como parte inherente de su análisis técnico.

3. **La Tolerancia a la Ambigüedad Construida:** Los problemas de ingeniería en el aula suelen estar perfectamente definidos. Los problemas creativos, no. Se deben diseñar actividades donde los requisitos sean deliberadamente vagos, contradictorios o estén incompletos. El estudiante debe aprender a navegar esta niebla, a identificar qué información le falta y a tomar decisiones de diseño con un nivel de incertidumbre manejable pero real.

7.1.2. La Evaluación como motor

El sistema de evaluación es, quizás, el elemento más crítico. Si se evalúa solo el resultado final correcto, se mata la creatividad. Se debe implementar una evaluación multidimensional y procesual:

- **Rúbricas de Creatividad:** Se evalúan dimensiones como:

  - **Fluidez:** Número de ideas diferentes generadas.
  - **Flexibilidad:** Capacidad de saltar entre categorías de soluciones (mecánicas, eléctricas, de procesos).
  - **Originalidad:** Grado de novedad y rareza de las ideas propuestas.
  - **Elaboración:** Nivel de detalle y desarrollo de las ideas seleccionadas.

- **Portafolios de Proceso:** El estudiante documenta no solo la solución final, sino todos los callejones sin salida, los bocetos descartados, los fallos de prototipos y las reflexiones de cada iteración. Se valora la capacidad de aprender del camino, no solo de llegar a la meta.
- **Autoevaluación y Coevaluación:** Los estudiantes aprenden a criticar constructivamente su trabajo y el de sus pares, desarrollando un criterio estético y funcional más allá de la lista de requisitos del profesor.

Ejemplo: En una formación de ingeniería se plantea un desafío abierto: Diseñen un sistema para monitorear y optimizar el consumo de agua en un campus universitario, con el objetivo de reducir el gasto en un 15% en un año. El presupuesto es limitado y la solución debe ser escalable.

- **Aplicación del Marco Metodológico:**

  - **Fase 1**: Empatía y Definición (1 semana). Los estudiantes no se lanzan a diseñar sensores. Forman un "equipo de descubrimiento" y aplican la empatía:

    - **Entrevistan**: a jardineros, personal de mantenimiento, administradores y estudiantes.
    - **Descubren necesidades no articuladas**: Los jardineros riegan de noche por hábito, no por datos de humedad. Una fuga en un baño de la facultad de derecho lleva semanas reportada sin solución. La factura del agua no desglosa el consumo por edificio.
    - **Redefinen el problema**: Ya no es "medir agua", sino "crear un sistema de retroalimentación visible y automática que empodere a diferentes actores para tomar decisiones informadas sobre el uso del agua".

  - **Fase 2**: Ideación Divergente y Convergente (2 semanas).

    - **Sesión de SCAMPER:**

      - **Combinar**: "¿Y si combinamos sensores de flujo con módulos de comunicación celular *low-power* (LoRaWAN)?".
      - **Adaptar**: "¿Podemos adaptar algoritmos de detección de anomalías de la industria financiera para identificar fugas?".
      - **Modificar**: "¿Y si modificamos el sistema para que, en lugar de solo alertar, pueda cerrar automáticamente una válvula en caso de fuga catastrófica?".
      - **Poner otros usos**: "Los datos de consumo podrían usarse para crear una 'competencia' entre facultades para ahorrar agua".

    - **Concepto alcanzado**: Una red de sensores inalámbricos con actuadores y un *dashboard* gamificado".

  - **Fase 3: Prototipado y Experimentación (4 semanas)**

    - **Prototipo de Baja Fidelidad**: Maquetan el *dashboard* con Figma y construyen un modelo de una válvula con cartón y un servo motor.

- o **Prototipo de Media Fidelidad**: Desarrollan un sensor de flujo con un microcontrolador (ESP32) y un módulo LoRa. Imprimen en 3D la carcasa. Escriben el código básico para enviar datos a una plataforma en la nube (Ubidots o similar).
- o *Pre-Mortem:* El equipo realiza un *Pre-Mortem.*

  - • **Fracaso imaginado**: "El sistema falló porque las baterías de los sensores se agotaron en 2 meses y nadie las quiso cambiar".
  - • **Acción de inmunización**: Rediseñan el sistema para incluir paneles solares miniatura y optimizan el código para un "sueño profundo" *(deep sleep)* del microcontrolador, logrando una autonomía teórica de varios años.

- – **Fase 4: Evaluación Multidimensional.** El profesor evalúa el proyecto con una nota que incluye:

  - o **Funcionamiento Técnico (30%)**: ¿El prototipo mide y envía datos de forma fiable?
  - o **Creatividad y Originalidad (30%)**: Se valora la integración de gamificación, el uso de LoRaWAN para bajo consumo y el diseño del actuador automático.
  - o **Proceso Iterativo (25%)**: Se revisa el portafolio que documenta los 3 intentos fallidos de sellado del sensor de flujo hasta dar con el material adecuado.
  - o **Comunicación e Impacto (15%)**: Se evalúa la presentación final, donde deben "vender" su idea al rectorado de la universidad.

7.2. Proyectos formativos con enfoque divergente

Si el primer apartado estableció el "porqué" de la creatividad en ingeniería, este segundo capítulo se sumerge en el "cómo" práctico de su enseñanza. Nos adentramos en la pedagogía concreta que transforma aulas tradicionales en laboratorios vivos de innovación, donde los estudiantes no solo absorben conocimiento técnico sino que aprenden a generarlo. Exploraremos metodologías probadas que desbloquean el potencial creativo latente en cada futuro ingeniero, superando el paradigma educativo que durante décadas ha priorizado exclusivamente el pensamiento convergente.

A través de estrategias curriculares específicas, técnicas de ideación estructurada y ejemplos reales multidisciplinares, descubriremos cómo las escuelas de ingeniería más vanguardistas están formando profesionales capaces de navegar la complejidad de los problemas del siglo XXI. Este recorrido demostrará que la creatividad no es un don misterioso, sino una competencia que puede —y debe— ser sistemáticamente cultivada, evaluada e integrada en el corazón de la formación técnica. La transición hacia una ingeniería verdaderamente innovadora comienza, precisamente, aquí: en cómo enseñamos a pensar a quienes diseñarán nuestro futuro común.

7.2.1. La Necesidad de un Nuevo Paradigma Educativo

La educación tradicional en ingeniería ha estado históricamente dominada por el pensamiento convergente, un proceso lógico y racional que busca la solución única y correcta a un problema bien definido. Este enfoque, aunque esencial para fundamentar los conocimientos técnicos y científicos, resulta insuficiente para preparar a los ingenieros ante los desafíos complejos e indeterminados del mundo actual. El modelo educativo del siglo XX, centrado en la transmisión de conocimientos profundos en ciencias y matemáticas, ha producido profesionales "cuadriculados", con una creatividad mayormente evolutiva que les permite adaptar soluciones existentes, pero con una notable carencia de creatividad de ruptura capaz de generar nuevos paradigmas y cambios sociales significativos .

La transición hacia un modelo que fomente el pensamiento divergente no es un lujo, sino una necesidad imperante. Mientras que el pensamiento convergente es lógico, racional y se basa en patrones preestablecidos, el pensamiento divergente es original, ingenioso y poco convencional. Su valor reside en la multiplicidad de ideas y perspectivas que genera, orientándose hacia lo abstracto y cambiando los marcos de referencia establecidos . En un contexto de rápidos avances tecnológicos y problemáticas globales como el cambio climático y la sostenibilidad, la capacidad de "divergir" se convierte en la herramienta más valiosa con la que puede contar un futuro ingeniero.

La siguiente tabla contrasta los dos modelos de educación en ingeniería:

Aspecto	Modelo Tradicional (Convergente)	Modelo Creativo (Divergente)
Objetivo Principal	Encontrar la solución única y correcta	Generar múltiples soluciones alternativas y originales
Naturaleza del Pensamiento	Lógico, racional, secuencial	Lateral, metafórico, asociativo
Enfoque en el Aula	Transmisión de conocimiento verificado; énfasis en la teoría	Construcción de conocimiento a través de la experimentación; énfasis en la práctica
Actitud hacia el Error	Penalización del error; se ve como un fracaso	Valoración del error como fuente de aprendizaje; se ve como un dato del experimento
Tipo de Problemas	Cerrados, con todos los datos proporcionados y solución conocida	Abiertos, mal estructurados, con información incompleta y múltiples soluciones posibles
Habilidades Desarrolladas	Análisis, cálculo, aplicación de fórmulas	Síntesis, ideación, empatía, tolerancia a la ambigüedad, visualización

Este cambio de paradigma no implica descartar el pensamiento convergente, sino integrarlo en un proceso iterativo donde la divergencia explore un vasto panorama de posibilidades y la convergencia seleccione y refine las ideas más prometedoras para su implementación técnica y viable. Como señalan investigadores en educación, la creatividad debe ser deliberadamente y cuidadosamente nutrida en las clases de ingeniería, requiriendo que los educadores consideren cómo las técnicas instruccionales y los métodos de evaluación pueden mejorar los comportamientos creativos .

7.2.2. Estrategias curriculares para fomentar el pensamiento divergente

La integración formal del pensamiento divergente en el plan de estudios es una estrategia fundamental para dotar a los estudiantes de un marco estructurado y de las herramientas necesarias para la innovación. No se trata de esperar que la creatividad emerja espontáneamente, sino de enseñar métodos creativos que permitan a los futuros ingenieros sentirse cómodos y confiados en el proceso creativo .

- **Cursos Específicos sobre Creatividad e Innovación:** La inclusión de asignaturas dedicadas exclusivamente a la creatividad es la estrategia curricular más directa. Estas materias, que pueden titularse "Creatividad en Ingeniería", "Innovación Tecnológica" o "Diseño Creativo", tienen como objetivo explícito enseñar las teorías detrás del proceso creativo y, sobre todo, practicar técnicas de creatividad formalizadas. Los contenidos recomendados por expertos incluyen :

  - La relación entre la ingeniería, la industria y la creatividad.
  - Técnicas de creatividad (*Brainstorming,* SCAMPER, TRIZ, etc.).
  - Técnicas de gestión de proyectos innovadores.
  - Sistemas de gestión de I+D+i.
  - Propiedad industrial, patentes y marcas.

- **Enseñanza de Técnicas de Ideación:** Dentro de estos cursos, se entrena a los estudiantes en el uso de herramientas específicas que fuerzan al cerebro a salir de sus patrones habituales. Algunas de las más efectivas son:

  - Brainstorming y variantes.
  - SCAMPER.
  - TRIZ.

La elección de las técnicas a impartir es un tema de debate. Mientras que algunos defienden un currículo estandarizado, otros, como Zampetakis, sugieren que los estudiantes deberían tener la oportunidad de seleccionar los métodos que mejor se ajusten a su propio estilo de pensamiento y desarrollo creativo.

7.2.3. Metodologías de enseñanza-práctica para la divergencia

Los expertos coinciden en que la enseñanza teórica de la creatividad tiene un impacto limitado si no se aplica en la resolución de problemas. Autores como Stouffer y Santamarina defienden que la práctica es la mejor manera de fomentar la creatividad . Esta estrategia es, además, la que la mayoría de los docentes de ingeniería considera más adecuada .

- **Aprendizaje Basado en Proyectos (PBL):** Esta es la práctica más difundida y aceptada para fomentar el pensamiento divergente. El Aprendizaje Basado en Proyectos sumerge a los estudiantes en situaciones similares al mundo real, impulsándoles a profundizar en los temas y a pensar en las soluciones desde diversas perspectivas . Un proyecto no es un simple ejercicio, sino una misión compleja que se desarrolla durante semanas o meses. Las características clave para la divergencia son:

- **Autenticidad**: El proyecto debe abordar un problema real o realista, con restricciones (tiempo, presupuesto, materiales) que imiten las de la industria.
- **Apertura**: No existe una "respuesta correcta" en el manual. El proyecto debe estar abierto a múltiples enfoques y soluciones válidas.
- **Multidisciplinariedad**: Idealmente, los proyectos integran conocimientos de varias asignaturas (mecánica, electrónica, programación, economía), forzando a los estudiantes a sintetizar conocimientos diversos y a valorar diferentes enfoques dentro de su propio equipo.

- **Resolución de Problemas de Solución Abierta:** Esta metodología va un paso más allá en la divergencia. Mientras que los problemas tradicionales de ingeniería buscan hallar un resultado único y exacto, los problemas abiertos se centran en el proceso de búsqueda de la solución, planteando ideas originales sin miedo a equivocarse . Como señala Nicolai (1998), "estos son el único tipo de los problemas que ocurren en la industria" . Un ejemplo clásico sería: "Diseñen un sistema para proveer acceso a agua potable a una comunidad rural aislada con un presupuesto máximo de 500 euros". La solución puede ser un dispositivo de purificación, un sistema de recolección de lluvia, o una combinación de ambos; el valor está en la justificación, la innovación y la viabilidad de la propuesta.
- **Desarrollo del Pensamiento Visual:** La alfabetización visual es un pilar clave para la creatividad en ingeniería. Fomentar el pensamiento visual, la visualización espacial y el bocetado a mano alzada permite a los estudiantes externalizar y manipular ideas abstractas con rapidez y flexibilidad. Técnicas como los mapas mentales son particularmente útiles para la fase divergente, ya que permiten irradiar conceptos a partir de una idea central, estableciendo conexiones no lineales y explorando todas las dimensiones de un problema de forma visual. Estas prácticas no deben limitarse a las asignaturas de expresión gráfica; se pueden y deben aplicar en la resolución de problemas técnicos o científicos de cualquier materia.

7.2.4. Creación de un entorno que favorezca la divergencia

La metodología y el currículo son insuficientes si el entorno de aprendizaje no es psicológica y culturalmente propicio para la creatividad. El rol del docente ya no es el de "experto que dicta respuestas", sino el de facilitador creativo que guía, pregunta y cultiva un espacio seguro.

- **Seguridad psicológica:** El principio fundamental es que el error no es un fracaso, sino un dato. Los estudiantes deben sentirse seguros para proponer ideas a medio formar, cuestionar suposiciones o admitir un fallo sin temor a ser humillados o penalizados. El facilitador debe desactivar activamente la cultura del miedo y sustituirla por una cultura de la curiosidad . Esto se logra con acciones concretas: agradecer públicamente todas las contribuciones, analizar los errores en busca de lecciones de aprendizaje y separar siempre el error de la persona.
- **Tolerancia a la Ambigüedad y la Incertidumbre:** Los problemas reales rara vez vienen con todos los datos necesarios. Un entorno creativo debe habituar a los estudiantes a operar de manera efectiva cuando el camino no está claro. Los facilitadores pueden introducir deliberadamente restricciones ambiguas o cambiar los requisitos a mitad del proyecto, simulando la volatilidad de un entorno profesional real. Esto entrena la resiliencia cognitiva y la capacidad de adaptación.
- **Propiedad del Aprendizaje:** La creatividad auténtica florece cuando los estudiantes están intrínsecamente motivados, es decir, cuando sienten curiosidad genuina por el problema y tienen un sentido de propiedad sobre su solución. El facilitador puede potenciar esto permitiendo que los estudiantes elijan entre distintos proyectos o dándoles autonomía para definir detalles específicos de su solución. Recompensar el proceso creativo (la originalidad, el esfuerzo, la cantidad de ideas exploradas) en lugar de solo el resultado final correcto es también fundamental para reforzar este comportamiento .

7.2.5. Aplicación en diferentes ingenierías

A continuación, se presentan algunos casos concretos que ilustran cómo se aplican estas estrategias en diversas disciplinas de la ingeniería.

A) Ingeniería mecánica y robótica

En el programa de robótica VEX IQ de la primaria Thomas Haley, los estudiantes aprenden los aspectos técnicos de los robots mientras desarrollan habilidades de trabajo en equipo y pensamiento crítico.

- **Aplicación divergente a nivel universitario**: En un curso de Mecatrónica, se desafía a equipos a "diseñar un robot que ayude en una tarea de logística en un almacén". La tarea es deliberadamente amplia.
- **Proceso Divergente**:

    1. **Fase de empatía y redefinición**: Los equipos entrevistan a un gerente de logística virtual y observan videos de operaciones en almacenes. Redefinen el problema: podría ser "transportar cajas pesadas", "clasificar paquetes por destino" o "inventariar estantes altos".
    2. **Brainstorming técnico**: Usando SCAMPER, un equipo idea: ¿**Combinar** un dron con un brazo robótico para inventariar? ¿**Adaptar** un sistema de imanes para mover estantes metálicos? ¿**Revertir** el flujo, haciendo que las estanterías vayan al robot en lugar del robot a ellas?
    3. **Selección y prototipado**: Tras evaluar la viabilidad, un equipo converge en la idea de un robot con una plataforma elevadora escalable. Desarrollan un prototipo de baja fidelidad con cartón y motores simples, probando su concepto central.

- **Resultado**: No hay un solo robot ganador. Se premia al "Diseño Más Innovador", a la "Mejor Aplicación de Sensores" y a la "Solución Más Elegante", valorando explícitamente la divergencia y creatividad.

B) Ingeniería civil

Las tendencias en ingeniería para 2025 destacan el diseño sostenible y el uso de materiales eco-amigables.

- **Aplicación divergente**: En un taller de Diseño Sostenible, se pide a los estudiantes que "reimaginen una plaza de estacionamiento en el centro de la ciudad como un espacio público sostenible".

- **Proceso divergente**:

  1. **Análisis del Estado Actual**: Los estudiantes cuantifican el "costo" del espacio (isla de calor, escorrentía de aguas pluviales, falta de áreas verdes).
  2. **Ejercicio "Y si..."**: El facilitador guía una sesión de ideas forzadas: "¿Y si el suelo fuera completamente permeable?", "¿Y si el espacio generara su propia energía?", "¿Y si la comunidad gestionara y cosechara los frutos de este espacio?".
  3. **Síntesis de Ideas**: Surgen conceptos híbridos: un "parque inundable" que retiene agua de lluvia para riego y previene inundaciones; una "granja urbana comunitaria" con invernaderos modulares; una "plaza energética" con baldosas piezoeléctricas y paneles solares ornamentales.

- **Resultado**: Los estudiantes producen maquetas físicas y renders digitales de sus conceptos. La evaluación valora no solo la viabilidad estructural, sino también la originalidad del concepto, la integración de sistemas sostenibles y la respuesta a las necesidades sociales.

C) Ingeniería industrial

Contexto: La digitalización y los gemelos digitales permiten simular y optimizar procesos en tiempo real.

- **Aplicación divergente**: En un curso de Logística, se proporciona a los estudiantes un modelo digital (gemelo) de una cadena de suministro de una PYME que fabrica muebles.
- **Proceso divergente**:

  1. **Identificación de problemas**: El gemelo revela cuellos de botella en la producción y altos costos de almacenaje.
  2. **Técnica de los "Six Thinking Hats" (Seis Sombreros para Pensar)**: Para divergir en la solución, cada equipo analiza el problema desde seis perspectivas:

     - **Sombrero blanco** (datos): Analizan los números del gemelo.
     - **Sombrero rojo** (emociones): ¿Cómo se sienten los clientes con los retrasos?

- **Sombrero negro** (juicio crítico): ¿Por qué fallaría una solución «just-in-time»?
- **Sombrero amarillo** (optimismo): ¿Qué beneficios traería la fabricación bajo pedido?
- **Sombrero verde** (creatividad): Ideas locas: ¿un sistema de suscripción para muebles? ¿fábricas móviles en contenedores?
- **Sombrero azul** (control del proceso): Sintetizan las ideas más potentes.

3. **Simulación y validación**: Los equipos implementan sus ideas más prometedoras (ej: un modelo híbrido de pre-fabricación y personalización) en el gemelo digital y observan su impacto en tiempo real.

- **Resultado**: Los estudiantes presentan un informe donde justifican, con datos del gemelo, cómo su solución creativa mejora los indicadores clave de rendimiento. Se valora la capacidad de usar la tecnología no solo para optimizar, sino para reinventar el proceso.

D) Ingeniería informática

La creatividad en software no es solo sobre código, sino sobre resolver problemas humanos.

- **Aplicación divergente**: Para un curso de Desarrollo de Aplicaciones, la consigna es "crear una herramienta software que mejore el bienestar mental de estudiantes universitarios".
- **Proceso divergente**:

1. **Fase de empatía profunda**: Los estudiantes realizan entrevistas a sus compañeros, identificando necesidades no articuladas: ansiedad por los plazos, sentimiento de soledad, dificultad para desconectar.
2. **Mapas mentales y bocetos de interfaces**: Cada necesidad se convierte en el centro de un mapa mental. Para "ansiedad por plazos", las ramas pueden ser: "gestión de tiempo", "desglose de tareas", "recordatorios amables", "recompensas". Rápidamente, bocetan decenas de pantallas de una posible app.
3. **Prototipado rápido y feedback**: Usando herramientas como Figma, construyen un prototipo interactivo de su idea más sólida (ej:

una app que convierte el plan de estudios en un juego de rol con misiones y recompensas). Lo prueban con otros estudiantes, iterando el diseño basándose en el feedback.

- **Resultado**: La entrega final no es una app funcional, sino un prototipo de alta fidelidad y un video que muestra la "experiencia de usuario" completa. Se evalúa la innovación de la propuesta, la profundidad de la investigación de usuarios y la efectividad de la interfaz, más allá de la complejidad del código.

E) Ingeniería ambiental

Los científicos ambientales utilizan conceptos como la divergencia para estudiar la dispersión de contaminantes y desarrollar estrategias de control.

- **Aplicación divergente**: Se presenta a los estudiantes un caso real: un río local está contaminado con nitratos de la escorrentía agrícola.
- **Proceso divergente**:

  1. **Análisis del sistema complejo**: Los estudiantes mapean todo el sistema: las granjas, las prácticas de fertilización, la hidrología del río, las comunidades afectadas.
  2. **Biomimétesis**: El facilitador pregunta: "¿Cómo resuelve la naturaleza el exceso de nutrientes?". Esto desencadena la búsqueda de analogías: los humedales filtran naturalmente el agua, ciertas plantas (como los juncos) absorben nutrientes, los ecosistemas acuáticos los reciclan.
  3. **Generación de Soluciones Multi-Escala**: Las ideas divergen en escala y enfoque:

     - **A nivel de cultivo**: Promover agricultura de precisión y fertilizantes de liberación lenta.
     - **A nivel de ribera**: Diseñar "franjas de amortiguación" de vegetación nativa o humedales artificiales que traten la escorrentía.
     - **A nivel de política**: Diseñar un sistema de "créditos de contaminación" comerciables entre agricultores.
     - **A nivel de producto**: Desarrollar un biofertilizante a partir de algas que capturen los nitratos del agua.

- **Resultado**: Los estudiantes producen un plan de acción integral que combina varias de estas ideas. El foco de la evaluación está en la capacidad de pensar de forma sistémica, la originalidad de las propuestas y su potencial de implementación realista.

Estos ejemplos demuestran que la enseñanza del pensamiento divergente es posible y necesaria en todas las ramas de la ingeniería. Requiere una planificación cuidadosa, un cambio de mentalidad del docente y la creación de un ecosistema de aprendizaje donde la curiosidad, la audacia y la colaboración sean tan valoradas como el rigor técnico.

7.3. Evaluación de la creatividad en el aula

Evaluar la creatividad representa uno de los desafíos pedagógicos más complejos en la educación en ingeniería. Tradicionalmente, las disciplinas técnicas se han basado en sistemas de evaluación objetivos y cuantificables - exámenes con respuestas únicas, problemas con soluciones conocidas - que chocan frontalmente con la naturaleza misma del pensamiento creativo. Esta tensión entre lo medible y lo valioso ha llevado a muchos educadores a evitar la evaluación de la creatividad o a reducirla a criterios superficiales, perdiendo así la oportunidad de proporcionar un feedback significativo que guíe el desarrollo creativo de los estudiantes.

Sin embargo, la evaluación, cuando se concibe adecuadamente, se convierte en la herramienta más poderosa para comunicar qué valoramos en el proceso de aprendizaje. Si no evaluamos la creatividad, implícitamente estamos transmitiendo que no es importante. La clave reside en trascender los paradigmas tradicionales y adoptar enfoques de evaluación auténtica que capturen la riqueza y complejidad del proceso creativo, alineándose con los objetivos educativos de formar ingenieros innovadores.

La investigación en educación en ingeniería muestra que los sistemas de evaluación creativa deben cumplir con varios principios fundamentales: deben ser multidimensionales (captando diferentes aspectos de la creatividad), procesuales (valorando el desarrollo y no solo el resultado final), formativos (proporcionando feedback para mejorar) y transparentes (con criterios claros y conocidos por los estudiantes desde el inicio). Solo así se puede romper la paradoja de intentar medir lo aparentemente inmedible.

7.3.1. Dimensiones de la creatividad a evaluar

La creatividad en ingeniería no es un constructo unitario, sino que comprende múltiples dimensiones que pueden ser observadas y medidas de manera sistemática. Basándonos en los trabajos de investigadores como Besemer y Treffinger, proponemos evaluar cuatro dimensiones centrales.

A) Originalidad y novedad

Esta dimensión evalúa el grado en que una solución se aleja de lo convencional y establecido en el campo. No se trata simplemente de ser "diferente", sino de aportar perspectivas, enfoques o combinaciones que representen un avance significativo respecto a las soluciones existentes. En el contexto de la ingeniería, la originalidad debe equilibrarse con la viabilidad técnica —las ideas más originales no son necesariamente las más extravagantes, sino aquellas que resuelven el problema de manera inesperada pero efectiva.

> *Ejemplo*: Al evaluar diseños de dispositivos de asistencia para personas con movilidad reducida, se valoraría positivamente un exoesqueleto que utiliza materiales con memoria de forma en lugar de actuadores convencionales, siempre que la solución sea técnicamente fundamentada.

La originalidad radical de esta solución no reside únicamente en la sustitución de un componente, sino en el cambio de paradigma que representa: mientras los sistemas tradicionales dependen de motores y transmisiones mecánicas que generan ruido, peso y un perfil robótico evidente, el uso de aleaciones que se contraen y expanden térmicamente permite crear un sistema casi silencioso, de perfil delgado y con un movimiento que imita más naturalmente la biomecánica humana.

Lo que hace novedosa esta propuesta es cómo integra conocimientos de ciencia de materiales (la propiedad de las aleaciones de "recordar" su forma original), termodinámica (sistemas de calentamiento por microcorrientes) y neurología (patrones de activación muscular) en una solución cohesiva. Sin embargo, esta originalidad se mantiene anclada en la viabilidad técnica: los estudiantes demuestran mediante prototipos a escala y modelos computacionales que las fuerzas generadas son suficientes para asistir movimientos básicos de pinza, calculan la eficiencia energética comparativa y abordan el desafío del tiempo de respuesta mediante pulsos térmicos optimizados. Así, la solución no es creativa por ser extravagante, sino porque resuelve elegantemente problemas inherentes a los diseños convencionales —como la voluminosa apariencia y el ruido— mediante una aproximación fundamentalmente diferente pero técnicamente sustentada, demostrando que la verdadera originalidad en ingeniería emerge de la profunda re-conceptualización de los principios operativos, no del mero cambio superficial de componentes.

B) Fluidez y flexibilidad cognitiva

La fluidez se refiere a la capacidad de generar un volumen significativo de ideas o soluciones alternativas, mientras que la flexibilidad evalúa la habilidad para cambiar entre diferentes categorías de pensamiento o enfoques de solución. Un estudiante flexible es capaz de abordar un problema desde perspectivas múltiples (mecánica, electrónica, biológica, social) sin quedar atrapado en un único marco mental.

> **Ejemplo**: En el diseño de un sistema de transporte urbano, se evaluaría positivamente al equipo que genera no solo variaciones de sistemas existentes (más autobuses, más carriles), sino que explora categorías completamente diferentes (teletransporté de bienes, oficinas móviles, rutas dinámicas según demanda).

En la evaluación de propuestas para un sistema de transporte urbano sostenible, un equipo demuestra fluidez cognitiva excepcional al generar más de 40 conceptos distintos organizados en 5 categorías fundamentales. Esta proliferación de ideas va significativamente más allá de las soluciones convencionales de optimización de flota o infraestructura. La verdadera demostración de flexibilidad cognitiva aparece cuando el equipo transita fluidamente entre perspectivas radicalmente diferentes: desde soluciones puramente tecnológicas como "vehículos autónomos compartidos con recarga inductiva en paradas" hasta enfoques de reingeniería social como "oficinas móviles en tránsito que reducen desplazamientos" o "sistemas de teletransporte de mercancías usando drones de carga".

Lo más destacable es su capacidad para conectar dominios aparentemente inconexos, proponiendo por ejemplo un "sistema de compensación por huella de carbono convertido en créditos verdes compensables" que aplica principios de economía circular al transporte, o "rutas dinámicas basadas en inteligencia colectiva" que combina algoritmos de optimización con mecanismos de participación ciudadana. Esta versatilidad mental les permite evitar el sesgo de fijación funcional típico en ingeniería de transportes, donde los equipos menos flexibles suelen permanecer atrapados en el paradigma de "más infraestructura para más vehículos".

La evaluación positiva recae precisamente en esta habilidad para redefinir constantemente el problema: de ser un desafío de ingeniería civil a uno de tecnologías de la información, luego a uno de diseño de servicios y finalmente a uno de economía conductual, integrando todas estas perspectivas en una solución coherente y multidimensional que aborda el transporte no como un problema de vehículos sino como un sistema complejo de necesidades humanas de movilidad.

C) Elaboración y profundidad

Esta dimensión captura la capacidad de desarrollar una idea inicial en un concepto completo, detallado y bien fundamentado. Incluye la consideración de aspectos técnicos, de implementación, de usabilidad y de impacto. Una idea altamente elaborada demuestra que el estudiante ha anticipado obstáculos, ha considerado alternativas de implementación y ha profundizado en los detalles que hacen que una solución creativa sea también práctica y robusta.

Ejemplo: Al diseñar un nuevo proceso de catalización, se valoraría no solo la idea innovadora del catalizador, sino la consideración detallada de su síntesis, escalado, regeneración y disposición final.

El equipo que diseña un nuevo proceso de catalización demuestra elaboración excepcional al desarrollar su concepto inicial de catalizador de nanozeolita en un sistema integral que considera: el protocolo de síntesis con control de parámetros críticos (pH, temperatura, presión), el diseño del reactor para evitar problemas de fluidización, y un sistema de regeneración mediante lavado ácido que recupera el 95% de la actividad catalítica.

La profundidad se evidencia en su análisis del ciclo de vida completo, incluyendo un método para la disposición final que transforma el catalizador agotado en material de construcción, resolviendo así el problema ambiental tradicional de los catalizadores gastados. Esta elaboración convierte una idea teóricamente interesante en una propuesta técnicamente robusta e implementable.

D) Valor de la solución

La creatividad en ingeniería debe estar siempre al servicio de resolver problemas reales o satisfacer necesidades genuinas. Esta dimensión evalúa

Educación para la creatividad

el grado en que la solución propuesta aborda efectivamente el problema planteado, considerando todos sus aspectos y restricciones. Una solución altamente creativa pero irrelevante para el problema específico tiene poco valor en el contexto de la ingeniería.

Ejemplo: En el diseño de un sistema de gestión de aguas pluviales en zona semiárida, se evaluaría críticamente una solución técnicamente innovadora pero que no responde a las condiciones climáticas específicas del lugar o que excede significativamente el presupuesto disponible.

El equipo demuestra valor de solución al crear un sistema de captación que responde específicamente a las precipitaciones torrenciales esporádicas de la zona, con cisternas de bajo costo construidas con materiales locales y un diseño que permite su uso alterno como depósitos de riego durante la estación seca.

La solución resulta valiosa porque respeta el presupuesto comunitario disponible, se adapta al patrón climático real (no teórico) de la región y resuelve simultáneamente dos problemas: el manejo de escorrentías y el almacenamiento de agua para agricultura de subsistencia. Esto contrasta con propuestas técnicamente sofisticadas pero de costo prohibitivo o mantenimiento complejo que, aunque innovadoras, resultarían inviables en el contexto real de implementación.

7.3.2. Herramientas y métodos de evaluación

La transición desde la identificación de las dimensiones creativas hacia su evaluación concreta en el aula requiere de instrumentos específicamente diseñados para capturar la complejidad del proceso innovador. Las herramientas de evaluación tradicionales —exámenes estandarizados, problemas de solución única— resultan profundamente insuficientes para valorar cualidades como la originalidad, la fluidez ideacional o la elaboración conceptual. Por ello, es necesario recurrir a metodologías de evaluación alternativas que no solo midan el producto final, sino que sean capaces de documentar y valorar el proceso creativo en toda su riqueza y complejidad. Estos instrumentos deben cumplir con un doble propósito: por un lado, proporcionar al docente criterios objetivos para una calificación justa y consistente; por otro, ofrecer al estudiante retroalimentación significativa que le permita desarrollar progresivamente sus capacidades creativas.

A continuación, se presentan las principales herramientas que, utilizadas de forma complementaria, conforman un sistema robusto para la evaluación de la creatividad en contextos de ingeniería.

A) Rúbricas específicas para creatividad

Las rúbricas bien diseñadas son probablemente la herramienta más efectiva para evaluar la creatividad de manera consistente y transparente. Una rúbrica para creatividad en ingeniería debe:

- Describir niveles de desempeño claros para cada dimensión de la creatividad
- Incluir descriptores específicos del dominio de ingeniería
- Separar explícitamente la evaluación de la creatividad de la evaluación de otros aspectos técnicos
- Ser conocida por los estudiantes desde el inicio del proyecto

Como ejemplo aplicable a la originalidad podemos poner:

- **Excelente (4 puntos)**: La solución representa un enfoque completamente novedoso en el campo, con evidencia de investigación del estado del arte y justificación de la novedad aportada.
- **Competente (3 puntos)**: La solución combina elementos existentes de manera innovadora, resultando en un enfoque distintivo aunque no completamente novedoso.
- **En desarrollo (2 puntos)**: La solución muestra algunos elementos novedosos pero se basa principalmente en enfoques convencionales.
- **Principiante (1 punto)**: La solución sigue patrones convencionales sin aportar elementos novedosos.

B) Portafolios de proceso creativo

El portafolio de proceso es una herramienta especialmente poderosa para capturar el desarrollo de la creatividad a lo largo del tiempo. A diferencia de la entrega final, que muestra solo el resultado, el portafolio documenta:

- Primeras ideas y bocetos.
- Iteraciones y versiones descartadas.
- Reflexiones sobre fracasos y aprendizajes.

- Fuentes de inspiración y referencias.
- Evolución del pensamiento a lo largo del proyecto.

Ejemplo: Un estudiante que diseña un nuevo tipo de transmisión magnética para bicicletas incluiría en su portafolio no solo los planos finales, sino los primeros bocetos a mano alzada, los prototipos fallidos con análisis de sus limitaciones, las simulaciones intermedias y las reflexiones sobre cómo cada iteración mejoró el diseño.

El estudiante demuestra el valor del portafolio al documentar meticulosamente su proceso iterativo. Inicia con bocetos conceptuales donde explora configuraciones imposibles —como un sistema de levitación magnética completa— que luego descarta mediante análisis de viabilidad física. Incluye fotografías de sus 3 prototipos fallidos: el primero con imanes permanentes que mostraban pérdidas de torque críticas, el segundo con electroimanes que consumían más energía que la transmisión mecánica convencional, y el tercero que resolvía el consumo energético pero generaba interferencias electromagnéticas.

Cada fallo viene acompañado de análisis técnicos detallados: simulaciones por elementos finitos de los campos magnéticos, cálculos de eficiencia energética comparativa y registros de pruebas en condiciones reales. Las reflexiones documentadas muestran cómo el fracaso del segundo prototipo lo llevó a investigar sistemas híbridos magneto-mecánicos, mientras que las críticas recibidas en revisiones de diseño lo impulsaron a simplificar el ensamblaje para facilitar el mantenimiento. El portafolio culmina con el diario de inspiración donde registró observaciones de sistemas magnéticos en trenes de levitación y acoplamientos industriales, demostrando cómo transfirió tecnologías entre dominios distintos.

Esta documentación exhaustiva transforma lo que podría parecer una serie de fracasos en una narrativa coherente de aprendizaje y refinamiento progresivo, donde cada iteración aportó insights esenciales que la solución final por sí sola nunca podría revelar.

C) Autoevaluación y coevaluación

Involucrar a los estudiantes en su propia evaluación y en la evaluación de sus pares desarrolla su capacidad de juicio crítico y su comprensión de lo que constituye una solución creativa en ingeniería. La autoevaluación fomenta la metacognición —la capacidad de reflexionar sobre el propio proceso de pensamiento— mientras que la coevaluación expone a los estudiantes a una diversidad de enfoques y soluciones.

> *Ejemplo*: En un proyecto de diseño en ingeniería eléctrica, los estudiantes podrían completar un formulario de autoevaluación usando la misma rúbrica que el profesor, justificando su puntuación con evidencia de su trabajo. Posteriormente, en sesiones de crítica de diseño, evaluarían anónimamente los proyectos de otros equipos, proporcionando *feedback* constructivo.

Los estudiantes demuestran el valor de la metacognición mediante formularios de autoevaluación que les obligan a justificar sus puntuaciones en creatividad. Un equipo que desarrolló una topología novedosa de conversión debe identificar específicamente en qué aspectos su diseño supera lo convencional: "nuestra configuración de interruptores reduce las pérdidas de conmutación un 15% respecto a las topologías Forward convencionales", evidenciando así una comprensión profunda de los criterios de evaluación.

Paralelamente, en las sesiones de coevaluación anónima, otro equipo recibe feedback clave sobre su sistema de disipación térmica: "la colocación lateral de los MOSFETs genera puntos calientes que limitan la potencia máxima, sugerimos redistribuirlos sobre el área del disipador", comentario que expone a los estudiantes a soluciones alternativas que no habían considerado. Este proceso dual transforma la evaluación de un acto unidireccional del profesor en una experiencia de aprendizaje colaborativo donde los estudiantes desarrollan capacidad crítica para analizar tanto su trabajo como el de otros, identificando no solo errores sino oportunidades de innovación que enriquecen todos los proyectos involucrados.

La coevaluación revela cómo diferentes equipos abordan el mismo problema técnico desde perspectivas complementarias, ampliando el repertorio de soluciones creativas disponible para todos los participantes.

D) Evaluación del desempeño en contextos auténticos

La evaluación más significativa de la creatividad en ingeniería ocurre cuando los estudiantes deben aplicar sus habilidades en contextos que simulan o replican situaciones profesionales reales. Esto incluye:

- Presentaciones ante "clientes" o expertos de la industria.

- Concursos de diseño con jurados externos.
- Defensas de proyectos ante paneles multidisciplinares.
- Prototipos funcionales evaluados en condiciones realistas.

> *Ejemplo*: Un equipo de estudiantes presenta su diseño de un dron de vigilancia ambiental ante un panel que incluye representantes de agencias ambientales, operadores de drones profesionales y expertos en regulación aérea. La evaluación considera no solo los aspectos técnicos, sino la creatividad en la solución global a las necesidades expresadas por los diferentes *stakeholders*.

Los estudiantes se enfrentan a un panel de evaluación que replica las presiones y criterios multidimensionales del mundo profesional. Un representante de una agencia ambiental cuestiona la eficacia del sensor para detectar vertidos de hidrocarburos en condiciones de lluvia, mientras un operador de drones profesional interroga la autonomía de la batería en misiones de patrulla extensas. Un experto en regulación aérea, por su parte, examina los protocolos de seguridad para evitar colisiones en espacio aéreo no controlado.

Así mismo, los estudiantes demuestran la aplicación de la creatividad en un contexto auténtico al defender su diseño ante un panel multidisciplinar que personifica a los *"stakeholders"* reales. Un equipo que incorporó un sistema de filtrado de datos inspirado en el procesamiento visual de insectos debe argumentar su valor ante el experto ambiental: "nuestro algoritmo biomimético distingue entre la firma espectral de un petróleo y el reflejo del agua de lluvia con un 92% de precisión, superando la limitación de los detectores ópticos convencionales", justificando así la innovación frente a una necesidad concreta del usuario.

Simultáneamente, el operador de drones proporciona un feedback clave sobre la operatividad del prototipo: "la configuración actual de los motores no es óptima para los vientos racheados comunes en zonas costeras; sugerimos rediseñar la relación potencia-peso considerando perfiles de vuelo más agresivos". Esta crítica, basada en la experiencia en el campo, obliga a los estudiantes a confrontar su solución teórica con las limitaciones prácticas, exponiéndolos a un tipo de problema que rara vez aparece en los libros de texto.

El proceso de evaluación se transforma así en un diálogo profesional donde la creatividad no se juzga solo por la novedad, sino por su resiliencia ante preguntas de diferentes dominios de conocimiento. La defensa ante el panel multidisciplinar forzó a los estudiantes a integrar perspectivas dispares —ambientales, técnicas y legales— en una solución coherente, demostrando que la ingeniería verdaderamente creativa debe ser viable no solo en el laboratorio, sino en el ecosistema complejo de requisitos y restricciones del mundo real.

Esta experiencia revela cómo un mismo proyecto es sometido a un escrutinio desde ángulos complementarios: mientras la agencia ambiental valora la precisión de los datos, el regulador prioriza la seguridad operacional, y el operador, la eficiencia logística.

7.3.3. Estrategias para Integrar la Evaluación Creativa

Una barrera significativa para la creatividad es el temor al fracaso en las evaluaciones. Para combatir esto, las tareas deben diseñarse explícitamente para recompensar la asunción de riesgos calculados y el aprendizaje a partir de los errores. Algunas estrategias efectivas incluyen:

- **Separar la evaluación del proceso de la evaluación del resultado**: Asignar un porcentaje de la calificación específicamente al proceso creativo, independientemente del éxito final de la solución.
- **Incluir criterios de "coraje creativo"**: Valorar explícitamente los intentos de abordar el problema de maneras no convencionales, incluso si no tienen completo éxito.
- **Permitir y valorar las iteraciones**: Permitir a los estudiantes revisar y mejorar sus trabajos basándose en el *feedback* recibido.

La evaluación de la creatividad debe ser principalmente formativa - orientada a mejorar el proceso de aprendizaje - más que sumativa - orientada simplemente a calificar. El *feedback* efectivo sobre creatividad debe ser:

- **Específico y basado en evidencia**: En lugar de "tu diseño es creativo", señalar "la combinación de principios hidráulicos y neumáticos en tu mecanismo representa un enfoque particularmente creativo porque..."
- **Oportuno**: Proporcionarse en momentos clave del proceso donde los estudiantes pueden aún actuar sobre él.
- **Equilibrado**: Destacar tanto las fortalezas creativas como las áreas de mejora.
- **Sugerir caminos de acción**: Proporcionar orientación concreta sobre cómo desarrollar más aún el potencial creativo.

La evaluación de la creatividad no puede ser un elemento aislado en una única asignatura. Para ser efectiva, debe estar integrada en un enfoque curricular coherente que:

- Establezca expectativas progresivas a lo largo de la carrera.
- Utilice un lenguaje y criterios consistentes por medio de diferentes asignaturas.
- Proporcione múltiples oportunidades para practicar y demostrar la creatividad en diferentes contextos.
- Involucre a todo el cuerpo docente en una visión compartida sobre la importancia de la creatividad.

7.3.4. Casos de Estudio

Vamos a ver una serie de ejemplos en diferentes disciplinas de la ingeniería, donde se evalúa la creatividad, ya sea desarrollando o rediseñando.

> *Ejemplo*: En un curso de desarrollo de software avanzado en la Universidad de California, Irvine, los estudiantes deben crear una aplicación que resuelva un problema social identificado por ellos mismos.

- **Sistema de evaluación:**

    - **Rúbrica multidimensional**: Evalúa originalidad de la idea (25%), diversidad de enfoques considerados (20%), elaboración de la solución (30%) y relevancia social (25%).
    - **Portafolio de desarrollo**: Los estudiantes mantienen un repositorio Git que documenta no solo el código final, sino las ramas experimentales, ideas descartadas y reflexiones sobre decisiones de diseño.
    - **Demo Day final**: Presentan su aplicación ante una audiencia que incluye representantes de ONGs y empresas de tecnología, quienes proporcionan feedback real sobre la innovación y utilidad de la solución.

- **Resultados observados**: Los estudiantes muestran mayor disposición a explorar tecnologías emergentes y enfoques no convencionales cuando saben que serán evaluados positivamente por su audacia creativa, no penalizados por los fracasos intermedios.

Ejemplo: En el programa de Ingeniería Industrial del MIT, los estudiantes participan en un proyecto de rediseño de procesos logísticos para una empresa real.

- **Sistema de evaluación:**

  - **Evaluación por pares anónima**: Los estudiantes evalúan las propuestas de otros equipos usando una rúbrica centrada en innovación procesal.
  - **Análisis de viabilidad-imaginación**: Las soluciones se ubican en una matriz bidimensional que considera simultáneamente la viabilidad técnica/económica y el nivel de innovación.
  - **Informe de justificación creativa**: Los estudiantes deben documentar no solo lo que hicieron, sino por qué descartaron enfoques convencionales y qué evidencias sustentan su apuesta por soluciones innovadoras.

- **Resultados observados**: Los equipos que reciben altas puntuaciones en creatividad tienden a ser aquellos que dedicaron tiempo significativo a la fase de comprensión del problema, en lugar de apresurarse hacia soluciones convencionales.

Ejemplo: En la Universidad Johns Hopkins, los estudiantes de ingeniería biomédica participan en un proyecto de diseño de dispositivos médicos para países en desarrollo.

- **Sistema de evaluación:**

  - **Evaluación por usuarios reales**: Profesionales médicos de las regiones objetivo evalúan la creatividad contextual - qué tan innovadora es la solución en el contexto específico de aplicación.
  - **Criterios de adaptación creativa**: Se valora especialmente la capacidad de adaptar tecnologías existentes a contextos de recursos limitados.
  - **Diarios de reflexión creativa**: Los estudiantes mantienen diarios donde documentan sus procesos de ideación, bloqueos creativos y momentos de insight.

- **Resultados observados**: La exposición a contextos reales de escasos recursos parece desencadenar soluciones notablemente más creativas que los problemas abstractos de diseño, posiblemente debido a las restricciones severas que fuerzan pensamiento lateral.

7.3.5. *Superando barreras a la Evaluación de la Creatividad*

La implementación de sistemas de evaluación de la creatividad enfrenta varias barreras significativas. Muchos profesores de ingeniería se sienten incómodos evaluando algo que perciben como subjetivo, mientras que algunos estudiantes pueden resistirse a ser evaluados en dimensiones donde no se sienten seguros. Para superar estas barreras:

- **Para los docentes:**

    - Proporcionar desarrollo profesional en evaluación creativa
    - Crear comunidades de práctica donde compartir y calibrar rúbricas
    - Empezar con implementaciones pequeñas y escalar progresivamente

- **Para los estudiantes:**

    - Comunicar claramente los criterios y su importancia profesional
    - Proporcionar ejemplos concretos de distintos niveles de desempeño
    - Crear oportunidades de práctica sin consecuencias en la calificación

- **Para la institución:**

    - Reconocer y recompensar la innovación pedagógica en evaluación
    - Proporcionar recursos y apoyo para el desarrollo de instrumentos de evaluación
    - Fomentar una cultura institucional que valore la creatividad tanto como el dominio técnico.

La evaluación de la creatividad en ingeniería no es solo posible sino esencial para formar la próxima generación de ingenieros innovadores. Requiere abandonar la comodidad de las pruebas objetivas y abrazar la complejidad de valorar procesos de pensamiento multidimensionales.

Sin embargo, el potencial de ingenieros capaces de enfrentar los desafíos complejos del siglo XXI con imaginación y originalidad justifica ampliamente el esfuerzo. Al reevaluar cómo evaluamos, estamos finalmente reevaluando qué valoramos en la educación en ingeniería, y enviando el mensaje más poderoso posible a nuestros estudiantes: que su capacidad para imaginar y crear nuevos futuros es tan importante como su capacidad para analizar el presente.

7.4. Rol del docente creativo

Si el siglo XX consagró la figura del docente universitario como un faro de conocimiento especializado, un erudito cuya función primordial era la transmisión vertical de un corpus de saberes técnicos consolidados, el siglo XXI demanda una metamorfosis radical de este arquetipo. En el contexto de la educación en ingeniería y carreras técnicas, donde la paradoja entre el pensamiento convergente (exacto, lógico, predictivo) y el divergente (exploratorio, intuitivo, generativo) se erige como el núcleo de la formación contemporánea, el docente ya no puede ser simplemente un "transmisor". Debe evolucionar hacia un rol mucho más complejo, dinámico y esencial: el de arquitecto de ecosistemas creativos y facilitador de procesos de descubrimiento.

Este nuevo rol no supone la abdicación del rigor técnico ni la profundidad científica. Por el contrario, las exigencias son mayores. El docente creativo es un ingeniero de la pedagogía, un profesional que diseña experiencias de aprendizaje deliberadamente estructuradas para que el estudiante transite del "saber qué" (conocimiento declarativo) al "saber cómo" (aplicación) y, finalmente, al "saber qué podría ser" (innovación). Su labor ya no se mide por la cantidad de información que vierte, sino por la calidad de las conexiones neuronales que facilita, las preguntas incómodas que suscita y la capacidad de agencia innovadora que logra instilar en sus alumnos. Es un catalizador que, con su intervención experta, acelera la reacción química entre el conocimiento establecido y la imaginación desbordada, dando como resultado un compuesto nuevo: la competencia creativo-técnica.

El primer y más traumático paso en esta transformación es el abandono del púlpito como símbolo de autoridad unidireccional. El docente creativo comprende que su autoridad ya no emana de ser la única fuente de verdad en el aula, sino de su capacidad para orquestar el flujo de ideas y garantizar la rigurosidad del proceso de aprendizaje.

7.4.1. Del learning experience designer al facilitador

Su trabajo de "diseñador" comienza mucho antes de entrar al aula. Se dedica a diseñar "andamios" pedagógicos *(scaffolding)* que guíen al estudiante sin constreñirlo. En lugar de preparar una clase magistral sobre, por ejemplo, la teoría de vigas diseña un desafío: "La cafetería de la universidad necesita una nueva marquesina de entrada, ligera, barata y estéticamente impactante.

Deberán diseñar la estructura portante, justificando su elección de materiales y geometría, y presentar un prototipo a escala que resista una carga equivalente a una nevada". El contenido teórico (la teoría de vigas) se convierte en un recurso necesario para resolver un problema significativo, no en un fin en sí mismo. El docente, en este caso, ha diseñado la experiencia para que la necesidad de aprender emerja de forma natural y urgente.

El facilitador creativo reemplaza las afirmaciones por las interrogantes. Su arsenal didáctico no son las respuestas, sino las preguntas que abren puertas cognitivas:

- **En lugar de decir: "La solución óptima es X", pregunta:** "¿Qué supuestos ocultos están sosteniendo su solución actual?"
- **Frente a un prototipo fallido, en lugar de señalar el error, indaga**: "¿Qué nos enseña este fallo sobre los límites del material o del diseño?"
- **Para fomentar la divergencia, lanza**: "¿Y si invertimos el problema? ¿En vez de hacerlo más resistente, cómo podríamos diseñarlo para que falle de manera segura y predecible?"

Estas preguntas no buscan evaluar, sino provocar. Son el combustible del pensamiento crítico y creativo, y convierten al estudiante en el protagonista activo de la construcción de su propio entendimiento.

7.4.2. El cultivador de seguridad psicológica

Este es, quizás, el aspecto más humano y clave del rol. La creatividad es un brote frágil que se marchita ante la amenaza del ridículo o el fracaso. El docente creativo es el guardián de un espacio seguro, un "laboratorio de riesgos" donde:

- **El error es desdramatizado y reenmarcado como dato.** Un cálculo erróneo no es una mancha en el expediente, sino un valioso punto de datos que redefine el espacio de soluciones posibles. Se celebra el «fracaso inteligente» —aquel del que se extrae una lección profunda.
- **Todas las ideas, por descabelladas que parezcan, son acogidas inicialmente.** Se aplica el principio del «sí, y...» del teatro de improvi-

sación, donde cualquier contribución se acepta y se construye sobre ella, en lugar de ser juzgada y descartada prematuramente («sí, y además podríamos...»).

- **La vulnerabilidad es modelada por el propio docente.** Al compartir sus propios callejones sin salida intelectuales o proyectos fallidos del pasado, el docente se humaniza y demuestra que la incertidumbre y el tropiezo son compañeros naturales del camino innovador.

7.5. Las competencias del docente creativo

Para encarnar este rol, el docente debe desarrollar un conjunto de competencias específicas que van más allá del dominio de su disciplina.

- **Competencia Metacognitiva y de Autorreflexió**n: El docente creativo posee un profundo conocimiento sobre cómo se produce el aprendizaje y la creatividad. Es capaz de observar y analizar su propia práctica, preguntándose constantemente: "¿Están mis estrategias de evaluación fomentando el miedo al error o la curiosidad?", "¿Estoy dando suficiente espacio para la exploración autónoma?". Esta reflexión constante le permite ajustar su práctica en tiempo real.
- **Competencia en Métodos Ágiles y de Design Thinking**: No basta con saber ingeniería; hay que saber enseñar ingeniería de forma creativa. Esto implica un dominio práctico de metodologías como el Design Thinking, el Aprendizaje Basado en Proyectos (PBL/ABP), y las metodologías ágiles (Scrum, Kanban) adaptadas al aula. Sabe guiar a los estudiantes a través de las fases de empatía, definición, ideación, prototipado y testeo, creando ritmos de trabajo iterativos donde la retroalimentación es constante y el progreso es visible.
- **Competencia Dialéctica y de Facilitación de Grupos**: Gestionar un aula creativa es como dirigir una sesión de jazz: se requiere escucha activa, capacidad para armonizar contribuciones dispares y dar protagonismo a cada solista. El docente debe manejar las dinámicas de grupo, asegurando que todas las voces sean escuchadas, mediando en conflictos constructivos y potenciando la inteligencia colectiva. Sabe cuándo intervenir para redirigir y cuándo debe retirarse para permitir que el grupo encuentre su propio camino.
- **Competencia en Evaluación Formativa y Auténtica**: Como se desarrolló en el capítulo anterior, el docente creativo es un maestro en el arte de la evaluación multidimensional. Sabe utilizar rúbricas de creatividad, portafolios de proceso y técnicas de autoevaluación y

coevaluación no como herramientas de control, sino como instrumentos de diálogo y crecimiento. Su feedback es específico, oportuno y está siempre orientado a mejorar el proceso, no solo a juzgar el producto.

> *Ejemplo*: La Ingeniera Villar imparte la asignatura "Logística y Cadena de Suministro" en el Grado de Ingeniería en Organización Industrial. En lugar de un examen final, plantea el siguiente desafío realista: "Rediseñen la cadena de suministro de 'Frutas del Valle', una cooperativa agrícola de tamaño medio, para que sea resiliente, reduzca su desperdicio de producto en un 20% y mejore su margen operativo en un 10% en 18 meses."

Fase 1: Empatía y Definición

- **Intervención 1:** Villar no proporciona un caso de estudio estático. En su lugar, organiza una "sesión de mapeo de la cadena de valor actual". Pide a los equipos que dibujen un VSM (Value Stream Map) inicial basándose solo en la información que ella da, destacando deliberadamente cuellos de botella y lagunas de información.
- **Intervención 2:** Actúa como enlace con la empresa real. Consigue que el gerente y el jefe de logística de «Frutas del Valle» visiten la clase (de forma presencial o virtual) para presentar el problema desde su perspectiva. Proporciona a los estudiantes un canal de comunicación directo (pero supervisado) para hacer preguntas de seguimiento. Su rol es garantizar que el problema sea auténtico y no una abstracción.
- **Intervención 3:** Un equipo se centra únicamente en optimizar el transporte. Villar les hace preguntas para ampliar su visión: "Cuando analizaron el flujo de información, ¿qué les dijo el gerente sobre cómo se toman los pedidos? ¿Han considerado que el problema del desperdicio puede empezar en el campo, incluso antes del transporte?".
- **Resultado:** Los equipos, guiados por este análisis sistémico, redefinen el problema. Uno de ellos concluye: «El problema no es solo logístico, es de previsión de la demanda y de coordinación entre producción y comercial. Necesitamos un sistema que sincronice la oferta (la cosecha) con la demanda (los supermercados) de forma más ágil.»

Fase 2: Ideación

- **Intervención 4**: Organiza un "Taller de Herramientas Lean". Divide la clase en estaciones rotativas donde se explican conceptos como Just-in-Time, Kanban o Teoría de las Restricciones. Su rol es que los estudiantes no solo las memoricen, sino que las vean como "cajas de herramientas" para su desafío.
- **Intervención 5**: Introduce técnicas de análisis de datos de forma aplicada. Con un equipo que está saturado de números, se sienta y guía: "Usemos un diagrama de Pareto. Clasifiquemos las causas del desperdicio. ¿El 80% del problema viene del 20% de las causas? Eso nos dirá dónde enfocar nuestra solución.".
- **Intervención 6**: Protege las ideas "disruptivas". Un estudiante sugiere "crear una marca de mermeladas de alta gama con la fruta que se descarta por tamaño o forma, en lugar de tratar solo de venderla más barata". Otros lo ven como un desvío del objetivo logístico. Villar interviene: "Eso no es logística, es ingeniería de negocio. Es una excelente idea de valorización de residuos que impacta directamente en el margen. Anótala como 'opción de diversificación' y modelemos su viabilidad financiera."

Fase 3: Prototipado y Experimentación

- **Intervención 7**: Transforma el laboratorio de informática en un "centro de control logístico". Proporciona acceso a software de simulación (como AnyLogic o Simul8) y a plantillas avanzadas de Excel. Su consigna es: "Su modelo de simulación es su prototipo. No podemos probar en la cooperativa real, pero podemos simular el impacto de un nuevo centro de distribución o un cambio en las rutas de reparto."
- **Intervención 8**: Implementa "revisiones de viabilidad económica". Los equipos deben presentar no solo el flujo optimizado, sino un análisis coste-beneficio de su propuesta. Villar no dice "este número está mal", sino: "Veo que han proyectado un ahorro del 15% en combustible. El proceso para llegar a esa cifra es sólido. Sin embargo, ¿han incluido en su modelo el CAPEX de la nueva tecnología de tracking que proponen? Aquí tienen una hoja de cálculo con diferentes métodos de amortización."
- **Intervención 9**: Introduce la técnica del "Análisis de Modo y Efecto de Fallo (AMEF)" aplicado a la cadena de suministro. Hace que los equipos imaginen su nueva cadena en funcionamiento e identifiquen puntos de riesgo (ej: "fallo en el sistema de frío", "huelga de transpor-

tistas"). Un equipo descubre así la vulnerabilidad de depender de un solo proveedor de cajas y rediseña el embalaje para ser más standard, diversificando el riesgo.

Fase 4: Evaluación y Comunicación

- **Intervención 10**: Para la evaluación final, la presentación se convierte en una "Sesión de Presentación al Comité de Dirección". La Ing. Villar invita al panel de evaluación al gerente de "Frutas del Valle" (el cliente), a un consultor senior de logística y a un analista financiero. Los estudiantes deben "vender" su rediseño no como un proyecto universitario, sino como una inversión estratégica para la empresa.
- **Intervención 11**: La calificación es multifactorial. Un equipo cuya simulación mostró solo una mejora del 8% en el margen (por debajo del 10% objetivo) obtiene la máxima calificación. ¿Por qué? Porque su análisis de riesgos fue impecable, su plan de implementación por fases era realista y demostraron una comprensión profunda de los trade-offs entre coste, servicio y resiliencia. Villar evalúa la calidad del análisis y la solidez de la propuesta empresarial, no solo el cumplimiento ciego de un KPI.
- **Intervención 12**: La profesora actúa como catalizador de oportunidades profesionales. La propuesta de un equipo, que integraba un modelo de logística inversa para los palés, es tan robusta que la Ing. Villar los anima a presentarla a una convocatoria de proyectos de economía circular de la comunidad autónoma y les pone en contacto con una antigua alumna que trabaja en dicha área. Su rol trasciende el aula y se convierte en un puente para la innovación aplicada en la industria.

El rol del docente creativo en la educación técnica es, en esencia, un acto de fe en el potencial latente de cada estudiante. Es la convicción de que, más allá de formar técnicos competentes, la misión suprema es formar creadores de futuro. Este docente no será recordado por los teoremas que dictó, sino por las preguntas que despertó; no por las soluciones que proporcionó, sino por la confianza que infundió para que sus alumnos encontraran las propias.

Su labor es ardua, pues requiere una constante reinvención personal y profesional, una tolerancia a la incertidumbre y una dosis de humildad para admitir que no se tienen todas las respuestas. Sin embargo, su impacto es profundo y duradero.

Capítulo 8

El futuro de la ingeniería creativa

8.1. Tendencias emergentes

El futuro de la ingeniería creativa representa un cambio de paradigma fundamental en la formación y práctica profesional, donde la resolución técnica de problemas converge con la imaginación disruptiva, la responsabilidad ética y la visión sistémica. Este nuevo ecosistema de ingeniería trasciende los límites disciplinarios tradicionales para abordar desafíos complejos mediante enfoques transdisciplinares que integran capacidades tecnológicas avanzadas con una profunda comprensión humana y ambiental. La creatividad, antes considerada un "don" misterioso o un atributo secundario en la formación técnica, emerge ahora como competencia central en un mundo caracterizado por cambios acelerados, interdependencias globales y problemas que no admiten soluciones convencionales.

La ingeniería del futuro no será evaluada exclusivamente por su eficiencia técnica o su optimización de recursos, sino por su capacidad de anticipación, su resiliencia adaptativa y su contribución al bienestar integral de sistemas socio-técnicos-ambientales complejos. Los ingenieros creativos del mañana deberán navegar simultáneamente en el dominio de lo posible (tecnología), lo viable (economía), lo deseable (humanidad) y lo sostenible (planeta), requiriendo para ello un nuevo repertorio de habilidades que combine el rigor analítico con la exploración intuitiva, la precisión cuantitativa con la sabiduría cualitativa.

El panorama tecnológico global está reconfigurando los fundamentos mismos de la práctica ingenieril, estableciendo seis dominios estratégicos que definirán el desarrollo profesional en las próximas décadas. Estas áreas no representan meras especializaciones técnicas, sino ecosistemas de innovación donde convergen múltiples disciplinas, tecnologías habilitadoras y nuevas formas de pensamiento creativo.

Dominio Estratégico	Componentes Clave	Impacto Transformador
Electromovilidad	Sistemas de propulsión eléctrica, infraestructura de carga inteligente, vehículos autónomos, integración energética	Reconfiguración del transporte urbano, reducción de emisiones, nuevas economías de movilidad
Diseño de Videojuegos	Realidad virtual/aumentada, narrativas interactivas, inteligencia artificial generativa, metaverso	Revolución en educación, salud mental, entrenamiento profesional y espacios colaborativos

Dominio Estratégico	Componentes Clave	Impacto Transformador
Ingeniería Biomédica	Dispositivos médicos personalizados, telemedicina, wearables, bioimpresión 3D	Democratización de la salud, medicina preventiva, tratamientos personalizados
Biotecnología	Ingeniería genética, biología sintética, biomateriales, farmacogenómica	Soluciones a desafíos alimentarios, terapias génicas, materiales sostenibles
Sostenibilidad Ambiental	Economía circular, energías renovables, recuperación de ecosistemas, ciudades inteligentes	Mitigación del cambio climático, regeneración de recursos, habitats urbanos resilientes
Energías Renovables	Hidrógeno verde, fusión nuclear, redes inteligentes, almacenamiento avanzado	Independencia energética, descarbonización, acceso universal a energía limpia

En este contexto, la educación en ingeniería enfrenta su desafío más significativo en décadas: transformar estructuras pedagógicas centenarias para formar profesionales capaces de liderar en un entorno de incertidumbre y cambio permanente. Como señala la visión de la Ingeniería en Innovación y Desarrollo, "ya no se trata únicamente de producir más o más rápido, sino de producir mejor, de manera más inteligente, más responsable y más útil para el ser humano y el planeta". Esta transformación implica reimaginar radicalmente los espacios de aprendizaje, los métodos de evaluación y, fundamentalmente, la identidad profesional del ingeniero.

8.1.1. La confluencia de tecnologías exponenciales

La verdadera disrupción creativa emerge de la convergencia sinérgica de estas áreas, donde los límites entre lo físico, lo biológico y lo digital se desdoblan progresivamente. Por ejemplo, la bioimpresión 3D combina principios de ingeniería mecánica (diseño de impresoras), ciencia de materiales (biomateriales), biología celular (células madre) y computación (modelado tisular) para crear tejidos humanos funcionales que pueden utilizarse en trasplantes o pruebas farmacológicas. Esta integración transdisciplinar requiere ingenieros con mentalidad de síntesis, capaces de traducir conceptos entre dominios aparentemente distantes e identificar oportunidades de innovación en los espacios intersticiales entre especialidades.

Simultáneamente, las tecnologías educativas están revolucionando la forma en que se forman estos nuevos ingenieros. La realidad extendida (VR/AR), el metaverso, la gamificación y el aprendizaje basado en habilidades están transformando las aulas en laboratorios de experimentación inmersiva donde los estudiantes pueden interactuar con sistemas complejos, probar hipótesis en entornos seguros y desarrollar intuición técnica a través de la experiencia directa. Estos entornos no solo facilitan la adquisición de conocimientos técnicos, sino que cultivan específicamente las competencias creativas mediante la resolución de problemas mal estructurados, la colaboración en equipos distribuidos y la iteración rápida basada en retroalimentación continua.

8.1.2. *Personalización y adaptación como paradigmas dominantes*

Una tendencia transversal que caracteriza el futuro de la ingeniería creativa es el tránsito desde soluciones estandarizadas hacia sistemas altamente personalizados y adaptativos. En medicina regenerativa, por ejemplo, los investigadores ya están desarrollando enfoques que utilizan "andamios existentes" de órganos donados, combinados con las células del propio paciente para crear órganos personalizados que minimicen el rechazo inmunológico. Esta capacidad de diseñar soluciones específicas para contextos, necesidades e incluso características biológicas individuales representa la máxima expresión de la creatividad aplicada: la ingeniería de lo único sin sacrificar la escalabilidad.

En el ámbito de la inteligencia artificial, la personalización alcanza nuevas dimensiones mediante sistemas capaces de adaptar su comportamiento a patrones individuales, preferencias y estilos de aprendizaje. Las plataformas educativas basadas en IA, por ejemplo, "analizan el desempeño de los estudiantes en tiempo real para identificar sus fortalezas, debilidades y preferencias de aprendizaje" , creando experiencias educativas únicas que optimizan el desarrollo del potencial creativo de cada estudiante. Esta personalización algorítmica plantea fascinantes desafíos éticos y técnicos que los ingenieros creativos deberán abordar en los próximos años.

8.2. Inteligencia Artificial y creatividad humana

La relación entre inteligencia artificial y creatividad humana constituye uno de los ejes transformadores más significativos en el futuro de la ingeniería. Lejos de la narrativa distópica de reemplazo, emerge un panorama de colaboración profundamente sinérgica donde las capacidades complementarias de humanos y máquinas se potencian mutuamente para expandir las fronteras de lo posible.

Comprender las diferencias fundamentales entre la creatividad humana y la artificial es esencial para diseñar sistemas de colaboración efectivos. La creatividad humana emerge de la "interacción dinámica de redes cerebrales" donde convergen "emociones, recuerdos y el contexto cultural". Está sustentada por la experiencia encarnada —las alegrías, los traumas y las ambigüedades de la vida— que nutren el arte, la música y la innovación con autenticidad existencial. Esta forma de creatividad está impulsada por la curiosidad intrínseca, la intuición no algorítmica y el deseo profundamente humano de conectar, cuestionar o trascender.

Por contraste, la creatividad artificial opera mediante tres pilares computacionales: (1) reconocimiento de patrones —análisis de vastos conjuntos de datos para identificar regularidades estadísticas; (2) generación basada en datos— recombinación de patrones aprendidos mediante arquitecturas como GANs o transformadores; y (3) aprendizaje por refuerzo —priorización de salidas "sorprendentes" según métricas definidas—. El principal punto de diferenciación radica en que, mientras la IA puede imitar resultados creativos, "lo hace sin intención, emoción ni conciencia. Su 'creatividad' es una mezcla matemática de probabilidades".

8.2.1. Patrones de colaboración humano-IA en ingeniería

En la práctica ingenieril, esta complementariedad se materializa en flujos de trabajo híbridos donde humanos y algoritmos colaboran en distintas fases del proceso creativo:

- **Exploración de Espacios de Diseño Exponenciales**: herramientas como DALL·E o Midjourney permiten a ingenieros y diseñadores explorar visualmente miles de variantes morfológicas para componentes o sistemas, acelerando dramáticamente la fase de ideación. Como ilustra el caso de Nutella, que utilizó IA para crear "millones de diseños únicos para latas, cada uno personalizado algorítmicamente para adaptarse a las estéticas regionales", esta capacidad expande radicalmente el horizonte de posibilidades estéticas y funcionales.
- **Optimización de Parámetros Multiobjetivo**: en diseño mecánico, electrónico o de sistemas, los algoritmos de IA pueden navegar espacios multivariados complejos para identificar configuraciones que equilibren múltiples objetivos en conflicto (peso, resistencia, costo,

eficiencia energética), liberando a los ingenieros para enfocarse en los criterios cualitativos y las decisiones estratégicas.

- **Prototipado Virtual y Simulación Acelerada**: la IA generativa permite crear modelos computacionales precisos a partir de requisitos de alto nivel, reduciendo ciclos de iteración y facilitando la exploración de conceptos radicales que anteriormente requerían costosos procesos de prototipado físico.
- **Síntesis Transdisciplinar**: sistemas como GPT-4 pueden identificar conexiones inusuales entre dominios de conocimiento distantes, sugiriendo a los ingenieros analogías, principios físicos o materiales provenientes de campos aparentemente no relacionados que podrían aplicarse creativamente a sus desafíos específicos.

8.2.2. Limitaciones éticas y técnicas de la creatividad artificial

A pesar de sus capacidades impresionantes, la creatividad artificial enfrenta limitaciones estructurales que los ingenieros deben comprender para emplearla responsablemente:

- **Falta de originalidad verdadera**: la IA responde a consultas basadas en patrones y tendencias existentes. En pocas palabras, "no crea nada nuevo; simplemente procesa información existente creada por el ser humano". Su aparente novedad es siempre recombinación de elementos preexistentes en sus datos de entrenamiento.
- **Ausencia de profundidad emocional y experiencia subjetiva**: el contenido generado se basa en probabilidades matemáticas; "no se incluyen emociones ni sentimientos humanos", lo que limita su capacidad para diseñar experiencias significativas o soluciones que respondan a necesidades humanas profundas.
- **Preocupaciones éticas y de autoría**: el contenido generado por IA se basa en otras obras, lo que puede dar lugar a debates sobre la autoría y la autenticidad , especialmente cuando se utilizan modelos entrenados con propiedad intelectual sin licencia adecuada.
- **Sesgo y dependencia de los datos**: la IA está limitada por los conjuntos de datos con los que se entrena , perpetuando y potencialmente amplificando sesgos existentes en datos históricos, lo que representa riesgos significativos en aplicaciones críticas.

El ingeniero creativo del futuro deberá desarrollar lo que podríamos denominar criticidad algorítmica —la capacidad para evaluar críticamente las sugerencias de sistemas de IA, identificar sus limitaciones implícitas y complementarlas con intuición humana, juicio ético y comprensión contextual.

8.3. Ingeniería regenerativa y ética de la innovación

La ingeniería regenerativa representa un cambio de paradigma que trasciende la sostenibilidad —que busca meramente minimizar el daño— para aspirar a sistemas que restauran, revitalizan y regeneran los recursos naturales y las comunidades humanas. Este enfoque encuentra su expresión más avanzada en la medicina regenerativa y la ingeniería de tejidos, pero sus principios son aplicables a prácticamente todas las disciplinas ingenieriles.

8.3.1. Fundamentos de la ingeniería regenerativa

La ingeniería de tejidos, componente central de la medicina regenerativa, "evolucionó del campo de desarrollo de biomateriales y se refiere a la práctica de combinar andamios, células y moléculas biológicamente activas para crear tejidos funcionales". Su objetivo fundamental es "recopilar ideas o teorías que restauren, mantengan o mejoren los tejidos dañados u órganos completos". Los principios de diseño subyacentes - autoensamblaje, andamiaje biodegradable, integración sistémica - constituyen metáforas poderosas para reimaginar otros sistemas ingenieriles.

En la práctica, esto se materializa en aproximaciones como la que utiliza "andamios existentes" donde "las células de un órgano donado se desprenden y el andamio de colágeno restante se usa para crecer un tejido nuevo". Este proceso, que ya ha sido utilizado para "bioingeniería de tejidos de corazón, hígado, pulmón y riñón" , ofrece esperanza para crear "órganos personalizados que no sean rechazados por el sistema inmunológico". La ética de lo viviente alcanza aquí su máxima expresión, requiriendo marcos regulatorios y principios de diseño radicalmente nuevos.

8.3.2. Escalando los principios regenerativos a otros dominios

Los principios de la ingeniería regenerativa pueden extenderse creativamente más allá del ámbito biomédico:

- **Sistemas Energéticos Regenerativos**: diseñar redes que no solo consuman menos recursos, sino que regeneren capacidades naturales de almacenamiento y producción, como sistemas que integren energías renovables con recuperación de ecosistemas.

- **Infraestructuras Urbanas Regenerativas**: desarrollar edificios y espacios urbanos que mejoren activamente la calidad del aire, regeneren suelos, aumenten la biodiversidad y fortalezcan el tejido social, yendo más allá de la mera eficiencia energética o hídrica.
- **Economías Circulares Regenerativas**: crear sistemas industriales donde los "desperdicios" de un proceso se conviertan en nutrientes para otros, imitando los ciclos cerrados de los ecosistemas naturales y eliminando el concepto mismo de residuo.
- **Sistemas Informacionales Regenerativos**: diseñar plataformas digitales que restauren la atención humana, fortalezcan la deliberación democrática y regeneren el tejido social, en contraste con los modelos extractivos predominantes.

8.3.3. Dimensiones éticas de la innovación regenerativa

La ingeniería regenerativa plantea desafíos éticos profundos que requieren marcos de gobernanza anticipatorios. En medicina regenerativa, investigadores participan en workshops internacionales para debatir sobre "los desafíos éticos relacionados con las nuevas aplicaciones en bioingeniería y medicina regenerativa que están llegando a la clínica".

Estas discusiones abordan cuestiones fundamentales como "cuáles deben ser las mejores prácticas en la realización de ensayos clínicos en humanos que certifiquen una aplicación segura y responsable de órganos bioartificiales o tejidos bioimpresos".

Los principios éticos para la ingeniería regenerativa incluyen:

- **Precaución proactiva**: implementar mecanismos de evaluación de riesgos que anticipen posibles consecuencias negativas en sistemas complejos antes del despliegue a escala.
- **Justicia intergeneracional**: evaluar el impacto de las soluciones ingenieriles no solo en las generaciones presentes, sino en el bienestar de las futuras, especialmente en lo concerniente a recursos no renovables y resiliencia ecológica.
- **Inclusión**: diseñar procesos que incorporen activamente a comunidades marginadas en la definición de problemas y la co-creación de soluciones, reconociendo que la diversidad de conocimientos es esencial para la resiliencia cognitiva.

- **Transparencia radical**: en un contexto donde las capacidades de ingeniería pueden alterar fundamentos biológicos y ecológicos, la transparencia sobre tecnologías, sus potenciales impactos y limitaciones se convierte en imperativo ético.

> *Ejemplo*: El proyecto BRAVE, una "investigación colaborativa europea de regeneración cardíaca" que busca "recuperar la funcionalidad de un corazón infartado combinando bioingeniería y células madre cardíacas", ilustra cómo la colaboración internacional y los marcos éticos robustos son esenciales para navegar estas nuevas fronteras responsables.

8.4. El Ingeniero como agente de cambio

El perfil del ingeniero está evolucionando desde el rol tradicional de ejecutor técnico hacia el de arquitecto de futuros preferibles, requiriendo un repertorio expandido de capacidades de liderazgo, ética aplicada y emprendimiento sistémico. Esta transformación responde a la creciente comprensión de que los desafíos más urgentes de nuestra época —cambio climático, desigualdad, disrupción tecnológica— son fundamentalmente problemas de diseño de sistemas que requieren soluciones creativas transdisciplinares.

El ingeniero como agente de cambio integra múltiples dimensiones en su práctica profesional:

- **"Arquitecto" técnico**: mantiene competencia de profundidad en su disciplina fundamental, comprendiendo no solo las herramientas técnicas actuales sino las tendencias emergentes que reconfigurarán su campo en los próximos años.
- **Sintetizador transdisciplinar**: desarrolla fluidez para trabajar en los espacios entre disciplinas tradicionales, traduciendo conceptos entre dominios epistemológicos diversos y facilitando la creación de soluciones que emergen de estas intersecciones.
- **Diseñador de ecosistemas**: concibe tecnologías no como artefactos aislados, sino como componentes de sistemas socio-técnicos complejos, anticipando efectos de red, bucles de retroalimentación y consecuencias de segundo y tercer orden.
- **Facilitador de procesos colectivos**: diseña y lidera procesos de innovación abierta que incorporan perspectivas diversas - comunidades locales, gobiernos, academia, industria, sociedad civil - en la co-creación de soluciones.

- **Comunicador de narrativas inspiradoras**: articula visiones de futuros tecnológicamente posibles y socialmente deseables que movilizan recursos, talento y voluntad política hacia su realización.

Como señala la visión de la Ingeniería en Innovación y Desarrollo, estos profesionales "no egresan únicamente con conocimientos técnicos. Egresan con la capacidad de diseñar y desarrollar creativamente, colaborar en equipos multidisciplinarios, liderar proyectos complejos y resolver problemas reales con soluciones innovadoras y sustentables que mejoran la vida de las personas".

8.4.1. Reinvención profesional

La agencia de cambio se expresa con particular claridad en el ámbito del emprendimiento de impacto, donde ingenieros identifican oportunidades para crear valor simultáneamente económico, social y ambiental. La historia de Juan F., un ingeniero que emprendió un proceso de reinvención profesional para "trabajar conectado 100% con su pasión y acorde con su personalidad y valores", ilustra esta búsqueda de coherencia vocacional que caracteriza al nuevo ingeniero.

Los campos de acción para este emprendimiento de impacto son diversos:

- **Tecnologías para la base de la pirámide**: desarrollar soluciones de bajo costo, alta escalabilidad y mantenimiento simple para satisfacer necesidades básicas en comunidades marginadas.
- **Economía circular y regenerativa**: crear empresas que transformen residuos en recursos, diseñen productos duraderos y reparables, o desarrollen modelos de negocio basados en servicios en lugar de propiedad.
- **Democratización tecnológica**: construir herramientas que amplíen el acceso a capacidades anteriormente concentradas en grandes organizaciones, siguiendo el paradigma de la fabricación digital, el código abierto o las plataformas colaborativas.
- **Transición energética justa**: impulsar proyectos de energías renovables que combinen viabilidad técnica, sostenibilidad financiera y beneficios comunitarios tangibles.

8.4.2. Liderazgo ético en la actualidad

En un contexto de creciente autonomía de sistemas técnicos, el liderazgo ético del ingeniero adquiere dimensiones críticas. Este liderazgo debe operar simultáneamente en múltiples niveles:

- **Ética del Diseño**: incorporar consideraciones éticas desde las etapas más tempranas del proceso de diseño, incluyendo valores como privacidad, equidad, transparencia y agencia humana en las arquitecturas técnicas.
- **Ética Organizacional**: influir en la cultura de las organizaciones tecnológicas para priorizar el bienestar humano y ambiental sobre la optimización estrecha de métricas financieras o de engagement.
- **Ética de Ecosistema**: participar activamente en la gobernanza de ecosistemas tecnológicos —estándares, regulaciones, normas profesionales— que establezcan límites y direccionalidad para el desarrollo tecnológico.
- **Ética Intergeneracional**: abogar por decisiones técnicas que consideren su impacto en generaciones futuras, especialmente en relación con recursos no renovables, cambio climático y resiliencia de sistemas esenciales.

El ingeniero como agente de cambio reconoce que, en un mundo de capacidades técnicas exponenciales, la pregunta fundamental ya no es "¿podemos hacerlo?" sino "¿deberíamos hacerlo?" y "¿cómo podemos hacerlo de manera que cree valor genuino para la vida humana y los sistemas planetarios?".

8.5. ¿Cómo aplicarás lo aprendido?

La transición hacia la ingeniería creativa no es un evento futuro sino un proceso de transformación personal y profesional que puede iniciarse inmediatamente mediante prácticas deliberadas, proyectos de aprendizaje y reorientación estratégica de trayectorias existentes.

Los ingenieros que aspiran a posicionarse en la vanguardia de esta transformación pueden implementar un plan de desarrollo integral que aborde múltiples dimensiones:

- **Base Técnica Expandida**: complementar la formación central con competencias en áreas estratégicas emergentes. Por ejemplo, los programas de certificación en ingeniería de IA de IBM o especializaciones en ingeniería de IA generativa con LLM ofrece caminos estructurados para adquirir estas capacidades técnicas avanzadas.
- **Habilidades Creativas y de Innovación**: desarrollar competencias específicas en metodologías de pensamiento de diseño, innovación frugal, creatividad sistemática (TRIZ, SCAMPER) y facilitación de procesos creativos colectivos.

- **Inteligencia emocional y sistémica**: cultivar capacidades de empatía, autoconocimiento, pensamiento complejo y comprensión de dinámicas de sistemas, posiblemente mediante programas de Tecnología de Aprendizaje Emocional y Social (SEL) .
- **Experimentación activa y aprendizaje por proyectos**: implementar el consejo de Nick Singh, quien señala que "la clave para destacar es demostrar que tu proyecto ha tenido impacto y que a otras personas les ha importado" , desarrollando proyectos prácticos que resuelvan problemas reales aunque sea a pequeña escala.

Independientemente de su etapa profesional, los ingenieros pueden comenzar su transición mediante acciones concretas:

- **Inmersión en ecosistemas de innovación**: participar activamente en comunidades de práctica, hackathons, espacios de creadores (makers) y redes profesionales centradas en áreas de frontera como energías renovables, biotecnología o electromovilidad .
- **Aprendizaje de herramientas de IA creativa**: experimentar sistemáticamente con herramientas de IA generativa (DALL·E, Midjourney, GPT, AIVA) no como usuarias pasivas sino como colaboradoras creativas, comprendiendo sus sesgos, limitaciones y patrones de aumento de capacidades humanas .
- **Proyectos de regeneración a microescala**: identificar oportunidades para aplicar principios regenerativos en proyectos locales - restauración de un espacio degradado, implementación de un sistema circular en una organización, diseño de un producto verdaderamente regenerativo.
- **Mentoría Inversa**: establecer relaciones de intercambio con profesionales más jóvenes o de otras disciplinas, donde el ingeniero comparte experiencia técnica y recibe a cambio perspectivas frescas sobre tendencias emergentes, nuevas tecnologías y cambios culturales.
- **Portafolio de Aprendizaje Público**: documentar y compartir públicamente el proceso de aprendizaje y experimentación, siguiendo el consejo de Sadie St. Lawrence: "Si quieres que te vean, tienes que compartir tu trabajo. [...] Tienes que abrir la caja, y lo haces siendo capaz de contar esas historias y comunicar esas habilidades" .

El futuro de la ingeniería creativa representa mucho más que la evolución técnica de la disciplina: constituye una re-imaginación fundamental del rol del ingeniero en la sociedad y su potencial para contribuir a futuros colectivos más prósperos, inclusivos y regenerativos. Esta transformación si-

El futuro de la ingeniería creativa

túa la creatividad no como atributo secundario sino como competencia central del ingeniero, que debe complementar y potenciar —nunca reemplazar— el rigor analítico, la precisión técnica y el método científico que constituyen los cimientos de la profesión.

Los ingenieros creativos del mañana, que son los del hoy ya. serán arquitectos de ecosistemas socio-técnicos que integren elegantemente capacidades tecnológicas avanzadas con sabiduría humana ancestral, soluciones escalables con adaptación contextual, eficiencia operacional con resiliencia sistémica. Su trabajo será evaluado no solo por su funcionalidad técnica o viabilidad económica, sino por su contribución al bienestar integral de sistemas humanos y naturales interdependientes.

Y para finalizar dejamos abiertas una batería de preguntas con las que te animamos a pensar sobre lo que aquí has leído:

1. Si tuvieras que "desaprender" un concepto técnico que limita tu creatividad, ¿cuál sería y qué espacio mental ganarías al dejarlo ir?

2. Imagina que tu próximo proyecto de ingeniería no se evaluará por su eficiencia o costo, sino por su elegancia y simplicidad. ¿Cómo cambiaría tu enfoque de diseño?

3. ¿En qué momento de tu carrera profesional sentiste que la creatividad fue más necesaria que el conocimiento técnico? ¿Qué aprendiste de esa experiencia?

4. Si tuvieras que rediseñar desde cero la educación en ingeniería para fomentar la creatividad, ¿cuál sería la primera asignatura que incluirías o eliminarías?

5. Piensa en un problema técnico que hayas resuelto recientemente. Si aplicaras el principio TRIZ de "idealidad" (máximo resultado sin costo ni daño), ¿cómo sería la solución perfecta?

6. ¿Qué analogía o metáfora no técnica (arte, deporte, naturaleza, etc.) describes mejor tu estilo actual de resolver problemas? ¿Te gustaría cambiarla?

7. Si mañana te asignaran un equipo con expertos en filosofía, biología y arte para resolver un desafío de infraestructura, ¿qué pregunta les harías primero?

8. ¿Qué "regla no escrita" de tu organización o disciplina crees que está frenando la innovación? ¿Te atreverías a cuestionarla en público?

9. Si tuvieras que escribir un "manifiesto de la ingeniería creativa" en solo tres principios, ¿cuáles serían y por qué?

10. Al final de tu carrera, ¿preferirías ser recordado como un ingeniero que aplicó bien las normas o como uno que rediseñó los límites de lo posible? ¿Qué estás haciendo hoy para acercarte a ese legado?

*"Este libro termina aquí,
pero tu viaje como ingeniero creativo está a punto de comenzar.*

*Las metodologías, los ejemplos y las técnicas son solo herramientas.
El verdadero cambio ocurre cuando decides usarlas para rediseñar no
solo sistemas, sino también tu mentalidad"*

*"Si la ingeniería es el lenguaje con el que escribimos el futuro...
¿qué historia quieres contar?"*

Índice de figuras

"La creatividad es ver lo mismo que los demás y pensar de forma
diferente". A. Einstein 17

Milwaukee Art Museum. EE.UU. 18

Desde el primer diseño de ratón de Engelbart (1964) hasta
la actualidad 19

Uso de metodología TRIZ en el diseño del fuselaje del Boeing 787 20

Proceso de análisis basado en Grounded Theory y Propuesta
de prototipo 22

Pinza industrial en funcionamiento 27

Morfología de la aleta de ballena y las palas de un aerogenerador 28

Helicóptero diseñado por Leonardo. ~1480 35

Cúpula de San Pedro del Vaticano. Construida entre 1546 y 1612 36

Steve Jobs con el Macintosh 128K. 1984 37

Bill Gates desarrollando para el Altair 8800 un intérprete de BASIC,
primer producto de Microsoft 38

Comparativa del morro del Shinkansen y la cabeza del martín
pescador 64

Noticia en diario sobre el accidente del Apollo 13. 14 de Abril
de 1970 68

Comité de Crisis. "Houston, Tenemos un problema". EE.UU. 1970 69

Fuentes y bibliografía

1. https://www.documentalium.com/2022/09/primer-raton-computadoras-historia.html
2. https://upload.wikimedia.org/wikipedia/commons/thumb/1/15/All_Nippon_Airways_Boeing_787-8_Dreamliner_JA801A_OKJ_in_flight.jpg/1200px-All_Nippon_Airways_Boeing_787-8_Dreamliner_JA801A_OKJ_in_flight.jpg
3. https://aviation.stackexchange.com/questions/35441/why-are-the-leading-edges-on-the-boeing-787-made-from-aluminum/35443
4. https://www.scielo.cl/scielo.php?script=sci_arttext&pid=S0717-50512022000100075
5. https://p-zm.com/es/o/productos/pinzas-industriales/
6. https://www.jrailpass.com/blog/es/historia-del-tren-bala-japones
7. https://hidesdeltietar.com/martin/
8. https://pbs.twimg.com/media/DGO4TXzU0AA_nvv?format=jpg&name=small
9. https://i.blogs.es/4bcafc/chatgpt-image-4-abr-2025-15_31_39
10. https://www.diariovasco.com/sociedad/cuando-inspiracion-esta-naturaleza-20190329175454-ga.html?ref=https%3A%2F%2Fwww.diariovasco.com%2Fsociedad%2Fcuando-inspiracion-esta-naturaleza-20190329175454-ga.html#firstImage
11. https://3.bp.blogspot.com/-HBm563nVTI0/VhYUTjpCZRI/AAAAAAAAC0c/o3xpay0XVhw/s1600/agrosuper-4r-recicla.jpg
12. https://diariopuertovaras.cl/wp-content/uploads/2017/10/4-r.jpg
13. https://www.nydailynews.com/wp-content/uploads/migration/2015/04/11/LWKICT6XQCA2FFPVGW54GOYCJM.jpg?w=1200
14. https://upload.wikimedia.org/wikipedia/commons/thumb/c/c0/Apollo_13_Mailbox_at_Mission_Control.jpg/640px-Apollo_13_Mailbox_at_Mission_Control.jpg

Creatividad en Ingeniería

15. https://planetary.s3.amazonaws.com/web/assets/pictures/_2400x
1226_crop_center-center_82_line/apollo14-spacecraft-changes.jpg.
webp

16. https://danielmarin.naukas.com/2020/04/15/medio-siglo-del-apo-
lo-13-houston-hemos-tenido-un-problema/

17. Cropley, D. H. (2015). *Creativity in engineering: Novel solutions to com-
plex problems*. Academic Press. URL. Cite turn1search2.

18. Cross, N. (2006). *Designerly ways of knowing*. Springer. Cite turn-
1search42 (Google Books) or turn1search41. Pick 42.

19. Dym, C. L., Agogino, A. M., Eris, O., Frey, D. D., & Leifer, L. J. (2005). Engineering design thinking, teaching, and learning. *Journal of Engineering
Education,94*(1),103–120.https://doi.org/10.1002/j.2168-9830.2005.
tb00832.x Cite turn1search109 and 110.

20. Runco, M. A., & Acar, S. (2019). Divergent thinking. In J. C. Kaufman & R.
J. Sternberg (Eds.), *The Cambridge handbook of creativity* (2nd ed., pp.
224–254). Cambridge University Press. Cite turn1search13.

21. Guilford, J. P. (1967). *The nature of human intelligence*. McGraw-Hill. Cite turn1search154.

22. de Bono, E. (1990/2015). *Lateral thinking: A textbook of creativity*. Penguin. Cite turn1search33 and 35 (choose one; 33).

23. Meadows, D. H. (2008/2009). *Thinking in systems: A primer*. Earthscan.
Cite turn1search27 or 26; choose 27.

24. Gentner, D. (1983). Structure-mapping: A theoretical framework for
analogy. *Cognitive Science, 7*(2), 155–170. Cite turn1search20.

25. Casakin, H. P., & Goldschmidt, G. (1999). Reasoning by visual analogy in
design problem-solving: The role of guidance. *Environment and Planning B: Planning and Design, 26*(1), 105–119. DOI 10.1068/b2565. Cite
turn1search125.

26. Duncker, K. (1945). On problem-solving. *Psychological Monographs,
58*(5), i–113. Cite Oxford Reference (turn1search11) as corroboration;
but ideally a direct link to the paper; we have the PsycNet repetition
1953 result (turn1search12). We'll cite both 11 and 12.

27. Amabile, T. M., et al. (2002). Time pressure and creativity in organizations: A longitudinal field study (Working Paper 02-073). Harvard Business School. Cite turn1search37.

28. Amabile, T. M. (2002). Creativity under the gun. *Harvard Business Review, 80*(8), 52–61. Cite turn1search40.

29. Amabile, T. M., Conti, R., Coon, H., Lazenby, J., & Herron, M. (1996). As-
sessing the work environment for creativity. *Academy of Management
Journal, 39*(5), 1154–1184. Cite turn1search29.

30. Dweck, C. S. (2006). *Mindset: The new psychology of success.* Random House/Ballantine 2016 edition. Cite turn1search21 or 22; choose 21.
31. Eberle, R. F. (1971). *Scamper: Games for imagination development.* D.O.K. Publishers. Cite turn1search6.
32. Michalko, M. (2006). *Thinkertoys: A handbook of creative-thinking techniques* (2nd ed.). Ten Speed Press. Cite turn1search86.
33. Gordon, W. J. J. (1961). *Synectics: The development of creative capacity.* Harper. Cite turn1search201.
34. Prince, G. M. (1970). *The practice of creativity.* Macmillan/Collier Books. Cite turn1search205.
35. Sio, U. N., & Ormerod, T. C. (2009). Does incubation enhance problem solving? A meta-analytic review. *Psychological Bulletin, 135*(1), 94–120. https://doi.org/10.1037/a0014212 Cite turn1search69.
36. Diehl, M., & Stroebe, W. (1987). Productivity loss in brainstorming groups. *Journal of Personality and Social Psychology, 53*(3), 497–509. https... Cite turn1search73.
37. Osborn, A. F. (1953/1957). *Applied imagination: Principles and procedures of creative problem solving.* Scribner. Cite turn1search158 or 159; choose 158.
38. Buzan, T. (2010). *The mind map book: Unlock your creativity, boost your memory, change your life.* Pearson BBC Active. Cite turn1search58.
39. Goel, V. (1995). *Sketches of thought.* MIT Press. Cite turn1search53.
40. Hegarty, M. (2010). Components of spatial intelligence. In B. H. Ross (Ed.), *The psychology of learning and motivation* (pp. 265–297). Academic Press. Cite turn1search121.
41. Hegarty, M. (2014). Spatial thinking in undergraduate science education. *Spatial Cognition and Computation, 14*(2), 142–167. https... Cite turn1search122.
42. Tversky, B. (2005). Visuospatial reasoning. In K. J. Holyoak & R. G. Morrison (Eds.), *The Cambridge handbook of thinking and reasoning* (pp. 209–240). Cambridge University Press. Cite turn1search132.
43. Larkin, J. H., & Simon, H. A. (1987). Why a diagram is (sometimes) worth ten thousand words. *Cognitive Science, 11*(1), 65–100. Cite turn1search137.
44. Brown, T. (2008). Design thinking. *Harvard Business Review, 86*(6), 84–92. Cite turn1search81.
45. IDEO.org. (2015). *The Field Guide to Human-Centered Design.* IDEO.org. (PDF). Cite turn1search89 or 92; choose 92.
46. Altshuller, G. (1996). *And suddenly the inventor appeared: TRIZ, the theory of inventive problem solving* (L. Shulyak, Trans.). Technical Innovation Center. Cite turn1search93.

47. Ulrich, K. T., & Eppinger, S. D. (2016). *Product design and development* (6th ed.). McGraw-Hill. Cite turn1search165/168; choose 168.

48. Schrage, M. (2000). *Serious play: How the world's best companies simulate to innovate.* Harvard Business School Press. Cite turn1search170.

49. Ries, E. (2011). *The lean startup.* Crown Business. Cite turn1search174.

50. Schwab, K. (2016/2017). *The Fourth Industrial Revolution.* World Economic Forum/Portfolio Penguin 2017. Cite turn1search114 or 115; choose 114 or 115; I'll cite WEF page 114.

51. United Nations. (2015). *Transforming our world: The 2030 Agenda for Sustainable Development* (A/RES/70/1). Cite turn1search97.

52. Rockström, J., et al. (2009). Planetary boundaries: Exploring the safe operating space for humanity. *Ecology and Society, 14*(2), 32. Cite turn1search118.

53. Heeks, R., Foster, C., & Nugroho, Y. (2014). New models of inclusive innovation for development. *Innovation and Development, 4*(2), 175–185. https://doi.org/10.1080/2157930X.2014.928982 Cite turn1search106.

54. Dym, Little, Orwin? Alternatively keep only Dym 2005. Add ABET outcomes:

55. ABET. (2023). *Criteria for accrediting engineering programs: 2024–2025.* ABET. Cite turn1search101.

56. European Council. (2022). Council Recommendation on a European approach to micro-credentials. Official Journal C 243, 10–25. Cite turn1search143 or 142; choose 143.

57. OECD (2023). *Micro-credentials for lifelong learning and employability.* Cite turn1search152.

58. UNESCO Institute for Lifelong Learning. (2020/2021). *UNESCO Institute for Lifelong Learning: Annual report 2020.* Cite turn1search145 or 146; choose 146.

59. Ashby, M. F. (2012). *Materials and the environment: Eco-informed material choice* (2nd ed.). Butterworth-Heinemann. Cite turn1search45.

60. Ashby, M. F. (2017). *Materials selection in mechanical design* (5th ed.). Butterworth-Heinemann. Cite turn1search50.

61. Mordike, B. L., & Ebert, T. (2001). Magnesium: Properties—applications—potential. *Materials Science and Engineering: A, 302*(1), 37–45. https://doi.org/10.1016/S0921-5093(00)01351-4 Cite turn1search61.

62. BASF. (2003). *Snap-Fit design manual.* (PDF). Cite turn1search65.

63. Bayer AG. (n.d.). *Snap-fit joints for plastics: A design guide.* (PDF). Cite turn1search66.

64. Blanchard, B. S., & Fabrycky, W. J. (2011). *Systems engineering and analysis* (5th ed.). Pearson. Cite turn1search178 or 180; choose 178.

65. Meadows plus again? Already included. Perhaps "Meadows 2009".
66. Leonardo biography: Isaacson (2017). Cite turn1search200.
67. Michelangelo: King (2003). Cite turn1search194.
68. Steve Jobs: Isaacson (2011). Cite turn1search185.
69. Bill Gates: Gates, B., Myhrvold, N., & Rinearson, P. (1996). The road ahead (Completely revised). Penguin Books. Cite turn1search190.
70. Post-it case: 3M History of Post-it Notes page. Cite turn1search77.
71. Altshuller, G. (1999). *The innovation algorithm: TRIZ, systematic innovation and technical creativity*. Technical Innovation Center, Inc.
72. Mann, D. (2002). *Hands-on systematic innovation: For business and management*. IFR Press.
73. Rantanen, K., & Domb, E. (2018). *Simplified TRIZ: New problem solving applications for engineers and manufacturing professionals* (3rd ed.). CRC Press.
74. Terninko, J., Zusman, A., & Zlotin, B. (1998). *Systematic innovation: An introduction to TRIZ*. CRC Press.
75. Zhang, Y., & Du, J. (2018). Research on the application of TRIZ in design and innovation. *International Journal of Industrial Engineering: Theory, Applications and Practice, 25*(3), 222–229.
76. Altshuller, G. (2005). *40 principles: TRIZ keys to technical innovation* (Vol. 1). Technical Innovation Center.
77. Ilevbare, I. M., Probert, D., & Phaal, R. (2023). A review of TRIZ-based concepts and methods. *Proceedings of the Design Society, 3*, 3191–3200. https://doi.org/10.1017/pds.2023.320
78. Russo, D., & Spreafico, C. (2020). TRIZ-based guidelines for eco-design. *Sustainability, 12*(8), 3412. https://doi.org/10.3390/su12083412
79. Li, M., Ming, X., He, L., Zheng, M., & Xu, Z. (2017). A TRIZ-based approach for process innovation in product development. *International Journal of Production Research, 55*(4), 1099–1112. https://doi.org/10.1080/002 07543.2016.1234084
80. Buljubasic, T. (2015). *TRIZ: Teoría de la resolución de problemas inventivos*. Ediciones Díaz de Santos.
81. Benyus, J. M. (1997). Biomimicry: Innovation inspired by nature. HarperCollins.
82. Biomimicry 3.8. (2021). Biomimicry Toolbox. https://toolbox.biomimicry.org/
83. Biomimicry Institute. (2022). AskNature: Biological strategies. https://asknature.org/
84. Frazer, J. (1995). An evolutionary architecture. Architectural Association Publications.

Bibliografía

Creatividad en Ingeniería

85. Goldberg, D. E. (1989). Genetic algorithms in search, optimization, and machine learning. Addison-Wesley.

86. Goodfellow, I., Pouget-Abadie, J., Mirza, M., Xu, B., Warde-Farley, D., Ozair, S., Courville, A., & Bengio, Y. (2014). Generative adversarial nets. Advances in Neural Information Processing Systems, 27. https://proceedings.neurips.cc/paper/2014/file/5ca3e9b122f61f8f06494c-97b1afccf3-Paper.pdf

87. Hensel, M., Menges, A., & Weinstock, M. (2010). Emergent technologies and design: Towards a biological paradigm for architecture. Routledge.

88. Kellert, S. R., Heerwagen, J., & Mador, M. (Eds.). (2011). Biophilic design: The theory, science, and practice of bringing buildings to life. John Wiley & Sons.

89. Menges, A., & Ahlquist, S. (Eds.). (2011). Computational design thinking. John Wiley & Sons.

90. Oxman, N. (2010). Structuring materiality: Design fabrication of heterogeneous materials. Architectural Design, 80(4), 78-85. https://doi.org/10.1002/ad.1111

91. Pearce, M. (2015). The architecture of natural cooling (2nd ed.). Routledge.

92. Zari, M. P. (2018). Regenerative urban design and ecosystem biomimicry. Routledge.

93. Amabile, T. M. (1996). *Creativity in context: Update to the social psychology of creativity*. Westview Press.

94. Cañas, A. J., & Novak, J. D. (Eds.). (2009). *Concept maps: Theory, methodology, technology. Proceedings of the Third International Conference on Concept Mapping*. Tallinn, Estonia: University of Tallinn.

95. De Bono, E. (1999). *Six thinking hats for business*. Penguin Books.

96. Geschka, H., Schaude, G. R., & Schlicksupp, H. (1973). Modern techniques for solving problems. *Chemical Engineering*, 80(18), 91-97.

97. Hidalgo Loaeza, M. (2010). *Innovación y creatividad: Técnicas para el desarrollo de ideas*. Editorial Limusa.

98. Kelley, T., & Littman, J. (2001). *The art of innovation: Lessons in creativity from IDEO, America's leading design firm*. Currency/Doubleday.

99. Novak, J. D. (1998). *Learning, creating, and using knowledge: Concept maps as facilitative tools in schools and corporations*. Lawrence Erlbaum Associates.

100. Petroski, H. (1992). *The evolution of useful things*. Alfred A. Knopf.

101. Rohrbach, B. (1969). Kreativ nach Regeln – Methode 635, eine neue Technik zum Lösen von Problemen. *Absatzwirtschaft*, 12(19), 73-75.

102. VanGundy, A. B. (1984). Brain writing for new product ideas: An alternative to brainstorming. Journal of Consumer Marketing, 1(2), 67-74.

103. Habilidades Blandas (Soft Skills) en Ingeniería
Global Partner Training. (s. f.). *5 habilidades blandas entrenables para ingenieros*. Recuperado 29 de septiembre de 2025, de https://global-partnerstraining.com/es/soft-skills-for-engineers/.

104. Creatividad en la Educación en Ingeniería
Higuera Martínez, O. I., & Fernández Samacá, L. (2023). Enfoque PBL para fomentar la creatividad en estudiantes de ingeniería. *EIEI ACOFI*. https://doi.org/10.26507/paper.3223.

105. Higuera Martínez, O. I., Fernández-Samacá, L., & Serrano Cárdenas, L. F. (2021). Trends and opportunities by fostering creativity in science and engineering: a systematic review. *European Journal of Engineering Education, 46*(6), 1117–1140. https://doi.org/10.1080/0304379 7.2021.1974350.

106. Csikszentmihalyi, M. (1996). Creatividad: El fluir y la psicología del descubrimiento y la invención. Paidós.

107. De Bono, E. (1999). El pensamiento creativo: El poder del pensamiento lateral para la creación de nuevas ideas. Paidós.

108. Gardner, H. (1995). Mentes creativas: Una anatomía de la creatividad. Paidós.

109. Marina, J. A. (1993). Teoría de la inteligencia creadora. Anagrama.

110. Maslow, A. (2005). La personalidad creadora. Kairós.

111. Rodríguez, M. (2002). Manual de creatividad: Los procesos psíquicos y el desarrollo. Trillas.

112. Romo, M. (1997). Psicología de la creatividad. Paidós.

113. Knapp, J., Zeratsky, J., & Kowitz, B. (2016). Sprint: How to solve big problems and test new ideas in just five days. Simon & Schuster.

114. Bailey, R., & Cropley, A. J. (2020). Fostering creativity in engineering education: A systematic review of interventions. *Journal of Engineering Education, 109*(4), 689-725. https://doi.org/10.1002/jee.20366

115. Beghetto, R. A., & Kaufman, J. C. (2014). Classroom contexts for creativity. *High Ability Studies, 25*(1), 53-69. https://doi.org/10.1080/1359 8139.2014.905247

116. Besemer, S. P., & Treffinger, D. J. (1981). Analysis of creative products: Review and synthesis. *The Journal of Creative Behavior, 15*(3), 158-178. https://doi.org/10.1002/j.2162-6057.1981.tb00287.x

117. Brown, T. (2009). *Change by design: How design thinking transforms organizations and inspires innovation*. Harper Business.

118. Cropley, A. J. (2015). Creativity in engineering. In *The Cambridge handbook of creativity across domains* (pp. 227-248). Cambridge University Press. https://doi.org/10.1017/CBO9781316274385.013

119. Edmondson, A. C. (2018). *The fearless organization: Creating psychological safety in the workplace for learning, innovation, and growth.* John Wiley & Sons.

120. Goldman, S., & Kabayadondo, Z. (Eds.). (2017). *Taking design thinking to school: How the technology of design can transform teachers, learners, and classrooms.* Routledge.

121. Hasso Plattner Institute of Design at Stanford. (2020). *A virtual crash course in design thinking.* Stanford University. https://dschool.stanford.edu/resources-collections/a-virtual-crash-course-in-design-thinking

122. Katz-Buonincontro, J. (2018). How does the brain support and promote creativity? A review of the literature. *Review of Research in Education, 42*(1), 311-343. https://doi.org/10.3102/0091732X18759314

123. Kelley, T., & Kelley, D. (2013). *Creative confidence: Unleashing the creative potential within us all.* Crown Business.

124. López, R., & Santiago, J. (2022). *Ingeniería en Innovación y Desarrollo: Formando líderes para la transformación tecnológica.* Editorial Tecnológica.

125. National Academy of Engineering. (2017). *Engineering technology education in the United States.* The National Academies Press. https://doi.org/10.17226/23402

126. Plattner, H., Meinel, C., & Leifer, L. (Eds.). (2011). *Design thinking: Understand – improve – apply.* Springer. https://doi.org/10.1007/978-3-642-13757-0

127. 75. https://doi.org/10.1080/10400419.2012.652929

128. Stouffer, W. B., Russell, J. S., & Oliva, M. G. (2004). Making the strange familiar: Creativity and the future of engineering education. *Proceedings of the 2004 American Society for Engineering Education Annual Conference & Exposition.*

129. Trevino, A. (2023). Inteligencia Artificial y Creatividad: ¿Colaboración o Competencia? *Revista de Innovación Educativa, 15*(2), 45-62.

130. Wiggins, G., & McTighe, J. (2005). *Understanding by design* (2nd ed.). Association for Supervision and Curriculum Development.

131. https://ellinguistico.com/albert-einstein-biografia-descubrimientos-y-premios/